21世纪全国应用型本科土木建筑系列实用规划教材

工程招标投标管理(第2版)

主　编　刘昌明
副主编　宋会莲　梁晓春
　　　　张哨军　付晓灵
参　编　余　明

北京大学出版社
PEKING UNIVERSITY PRESS

内容简介

本书理论联系实际，介绍了工程招标投标的起源、发展历程，现代招标投标制度发展的阶段、特点，工程招标投标的基本问题，招标师考试内容和要求，代建制及政府采购，工程招标的组织、准备、程序、要求，招标文件的编制，工程投标准备、资格预审、标书编制、投标决策和投标策略，开标、评标、定标，国际工程招投标实务。每章的章首有教学提示、学习要点、导入案例，章后有本章小结、习题，并附有参考答案可供学习者自学参考和检验学习效果所用，更可为使用本教材的教师提供方便。

本书具有理论性、实践性和可操作性，适合土建类本(专)科学生和相关工作人员学习和使用。

图书在版编目(CIP)数据

工程招标投标管理/刘昌明主编. —2版. —北京：北京大学出版社，2012.1
(21世纪全国应用型本科土木建筑系列实用规划教材)
ISBN 978-7-301-19879-7

Ⅰ. ①工… Ⅱ. ①刘… Ⅲ. ①建筑工程—招标—高等学校—教材②建筑工程—投标—高等学校—教材
Ⅳ. ①TU723

中国版本图书馆CIP数据核字(2011)第257663号

书　　名：工程招标投标管理(第2版)
著作责任者：刘昌明　主编
策划编辑：卢　东　吴　迪
责任编辑：卢　东
标准书号：ISBN 978-7-301-19879-7/TU·0201
出　版　者：北京大学出版社
地　　址：北京市海淀区成府路205号　100871
网　　址：http://www.pup.cn　http://www.pup6.cn
电　　话：邮购部62752015　发行部62750672　编辑部62750667　出版部62754962
电子邮箱：pup_6@163.com
印　刷　者：北京虎彩文化传播有限公司
发　行　者：北京大学出版社
经　销　者：新华书店
787毫米×1092毫米　16开本　16印张　369千字
2006年1月第1版
2012年1月第2版　2019年12月第7次印刷
定　　价：30.00元

第 2 版前言

按照北京大学出版社“21 世纪全国应用型本科土木建筑系列实用规划教材修订思路和大纲”要求，我们工程招标投标管理编写组遵循理论联系实际的原则，坚持应用型的编写方针，根据最新文件资料和规范，认真核查资料，及时沟通，从结构、提纲、内容等方面，对教材进行了严谨而细致的修编。

本书在第 1 章绪论中，除介绍工程建设市场、工程招标投标的沿革、现代工程招标投标制度的形成和发展、工程招标投标的基本问题之外，增加了招标采购专业技术人员职业水平评价等新内容。第 2 章介绍了工程招标的程序、要求和法律责任；工程招标的组织和准备，包括机构和人员、种类和范围、方式和方法、自行招标和招标代理；招标材料的编制，包括招标公告或邀请函的编制、招标文件的编制等。按照建设部第 154 号部令发布的《工程建设项目招标代理机构资格认定办法》(自 2007 年 3 月 1 日起施行)条文，对招标代理部分进行了改写和补充，增加了政府工程的代建制及政府采购部分，扩展了工程勘察设计招标、工程建设项目施工招标、材料设备采购招标、工程监理及设备监理招标等内容。其他各章均按照新的文件和规范进行了改写。

全书分为 6 章，由长江大学刘昌明教授拟定提纲及修订要求，并提供参考文献。第 1 章由长江大学刘昌明老师修订，第 2 章由南华大学宋会莲老师修订，第 3 章由中国地质大学付晓灵老师修订，第 4 章由武汉工程大学张哨军老师修订，第 5 章由刘昌明老师和江西科技师范学院梁晓春老师共同修订，第 6 章由刘昌明老师和湖北工业大学余明老师共同修订，全书由刘昌明教授统稿。

在本书的编写过程中，始终贯彻人性化思想，为学习者和讲授者着想，每一章的章首有教学提示、学习要点，并用案例导入。每章后面都有本章小结，附有习题，本书末附有各章导入案例及习题的答案，可供学习者检验自己的学习效果，巩固所学知识，理论联系实际地思考和研究一些工程招标投标过程中的现实问题。

编　者

2011 年 10 月

第 1 版前言

按照北京大学出版社的统一要求，根据系列教材编写会议达成的共识，我们编写组遵循理论联系实际的原则，坚持应用型的编写方针，认真整理思路，查找资料，互相协商，及时沟通，进行了严谨而细致的内容写作。

我们认为，工程招标投标管理课程，不仅要给学生介绍具体的招投标知识，而且要让学生了解工程建设市场，了解工程招标投标在中国的兴起与发展历程，了解中国招标投标管理的发展阶段及不同阶段的特点。因此，本书在第 1 章绪论中，专门介绍了工程建设市场，包括工程建设从业单位、工程项目建设程序、工程建设市场主体、工程交易中心；中国工程招标投标的沿革，包括工程招标投标起源、发展历程、现代工程招标投标制度的形成和发展；工程招标投标的基本问题，包括招标投标的概念、特征、职能、意义和作用、完善招标投标制度的环境和条件。在此基础上，比较详细地介绍了工程招标的程序、要求和法律责任，工程招标的组织和准备，包括机构和人员、种类和范围、方式和方法、自行招标和招标代理，招标材料的编制，包括招标公告或邀请函的编制、招标文件的编制等。与工程招标相呼应的是工程投标知识的介绍，本书讲述了工程投标实务，包括工程投标程序、投标工作准备，即获取并查证投标信息、对业主进行必要的调查分析、成立投标工作机构、寻求合作伙伴、办理注册手续等；进行资格预审，即物色投标代理人、购买资格预审文件、研究资格预审文件、准备资料、填写资格预审文件、提交资格预审文件等；调查研究与现场勘察，即投标前的调查研究、现场勘察；计算和复核工程量；做好施工规划，即工程进度计划、施工方案等；投标报价，即投标报价的主要依据、研究招标文件、投标报价的方法、投标费用的组成等；投标文件的编制与报送，即投标报价单的编制、投标报价的计算程序、投标报价的计算方法、投标书的制作、投标文件的递送等；工程投标决策，即投标决策的含义、投标决策阶段的划分、影响投标决策的因素、投标决策的方法运用；工程投标策略及报价技巧，即投标策略的含义、投标策略的内容、报价技巧等。关于开标、评标、定标，本书也做了系统阐述。开标部分分开标组织、开标要求、开标程序讲述；评标部分分评标人员构成、评标方法确定、初审、详细评审、评标活动组织、评标中的不规范行为；定标部分有定标的依据、中标与合同签订、工程招标投标的有效与无效认定等。同时，本书对国际工程招标投标知识也做了评述，主要讲了国际工程招标投标的产生和发展、国际工程招投标的基本程序和特点；国际工程招标的主要种类、国际工程招标准备和程序；国际工程投标准备、国际工程投标的实施等有关内容。

《工程招标投标管理》一书分为 6 章，在北京大学出版社第六事业部的指导下，由长江大学刘昌明教授拟写提纲及写作要求并组织编写。第 1 章由长江大学刘昌明教授执笔，第 2 章由南华大学宋会莲老师执笔，第 3 章由中国地质大学付晓灵老师执笔，第 4 章由武汉工程大学张哨军老师执笔，第 5 章由江西科技师院梁晓春老师执笔，第 6 章由湖北工业大学余明老师执笔，全书由刘昌明教授统稿。

在《工程招标投标管理》的编写过程中，贯彻人性化思想，为学习者着想，每一章的前面有学习提示，指出该章的学习内容以及重点和难点，引导学习者有的放矢地学习。同时，每章后面附有作业题，可供学习者检验自己的学习效果，巩固所学知识，理论联系实际的思考和研究一些工程招标投标过程中的现实问题。

编　者

2005年10月

目　录

第1章 绪论

教学提示

本章主要介绍工程建设市场，包括工程建设从业单位、工程建设程序、工程建设市场主体、工程交易中心；中国工程招标投标的沿革，包括工程招标投标起源、发展历程、现代工程招标投标制度的形成和发展；工程招标投标的基本问题，包括招标投标的概念、特征、职能、意义和作用、完善招标投标的环境和条件；招标师的考试内容和要求。

学习要点

知识要点	能力要求	参考资料
工程建设市场	(1) 了解工程建设市场主体 (2) 掌握工程建设程序 (3) 熟悉工程建设交易中心 (4) 了解招标师考试内容和要求	徐文通主编：工程招标投标管理概论．中国人民大学出版社 1992 年 9 月第 1 版 《关于印发〈招标采购专业技术人员职业水平评价暂行规定〉和〈招标师职业水平考试实施办法〉的通知》(国人部发［2007］63 号)
工程招标投标沿革	(1) 了解招标投标的起源 (2) 熟悉现代招标投标制度的发展历程	《中华人民共和国招标投标法》起草小组、国家发展计划委员会政策法规司编写：《中华人民共和国招标投标法全书》中国检查出版社 1999 年 9 月第 1 版
招标、投标	(1) 了解招标投标的意义和作用 (2) 熟悉招标投标概念和特征 (3) 掌握完善招标投标的环境和条件	《中华人民共和国招标投标法》起草小组、国家发展计划委员会政策法规司编写：《中华人民共和国招标投标法全书》中国检查出版社 1999 年 9 月第 1 版

导入案例

招标投标引入新技术

引大工程是我国西部最大的水利工程，引大(通河)入秦(王川)主干渠，长7 000多千米，投资15亿元，由中国、日本、意大利三国承包修建，人称“三国演义”。该工程开始由中国承建，从1976—1986年，每年近万名劳力，耗资6 000万元，10年只打通了10千米。1986年公开向国内外招标，日本、意大利中标，带来了新的施工技术。日本熊谷组承建我国最长的隧洞——15.7千米的盘道岭隧洞，用54个刀头的悬臂掘进机开挖隧洞，平均日进尺6米左右。他们采用新澳法施工，不搞常规支护，直接喷涂混凝土，省工省时。24名日本工人和480名中国工人用5年时间打通了隧洞。意大利CMC公司承接30号A隧洞，采用美国大动力双护盾全断面挖进机，开挖、忖砌、灌浆一条龙，日进尺50米以上，300多人用18个月的时间建成总长27.3千米的隧洞，创造了日成洞进尺75.2米和月成洞进尺1 400米两项世界纪录。到1992年年初，日本、意大利两国已顺利完成主干渠一半的工程。中国在1986年也使用了名牌凿洞队伍，用钻爆法开洞，日进尺2米左右，7 000人到1994年才完成主干渠的另一半。引大工程招标使我国施工队看到了差距，加快了引进新技术的步伐。

引大工程招标给我们的启示是什么？

工程招标投标是市场经济条件下的工程承发包行为。要想了解和学习工程招标投标知识，首先必须了解工程建设市场情况，没有工程市场就不会有工程招标投标。因此，在讲解工程招标投标知识之前，我们先介绍工程建设市场的相关知识。

1.1 工程建设市场

市场是随着商品交换的产生而产生，并随着商品交换的发展而发展的。随着生产力的发展，劳动产品有了剩余，商品交换便开始出现，市场也随之形成。集市就是在出现商人以后形成的最早的市场形态。随着社会分工的进一步扩大，出现了直接以交换为目的的商品生产，人们对市场的依赖程度日益增加，市场便逐渐繁荣起来。在当今社会，市场已与人们的生活息息相关，成为人类经济活动的枢纽环节，可以说市场连接着从生产到消费的全部过程。

按照社会主义市场经济理论来划分，市场有狭义和广义之分。狭义的市场是指有形市场，即商品交换的场所。在这种市场上，商品价格是公开标明的，买卖双方在固定的场所进行交易。百货商店、集市贸易等都属于此类市场。广义市场包括无形市场和有形市场。所谓无形市场，是指没有固定的交易场所，靠广告、中间商以及其他交易形式，寻找货源或买主，沟通买卖双方，促成交易。某些技术市场、房地产市场等，都是无形市场。

工程建设是指土木建筑工程，包括矿山、铁路、公路、隧道、桥梁、堤坝、电站、码头、飞机场、运动场、厂房、剧院、旅馆、商店、学校和住宅等工程。线路管道和设备安装工程包括电力、通信线路、石油、燃气、给水、排水、供热等管道系统和各类机械设备、装置的安装工程。建筑装修装饰工程等工程项目的新建、扩建和改建，是形成固定资产的基本生产过程及与之相关的其他建设工程的总称。

工程建设市场也分为狭义和广义两种市场。狭义的工程建设市场一般是指有形的工程建设市场，有固定的交易场所和内容。由于建设产品生产周期长、价值量大、生产过程的不同阶段对承包单位的能力和特点要求不同，决定了工程建设市场交易贯穿于建设产品生产的整个过程。从工程建设的咨询、设计、施工任务的发包开始，到工程竣工、保修期结束为止，发包方与承包方、分包方之间进行的各种交易以及相关的商品混凝土供应、构配件生产、建设机械租赁、建设劳务的使用等活动，都是在建设市场中进行的。生产活动与交易活动交织在一起，使得建设市场在许多方面不同于其他的有形产品市场，而具有其自身的特色。广义的工程建设市场包括有形市场和无形市场，包括与工程建设有关的技术、租赁、劳务等各种要素市场，为工程建设提供专业服务的中介组织体系，包括广告、通信、中介机构、经纪人等媒介沟通买卖双方，或通过招标投标等多种方式成交的各种交易活动，还包括建筑商品生产过程及流通过程中的经济联系和经济关系。可以说，广义的工程建设市场是工程建设生产和交易关系的总和。

1.1.1 工程建设从业单位

根据我国现行法规的规定，我国从事工程建设活动的单位划分为房地产开发企业、建筑业企业、工程勘察设计单位、工程监理单位。

1. 房地产开发企业

中华人民共和国住房和城乡建设部(以下简称建设部)令第77号(2000年3月29日)颁布了《房地产开发企业资质管理规定》，该规定所指房地产开发企业是指依法设立、具有企业法人资格的经济实体。

房地产开发企业按照企业条件分为一级、二级、三级、四级四个资质等级。

各资质等级企业的条件如下：

(一) 一级资质：

1. 注册资本不低于5 000万元；

2. 从事房地产开发经营五年以上；

3. 近三年房屋建筑面积累计竣工30万平方米以上，或者累计完成与此相当的房地产开发投资额；

4. 连续五年建筑工程质量合格率达100%；

5. 上一年房屋建筑施工面积15万平方米以上，或者完成与此相当的房地产开发投资额；

6. 有职称的建筑、结构、财务、房地产及有关经济类的专业管理人员不少于40人，其中具有中级以上职称的管理人员不少于20人，持有资格证书的专职会计人员不少于四人；

7. 工程技术、财务、统计等业务负责人具有相应专业中级以上职称；

8. 具有完善的质量保证体系，商品住宅销售中实行了《住宅质量保证书》和《住宅使用说明书》制度；

9. 未发生过重大工程质量事故。

(二) 二级资质:

1. 注册资本不低于2 000万元;

2. 从事房地产开发经营三年以上;

3. 近三年房屋建筑面积累计竣工15万平方米以上，或者累计完成与此相当的房地产开发投资额;

4. 连续三年建筑工程质量合格率达100%;

5. 上一年房屋建筑施工面积十万平方米以上，或者完成与此相当的房地产开发投资额;

6. 有职称的建筑、结构、财务、房地产及有关经济类的专业管理人员不少于20人，其中具有中级以上职称的管理人员不少于十人，持有资格证书的专职会计人员不少于三人;

7. 工程技术、财务、统计等业务负责人具有相应专业中级以上职称;

8. 具有完善的质量保证体系，商品住宅销售中实行了《住宅质量保证书》和《住宅使用说明书》制度;

9. 未发生过重大工程质量事故。

(三) 三级资质:

1. 注册资本不低于800万元;

2. 从事房地产开发经营两年以上;

3. 房屋建筑面积累计竣工五万平方米以上，或者累计完成与此相当的房地产开发投资额;

4. 连续两年建筑工程质量合格率达100%;

5. 有职称的建筑、结构、财务、房地产及有关经济类的专业管理人员不少于十人，其中具有中级以上职称的管理人员不少于五人，持有资格证书的专职会计人员不少于两人;

6. 工程技术、财务等业务负责人具有相应专业中级以上职称，统计等其他业务负责人具有相应专业初级以上职称;

7. 具有完善的质量保证体系，商品住宅销售中实行了《住宅质量保证书》和《住宅使用说明书》制度;

8. 未发生过重大工程质量事故。

(四) 四级资质:

1. 注册资本不低于100万元;

2. 从事房地产开发经营一年以上;

3. 已竣工的建筑工程质量合格率达100%;

4. 有职称的建筑、结构、财务、房地产及有关经济类的专业管理人员不少于五人，持有资格证书的专职会计人员不少于两人;

5. 工程技术负责人具有相应专业中级以上职称，财务负责人具有相应专业初级以上职称，配有专业统计人员;

6. 商品住宅销售中实行了《住宅质量保证书》和《住宅使用说明书》制度;

7. 未发生过重大工程质量事故。

房地产开发企业的资质实行年检制度。对于不符合原定资质条件或者有不良经营行为的企业，由原资质审批部门予以降级或者注销资质证书。

一级资质房地产开发企业的资质年检由国务院建设行政主管部门或者其委托的机构负责。

二级资质及二级资质以下房地产开发企业的资质年检由省、自治区、直辖市人民政府建设行政主管部门制定办法。

房地产开发企业无正当理由不参加资质年检的，视为年检不合格，由原资质审批部门注销资质证书。

房地产开发主管部门应当将房地产开发企业资质年检结果向社会公布。

房地产开发企业的经营范围：

一级资质的房地产开发企业承担房地产项目的建设规模不受限制，可以在全国范围承揽房地产开发项目。

二级资质及二级资质以下的房地产开发企业可以承担建筑面积25万平方米以下的开发建设项目，承担业务的具体范围由省、自治区、直辖市人民政府建设行政主管部门确定。

各资质等级企业应当在规定的业务范围内从事房地产开发经营业务，不得越级承担任务。

2. 建筑业企业

建设部令第159号《建筑业企业资质管理规定》（于2006年12月30日经建设部第114次常务会议讨论通过，自2007年9月1日起施行）

第二条　本规定所称建筑业企业，是指从事土木工程、建筑工程、线路管道设备安装工程、装修工程的新建、扩建、改建等活动的企业。

第三条　建筑业企业应当按照其拥有的注册资本、专业技术人员、技术装备和已完成的建筑工程业绩等条件申请资质，经审查合格，取得建筑业企业资质证书后，方可在资质许可的范围内从事建筑施工活动。

第五条　建筑业企业资质分为施工总承包、专业承包和劳务分包三个序列。

第七条　施工总承包资质、专业承包资质、劳务分包资质序列按照工程性质和技术特点分别划分为若干资质类别。各资质类别按照规定的条件划分为若干资质等级。

建设部印发的《建筑业企业资质等级标准》（建建［2001］82号）将建筑业企业资质分为三部分：施工总承包企业资质等级标准包括12个标准；专业承包企业资质等级标准包括60个标准；劳务分包企业资质标准包括13个标准。该标准至今仍然沿用。

《建筑企业资质管理规定》第六条　取得施工总承包资质的企业（以下简称施工总承包企业），可以承接施工总承包工程。施工总承包企业可以对所承接的施工总承包工程内各专业工程全部自行施工，也可以将专业工程或劳务作业依法分包给具有相应资质的专业承包企业或劳务分包企业。

取得专业承包资质的企业（以下简称专业承包企业），可以承接施工总承包企业分包的专业工程和建设单位依法发包的专业工程。专业承包企业可以对所承接的专业工程全部自行施工，也可以将劳务作业依法分包给具有相应资质的劳务分包企业。

取得劳务分包资质的企业(以下简称劳务分包企业)，可以承接施工总承包企业或专业承包企业分包的劳务作业。

第十二条　建筑业企业资质证书分为正本和副本，正本一份，副本若干份，由国务院建设主管部门统一印制，正本、副本具备同等法律效力。资质证书有效期为五年。

第十三条　建筑业企业可以申请一项或多项建筑业企业资质；申请多项建筑业企业资质的，应当选择等级最高的一项资质为企业主项资质。

3. 工程勘察设计单位

工程勘察设计单位是指依法取得资格，从事工程勘察、工程设计活动的单位。新中国成立以来，我国勘察设计单位一直属于事业单位，每年的勘察设计任务和单位的开支，都由国家下达和拨付。从1984年开始，国家决定勘察设计单位要逐步实现企业化，此后，部分勘察设计单位已转制为企业，但相当一部分勘察设计单位仍然是"事业单位，按企业管理"。目前，所有勘察设计单位都在按现代化企业管理的要求完成改企任务，在不久的将来，所有的勘察设计单位都将变成企业单位。

2006年12月30日，经建设部第114次常务会议讨论通过发布，自2007年9月1日起施行的《建设工程勘察设计资质管理规定》规定：工程勘察资质分为工程勘察综合资质、工程勘察专业资质、工程勘察劳务资质。

工程勘察综合资质只设甲级；工程勘察专业资质设甲级、乙级，根据工程性质和技术特点，部分专业可以设丙级；工程勘察劳务资质不分等级。

取得工程勘察综合资质的企业，可以承接各专业(海洋工程勘察除外)各等级工程勘察业务；取得工程勘察专业资质的企业，可以承接相应等级相应专业的工程勘察业务；取得工程勘察劳务资质的企业，可以承接岩土工程治理、工程钻探、凿井等工程勘察劳务业务。

工程设计资质分为工程设计综合资质、工程设计行业资质、工程设计专业资质和工程设计专项资质。

工程设计综合资质只设甲级；工程设计行业资质、工程设计专业资质、工程设计专项资质设甲级、乙级。

根据工程性质和技术特点，个别行业、专业、专项资质可以设丙级，建筑工程专业资质可以设丁级。

取得工程设计综合资质的企业，可以承接各行业、各等级的建设工程设计业务；取得工程设计行业资质的企业，可以承接相应行业相应等级的工程设计业务及本行业范围内同级别的相应专业、专项(设计施工一体化资质除外)工程设计业务；取得工程设计专业资质的企业，可以承接本专业相应等级的专业工程设计业务及同级别的相应专项工程设计业务(设计施工一体化资质除外)；取得工程设计专项资质的企业，可以承接本专项相应等级的专项工程设计业务。

工程勘察、工程设计资质证书分为正本和副本，正本一份，副本六份，由国务院建设主管部门统一印制，正本、副本具备同等法律效力。资质证书有效期为五年。

企业首次申请、增项申请工程勘察、工程设计资质，其申请资质等级最高不超过乙级，且不考核企业工程勘察、工程设计业绩。

已具备施工资质的企业首次申请同类别或相近类别的工程勘察、工程设计资质的，可以将相应规模的工程总承包业绩作为工程业绩予以申报。其申请资质等级最高不超过其现有施工资质等级。

《建设工程勘察设计资质管理规定》所称建设工程勘察包括建设工程项目的岩土工程、水文地质、工程测量、海洋工程勘察等。

《建设工程勘察设计资质管理规定》所称建设工程设计是指：

(1) 建设工程项目的主体工程和配套工程［含厂(矿)区内的自备电站、道路、专用铁路、通信、各种管网管线和配套的建筑物等全部配套工程］以及与主体工程、配套工程相关的工艺、土木、建筑、环境保护、水土保持、消防、安全、卫生、节能、防雷、抗震、照明工程等的设计。

(2) 建筑工程建设用地规划许可证范围内的室外工程设计、建筑物构筑物设计、民用建筑修建的地下工程设计及住宅小区、工厂厂前区、工厂生活区、小区规划设计及单体设计等，以及上述建筑工程所包含的相关专业的设计内容(包括总平面布置、竖向设计、各类管网管线设计、景观设计、室内外环境设计及建筑装饰、道路、消防、安保、通信、防雷、人防、供配电、照明、废水治理、空调设施、抗震加固等)。

工程设计综合资质是指涵盖 21 个行业的设计资质，包括：煤炭行业、化工石化医药行业、石油天然气(海洋石油)行业、电力行业、冶金行业、军工行业、机械行业、商物粮行业、核工业行业、电子通信广电行业、轻纺行业、建材行业、铁道行业、公路行业、水运行业、民航行业、市政行业、农林行业、水利行业、海洋行业、建筑行业。

4. 工程监理单位

建设部 2006 年 12 月 11 日第 112 次常务会议讨论通过并发布的第 158 号令，颁布了《工程监理企业资质管理规定》，自 2007 年 8 月 1 日起施行。

《工程监理企业资质管理规定》明确规定，工程监理企业资质分为综合资质、专业资质和事务所资质。其中，专业资质按照工程性质和技术特点划分为若干工程类别。综合资质、事务所资质不分级别。专业资质分为甲级、乙级；其中，房屋建筑、水利水电、公路和市政公用专业资质可设立丙级。

建设部 2007 年颁布的《工程监理企业资质管理规定实施意见》中规定：新设立的企业申请工程监理企业资质，应先取得《企业法人营业执照》或《合伙企业营业执照》，办理完相应的执业人员注册手续后，方可申请资质。取得《企业法人营业执照》的企业，只可申请综合资质和专业资质，取得《合伙企业营业执照》的企业，只可申请事务所资质。

新设立的企业申请工程监理企业资质和已获得工程监理企业资质的企业申请增加其他专业资质，应从专业乙级、丙级资质或事务所资质开始申请，不需要提供业绩证明材料。申请房屋建筑、水利水电、公路和市政公用工程专业资质的企业，也可以直接申请专业乙级资质。

已具有专业丙级资质企业可直接申请专业乙级资质，不需要提供业绩证明材料。已具有专业乙级资质申请晋升专业甲级资质的企业，应在近两年内独立监理过三个及以上相应专业的二级工程项目。

具有甲级设计资质或一级及以上施工总承包资质的企业可以直接申请与主营业务相对应的专业工程类别甲级工程监理企业资质。具有甲级设计资质或一级及以上施工总承包资质的企业申请主营业务以外的专业工程类别监理企业资质的，应从专业乙级及以下资质开始申请。主营业务是指企业在具有的甲级设计资质或一级及以上施工总承包资质中主要从事的工程类别业务。

工程监理企业申请专业资质升级、增加其他专业资质的，相应专业的注册监理工程师人数应满足已有监理资质所要求的注册监理工程师等人员标准后，方可申请。申请综合资质的，应至少满足已有资质中的五个甲级专业资质要求的注册监理工程师人员数量。

工程监理企业应于资质证书有效期届满60日前，向原资质许可机关提出资质延续申请。逾期不申请资质延续的，有效期届满后，其资质证书自动失效。如须开展工程监理业务，应按首次申请办理。

工程监理企业资质证书由建设部统一印制。专业甲级资质、乙级资质、丙级资质证书分别打印，每套资质证书包括一本正本和四本副本。

工程监理企业资质证书有效期为五年，有效期的计算时间以资质证书最后的核定日期为准。

1.1.2 工程项目建设程序

工程项目建设程序是在认识工程建设客观规律基础上总结提出的，是工程建设全过程中各项工作都必须遵守的先后次序，它也是工程建设各环节相互衔接的顺序。工程建设是社会化生产，其特点为产品体积庞大、建造场所固定、建设周期长、占用资源多、工作量大、牵涉面广、内外协作关系复杂。在建设过程中，存在活动空间有限、后续工作无法提前进行的矛盾。因此，工程建设必然存在一个分阶段、按步骤、各项工作按序进行的客观规律。这种规律是不可违反的，如果人为地将工程建设的顺序颠倒，就会造成严重的资源浪费和经济损失。所以，世界各国对这一规律都十分重视，并且对此进行了认真探索和研究。不少国家还将研究成果以法律的形式固定下来，强迫人们从事工程建设活动时必须遵守。我国也制定了不少有关工程建设程序方面的法规，用以规范工程建设各个环节的工作。如1978年国家计划委员会、建设委员会、财政部就联合颁发了《关于基本建设程序的若干规定》，后来又根据形势的发展，各主管部门相继颁布了一些规章制度，1982年出台了《关于编制建设前期工作计划的通知》，1994年制定了《工程建设项目实施阶段程序规律暂行规定》《工程建设项目报建管理办法》等。根据我国现行工程建设程序法规的规定，我国工程建设程序分为五个阶段：工程建设前期阶段—工程建设准备阶段—工程建设实施阶段—工程验收与保修阶段—终结评价阶段。各个阶段又包括若干环节，各阶段的基本内容大致如下。

1. 建设前期阶段(也称为决策分析阶段)

本阶段的基本内容主要是对工程投资的合理性进行考察，对工程项目进行选择。对投资者来说，这是战略决策，这一环节将从根本上决定其投资效益，因此特别重要。该阶段包括以下几个环节。

1）投资意向

投资意向即投资主体发现社会上存在合适的投资机会后产生的投资愿望。它是工程建设活动的起点，也是工程建设项目得以进行的必备条件。

2）投资机会分析

它是投资主体对投资机会进行的初步考察和分析，在确认有良好的投资预期时，则进行下一步行动。

3）项目建议书

项目建议书是对拟建工程的必要性、客观性、可行性和获利可能性逐一进行论述的文字材料，供投资决策者分析判断和决策参考使用。

4）可行性研究

可行性研究是对拟建项目在技术上是否可行、经济上是否合理等问题进行分析，即对项目涉及的社会、经济、技术问题进行深入调查研究，对各种建设方案和技术方案加以比较、优化，对项目建成之后的经济效益、社会效益进行科学预测和评价，对该项目建设是否可行作出结论性意见。可行性研究报告必须经过有资格的咨询机构进行评估确认后，才能作为投资决策的依据。

5）审批立项

审批立项是有关部门对可行性研究报告进行审查遴选的过程，审查通过之后即予以立项，方可正式进入工程项目的建设准备阶段。小型项目的可行性研究报告，按照隶属关系，由各主管部、各省、市、自治区和全国性专业公司审批。大中型建设项目的可行性研究报告，由各主管部、各省、市、自治区或全国性工业公司负责预审，报国务院审批。

2. 工程建设准备阶段

工程建设准备阶段是为工程勘察、设计、施工创造条件的阶段，主要内容是建设现场、建设队伍、建设设备等方面的准备工作，包括规划、获取土地使用权、拆迁、报建、工程承包与发包等环节。

1）规划

在规划区内建设的工程，必须符合城市规划或村镇规划的要求。工程选址和布局，必须取得城市规划行政主管部门或村镇规划主管部门的批准。

2）获取土地使用权

在我国，农村和城市郊区的土地，一般属于农民集体所有，其余的土地都属于国家所有。工程建设用地，都必须通过国家对土地使用权的出让或划拨而取得，需要在农民集体所有的土地上进行工程建设的，也必须先由国家征用农民的土地，然后再将土地使用权出让或划拨给建设单位或个人。通过国家出让而取得土地使用权的，应向国家支付出让金，并与市县人民政府土地管理部门签订书面出让合同，然后按照合同规定的年限与要求进行工程建设。由国家划拨取得土地使用权的，在城市要承担拆迁费，在农村和城市郊区要承担原土地使用者的补偿费和安置补助费，其具体标准由各省、市、自治区规定。征用和出让耕地 1 000 亩以上，其他土地 2 000 亩以上，由国务院批准；出让或征用省、自治区行政区域内的土地，由省、自治区人民政府批准；出让或征用耕地三亩以下，其他土地十亩以下，由县人民政府批准。

3）拆迁

在我国城市进行工程建设，一般都要对建设用地上的原有房屋或附属物进行拆迁。国务院颁发的《城市房屋拆迁管理条例》明确规定，任何单位和个人需要拆迁房屋的，都必须持国家规定的批准文件、拆迁计划和拆迁方案，向县级以上人民政府房屋拆迁主管部门提出申请，经批准并取得房屋拆迁许可证后，方可拆迁。拆迁人和被拆迁人应签订书面协议，被拆迁人必须服从城市建设的需要，在规定的拆迁期限内完成拆迁，拆迁人对被拆迁人依法给予补偿，并对被拆迁房屋人进行安置。对违章建筑、超过批准期限的临时建筑的被拆迁人和使用人，则不予补偿和安置。

4）报建

建设项目被批准立项后，建设单位或其代理机构，必须持工程项目立项批准文件、银行出具的资信证明、建设用地的批准文件等资料，向当地建设行政主管部门或其授权机构进行报建。凡未报建的工程项目，不得办理招标手续和发放施工许可证，设计、施工单位不得承接该项目的设计、施工任务。

5）工程发包与承包

上述准备工作完成之后，建设单位或其代理机构须对拟建工程进行发包，以择优选定工程勘察设计、施工或总承包单位。工程发包与承包，分为招标投标和直接发包两种方式，国家提倡招标投标方式，并规定有关工程必须强制进行招标投标。

3. 工程建设实施阶段

工程建设实施阶段，包括勘察和设计、施工准备、工程施工、生产准备等环节。

1）勘察和设计

勘察和设计是工程建设的重要环节。勘察是设计的基础，设计是建设的蓝图。设计文件是制定建设计划、组织工程施工、控制建设投资的依据。设计必须按照国家标准和规范进行，坚持遵循以下原则：贯彻经济和社会发展规划、城乡规划和政策；综合利用资源，满足环保要求；遵守工程建设技术标准；采用新技术、新工艺、新材料、新设备；重视技术和经济效益的结合；讲究美观、适用和协调。

2）施工准备

施工准备包括建设单位取得开工许可和施工单位在建设及物资方面的准备。

(1) 建设单位取得开工许可。建设单位具备以下条件方可申请开工许可证：必须已经办好该工程用地批准手续；在城市规划区的工程，已取得规划许可证；需要拆迁的，拆迁进度满足施工要求；施工企业已确定；有满足施工需要的施工图纸和技术资料；有保证工程质量和安全的具体措施；建设资金已落实并满足有关法律、法规规定的其他条件。具备这些条件后，建设单位方可按照国家有关规定向工程所在地县级以上人民政府建设行政主管部门申领施工许可证。没有取得施工许可证的单位不得擅自组织开工。已取得施工许可证的单位，应自批准之日起三个月内组织开工，因故不能按期开工的，可向发证机关申请延期，延期以两次为限，每次不超过三个月。既不按期开工，又不申请延期或延期超过时限的单位，已批准的施工许可证自行作废。

(2) 施工单位技术、物资方面的准备。施工单位在接到施工图后，必须做好细致的准备工作，以确保工程的顺利建成。其准备工作主要包括：熟悉、审查图纸，编制施工组织设计，向下属单位进行计划、建设、质量、安全、经济责任的交底，下达施工任务书，准备工程施工所需的设备、材料等工作。

3）工程施工

工程施工是施工队伍具体的配置各种施工要素，将工程设计物化为建筑产品的过程，也是投入劳动量最大、所费时间较长的工作。工程施工管理包括施工调度、施工安全、文明施工、环境保护等几个方面的内容。施工调度是进行施工管理，掌握施工情况，及时处理施工中存在的问题，严格控制工程的施工质量、进度和成本的重要环节。施工单位的各级管理机构均应配备专职调度人员，建立和健全各级调度机构。

施工安全是指施工活动中，对职工身体健康与安全、机械设备使用的安全及物资的安全等应有的保障制度和所采取的措施。根据《建设工程施工现场管理规定》，施工单位必须执行国家有关安全生产和劳动保护的法规，建立安全生产责任制，加强规范化管理，进行安全交底、安全教育和安全宣传，严格执行安全技术方案，定期检修、维修各种安全设施，做好施工现场的安全保卫工作，建立和执行防火管理制度，切实保障工程施工的安全。

文明施工是指施工单位应推行现代化管理方法，科学组织施工，保证施工活动整洁、有序、合理地进行。具体内容包括：按施工总平面布置图设置各项临时设施，施工现场设置明显标牌，主要管理人员要佩戴身份标志。机械操作人员要持证上岗，施工现场的用电线路、用电设施的安装使用和现场水源、道路的设置要符合规范要求等。

环境保护是指施工单位必须遵守国家有关环境保护的法律、法规，采取措施控制各种粉尘、废气、噪声等对环境的污染和危害。如不能控制在规定的范围内，则应事先报请有关部门批准。

4）生产准备

生产准备是指工程施工临近结束时，为保证建设项目能及时投产使用所进行的准备活动。如招收和培训必要的生产人员，组织人员参加设备安装调试和工程验收，组建生产管理机构，制定规章制度，收集生产技术资料和样品，落实原材料、外协产品、燃料、水、电的来源及其他配合条件等。建设单位要根据建设项目或主要单项工程的生产技术特点，及时组成专门班子或机构，有计划地做好这项工作。

4. 工程验收与保修阶段

此阶段包括工程验收和工程保修两项内容。

1）工程验收

所谓工程竣工，是指工程项目按设计文件规定的内容和标准全部建成，并按规定将工程内外全部清理完毕。根据 2009 年 10 月 19 日颁发的《住房和城乡建设部关于修改〈房屋建筑工程和市政基础设施工程竣工验收备案管理暂行办法〉的决定》中的第二条，在中华人民共和国境内新建、扩建、改建各类房屋建筑和市政基础设施工程的竣工验收备案，适用本办法。

第四条　建设单位应当自工程竣工验收合格之日起 15 日内，依照本办法规定，向工程所在地的县级以上地方人民政府建设主管部门(以下简称备案机关)备案。

第五条　建设单位办理工程竣工验收备案应当提交下列文件。

（一）工程竣工验收备案表；

（二）工程竣工验收报告。竣工验收报告应当包括工程报建日期，施工许可证号，施工图设计文件审查意见，勘察、设计、施工、工程监理等单位分别签署的质量合格文件及验收人员签署的竣工验收原始文件，市政基础设施的有关质量检测和功能性试验资料以及备案机关认为需要提供的有关资料；

（三）法律、行政法规规定应当由规划、环保等部门出具的认可文件或者准许使用文件；

(四) 法律规定应当由公安消防部门出具的对大型的人员密集场所和其他特殊建设工程验收合格的证明文件；

(五) 施工单位签署的工程质量保修书；

(六) 法规、规章规定必须提供的其他文件。

住宅工程还应当提交《住宅质量保证书》和《住宅使用说明书》。

第六条　备案机关收到建设单位报送的竣工验收备案文件，验证文件齐全后，应当在工程竣工验收备案表上签署文件收讫。

工程竣工验收备案表一式两份，一份由建设单位保存，一份留备案机关存档。

第七条　工程质量监督机构应当在工程竣工验收之日起五日内，向备案机关提交工程质量监督报告。

第八条　备案机关发现建设单位在竣工验收过程中有违反国家有关建设工程质量管理规定行为的，应当在收讫竣工验收备案文件 15 日内，责令停止使用，重新组织竣工验收。

第九条　建设单位在工程竣工验收合格之日起 15 日内未办理工程竣工验收备案的，备案机关责令限期改正，处以 20 万元以上 50 万元以下罚款。

第十条　建设单位将备案机关决定重新组织竣工验收的工程，在重新组织竣工验收前，擅自使用的，备案机关责令停止使用，处以工程合同价款 2%以上 4%以下罚款。

第十一条　建设单位采用虚假证明文件办理工程竣工验收备案的，工程竣工验收无效，备案机关责令停止使用，重新组织竣工验收，处以 20 万元以上 50 万元以下罚款；构成犯罪的，依法追究刑事责任。

第十二条　备案机关决定重新组织竣工验收并责令停止使用的工程，建设单位在备案之前已投入使用或者建设单位擅自继续使用造成使用人损失的，由建设单位依法承担赔偿责任。

第十三条　竣工验收备案文件齐全，备案机关及其工作人员不办理备案手续的，由有关机关责令改正，对直接责任人员给予行政处分。

2) 工程保修

根据《中华人民共和国建筑法》(以下简称《建筑法》)及相关法规的规定，工程竣工验收交付使用后，在保修期限内，承包单位要对工程中出现的质量缺陷承担保修与赔偿责任。建设部令第 80 号、2000 年 6 月 26 日经第 24 次部常务会议讨论通过 2000 年 6 月 30 日发布的《房屋建筑工程质量保修办法》，第三条，本办法所称房屋建筑工程质量保修，是指对房屋建筑工程竣工验收后在保修期限内出现的质量缺陷，予以修复。本办法所称质量缺陷，是指房屋建筑工程的质量不符合工程建设强制性标准以及合同的约定。

第四条　房屋建筑工程在保修范围和保修期限内出现质量缺陷，施工单位应当履行保修义务。

第六条　建设单位和施工单位应当在工程质量保修书中约定保修范围、保修期限和保修责任等，双方约定的保修范围、保修期限必须符合国家有关规定。

第七条　在正常使用下，房屋建筑工程的最低保修期限为：

(一) 地基基础工程和主体结构工程，为设计文件规定的该工程的合理使用年限；

(二) 屋面防水工程、有防水要求的卫生间、房间和外墙面的防渗漏，为五年；

(三) 供热与供冷系统，为两个采暖期、供冷期；

(四) 电气管线、给排水管道、设备安装为两年；

(五) 装修工程为两年。

其他项目的保修期限由建设单位和施工单位约定。

第八条 房屋建筑工程保修期从工程竣工验收合格之日起计算。

5. 终结评价阶段

终结阶段包括生产运营、投资后评价等环节。各个阶段、各个环节的工作应按规定顺序进行。但是根据工程大小和性质的不同，同一阶段内各环节的工作会有一些交叉，有些环节还可省略。在具体执行时，可根据本行业、本项目的特点，在遵守工程建设程序的前提下，灵活开展各项工作。建设工程项目的基本建设程序见表1-1。

表1-1 建设工程项目基本建设程序表

阶段	内容		审批或备案部门	备注
投资决策阶段	项目建议书阶段	(1) 编制项目建议书	投资主管部门	同时做好拆迁摸底调查和评估；做好资金来源及筹措准备；准备好选址建设地点的测绘地图
		(2) 办理项目选址规划意见书	规划部门	
		(3) 办理建设用地规划许可证和工程规划许可证	规划部门	
		(4) 办理土地使用审批手续	国土部门	
		(5) 办理环保审批手续	环保部门	
	可行性研究阶段	(6) 编制可行性研究报告		聘请有相应资质的咨询单位
		(7) 可行性研究报告论证		须聘请有相应资质的单位
		(8) 可行性研究报告报批	项目审批部门	批准后的项目列入年度计划
		(9) 办理土地使用证	国土部门	
		(10) 办理征地、青苗补偿、拆迁安置等手续	国土、建设部门	
		(11) 地勘		委托或通过招标、比选等方式选择有相应资质的单位
		(12) 报审供水、供气、排水市政配套方案	规划、建设、土地、人防、消防、环保、文物、安全、劳动、卫生等部门提出审查意见	
前期准备阶段	工程设计阶段	(13) 初步设计		委托或通过招标、比选等方式选择有相应设计资质的单位
		(14) 办理消防手续	消防部门	
		(15) 初步设计文本审查	规划部门、发改部门	
		(16) 施工图设计		委托或通过招标、比选等方式选择有相应设计资质的单位
		(17) 施工图设计文件审查、备案	报有相应资质的设计审查机构审查，并报行业主管部门备案	

（续）

阶段		内　容	审批或备案部门	备　注
前期准备阶段	施工准备阶段	(18) 编制施工图预算		聘请有预算资质的单位编制
		(19) 编制项目投资计划书	按建设项目审批权限报批	
		(20) 建设工程项目报建备案	建设行政主管部门	
		(21) 建设工程项目招标	业主自行招标或通过比选等竞争性方式择优选定招标代理机构，通过招标或比选等方式择优选定设计单位、勘察单位、施工单位、监理单位和设备供货单位	
		(22) 开工建设前准备		包括：征地、拆迁和场地平整；三通一平；施工图纸
		(23) 办理工程质量监督	质监管理机构	
		(24) 办理施工许可证	建设行政主管部门	
		(25) 项目开工前审计	审计机关	
施工阶段	施工安装阶段	(26) 报批开工	建设行政主管部门	
竣工验收阶段	竣工验收阶段	(27) 竣工验收	质监管理机构	
后评价阶段	工程后评价阶段	(28) 工程项目后评价		评价包括效益后评价和过程后评价

1.1.3 工程建设市场主体

建设市场交易贯穿建筑产品生产的全过程。在这个过程中，不仅存在业主和承包商之间的交易，也有业主与设计单位、设备供应单位、工程咨询单位进行的交易，还有承包商与分包商、材料供应商之间的交易等，共同构成工程建设市场生产和交易的总和。参与工程建设生产交易过程的各方构成工程建设市场的主体，作为不同阶段的交易内容和生产成果构成建设市场的客体，包括各种形态的建筑产品、工程设备与设施、构件配件以及各种图样、报告等非物化劳动等。现将工程建设市场主体分述如下。

1. 业主

业主是指既具有某项工程建设需求，又具有该项工程建设相应的建设资金和各种准建手续，在建设市场中发包工程建设的勘察、设计、施工、监理等任务，并最终得到建筑产品的政府部门、企事业单位和个人。在我国工程建设中，业主也称为建设单位，只有在发包工程或组织工程建设时才成为工程建设市场主体。这就是说，业主方作为市场主体具有不确定性。

根据我国公有制占主体的具体情况，为了建立投资责任约束机制，规范项目法人行为，我国实行了项目法人责任制，对工程业主的职责作了相应的规定，明确由项目法人对项目建设全过程进行管理，主要包括进度控制、质量控制、投资控制、合同管理和组织协调。

在我国，工程项目业主的产生主要有以下三种方式。

(1) 业主是原企业和单位。企业和机关、事业单位投资的新建、扩建、改建工程，该企业或单位即为项目业主。

(2) 业主是联合投资董事会。由不同投资方参股或共同投资的项目，则业主是共同投资方组成的董事会或管理委员会。

(3) 业主是各类开发公司。开发公司自行融资或由投资方协商组建或委托开发的工程管理公司也可成为业主。

业主在工程项目建设过程中的主要职责有以下六项：①建设项目的立项决策；②建设项目的资金筹措；③建设项目的招标与合同管理；④建设项目的施工与质量管理；⑤建设项目的竣工验收与试运行；⑥建设项目的统计及文档管理。

2. 承包商

承包商是指拥有一定数量的建筑装备、流动资金、工程技术经济管理人员，取得建设资质证书和营业执照的，能够按照业主的要求提供不同形态的建筑产品并最终得到相应工程价款的施工企业。按照承包方式分类，可以分为承包商和分包商；按照其所能够提供的建筑产品分类，承包商可以分为不同的专业，如建筑、水电、铁路、市政工程等专业公司。相对于业主而言，承包商作为建设市场的主体，是长期和持续存在的。因此，无论是在中国国内还是按照国际惯例，对承包商一般都要实行从业资格管理。承包商从事建设生产，一般需要具备三个方面的条件：一是有国家规定的注册资本；二是有与其从事的建筑活动相适应的具有法定职业资格的专业技术人员；三是有从事相应建筑活动所应有的技术装备。经过资格审查合格，取得资质证书和营业执照的承包商，方可在批准的范围内承包工程。承包商要通过投标竞争取得施工项目，需要依靠自身的实力去赢得市场。承包商的实力主要包括以下四个方面。

(1) 技术方面的实力：有精通本行业的工程师、预算师、项目经理、合同管理等专业人员；有工程设计、施工的专业装备，能够解决各类工程施工中的技术难题；有承揽不同类型项目施工的经验；

(2) 经济方面的实力：具有相当的周转资金用于工程准备和备料，具有一定的融资和垫付资金的能力；具有相当的固定资产；具有承担相应风险的能力；如果承担国际工程，需要具有筹集外汇的能力；

(3) 管理方面的能力：具有一定的项目经理和管理专家，有采用先进的施工方法的能力，能够提供科学管理控制施工成本，提高施工质量和效益；

(4) 信誉方面的能力：能够保证工程质量、安全、工期，能够遵纪守法，认真履约，具有良好的企业形象和信誉。只有具备了上述条件，在工程投标竞争中，扬长避短，发挥优势，才有可能打开和占领市场，取得良好的经济效益和社会效益。

3. 工程咨询服务机构

工程咨询服务机构是指具有一定注册资金、工程技术、经济管理人员，取得建设咨询证书和营业执照，能够对工程建设提供估算测量、管理咨询、建设监理等智力型服务并获得相应费用的企业。工程咨询服务企业包括勘察设计、工程造价、招标代理、工程管理和工程监理等多种业务。

1.1.4 建设工程交易中心

1. 建设工程交易中心的性质

建设工程交易中心是服务性机构，不是政府管理部门，也不是政府授权的监督机构，本身并不具备监督管理职能。但建设工程交易中心又不是一般意义上的服务机构，其设立须得到政府或政府授权主管部门的批准，并非任何单位和个人可随意成立的；它不以营利为目的，旨在为建立公开、公正、平等竞争的招投标制度服务，只可经批准收取一定的服务费。

按照我国有关规定，所有建设项目都要在建设工程交易中心内报建、发布招标信息、授予合同、申领施工许可证。工程交易行为不能在场外发生，招标投标活动都需在场内进行，并接受政府有关管理部门的监督。可以说建设工程交易中心的设立，对建立国有投资的监督制约机制，规范建设工程承发包行为以及将建筑市场纳入法制管理轨道，都有重要作用，是符合我国特点的一种好形式。

建设工程交易中心建立以来，由于实行集中办公、公开办事制度和程序以及“一条龙”的窗口服务，不仅有力地促进了工程招投标制度的推行，而且遏制了违法违规行为，对于防止腐败、提高管理透明度收到了显著的成效。

2. 建设工程交易中心的基本功能

我国的建设工程交易中心是按照三大功能进行构建的。

1）信息服务功能

信息服务功能包括收集、存储和发布各类工程信息、法律法规、造价信息、建材价格、承包商信息、咨询单位和专业人士信息等。在设施上配备大型电子墙、计算机网络工作站，为承发包交易提供广泛的信息服务。工程建设交易中心一般要定期公布工程造价指数和建筑材料价格、人工费、机械租赁费、工程咨询费以及各类工程指导价等，指导业主、承包商、咨询单位进行投资控制和投标报价。但在市场经济条件下，工程建设交易中心公布的价格指数仅是一种参考，投标最终报价还是需要依靠承包商根据本企业的经验或“企业定额”、企业机械装备和生产效率、管理能力和市场竞争需要来决定。

2）场所服务功能

对于政府部门、国有企事业单位的投资项目，我国明确规定，一般情况下都必须进行公开招标，只有特殊情况下才允许采用邀请招标。所有建设项目进行招标投标必须在有形建筑市场内进行，必须由有关管理部门进行监督。按照这个要求，工程建设交易中心必须为工程承发包交易双方，包括建设工程的招标、评标、定标、合同谈判等，提供设施和场所服务。建设部《建设工程交易中心管理办法》规定，建设工程交易中心应具备信息发布大厅、洽谈室、开标室、会议室及相关设施，以满足业主和承包商、分包商、设备材料供应商之间的交易需要。同时，要为政府有关管理部门进驻集中办公、办理有关手续和依法监督招标投标活动提供场所服务。

3）集中办公功能

由于众多建设项目要进入有形建筑市场，进行报建、招标投标交易和办理有关批准手续，这样就要求政府有关建设管理部门各职能机构进驻工程交易中心，集中办理有关审批手续和进行管理。受理申报的内容一般包括工程报建、招标登记、承包商资质审查、合同登记、质量报监、施工许可证发放等。进驻建设工程交易中心的相关管理部门集中办公，要公布各自的办事制度和程序，既能按照各自的职责依法对建设工程交易活动实施有力监督，也方便当事人办公，有利于提高办公效率。一般要求实行“窗口化”的服务。这种集中办公方式决定了建设工程交易中心只能集中设立，而不可能像其他商品市场那样随意设立。按照我国有关法规，每个城市原则上只能设立一个建设工程交易中心，特大城市可增设若干个分中心，但分中心的三项基本功能必须健全，其基本功能如图 1.1 所示。

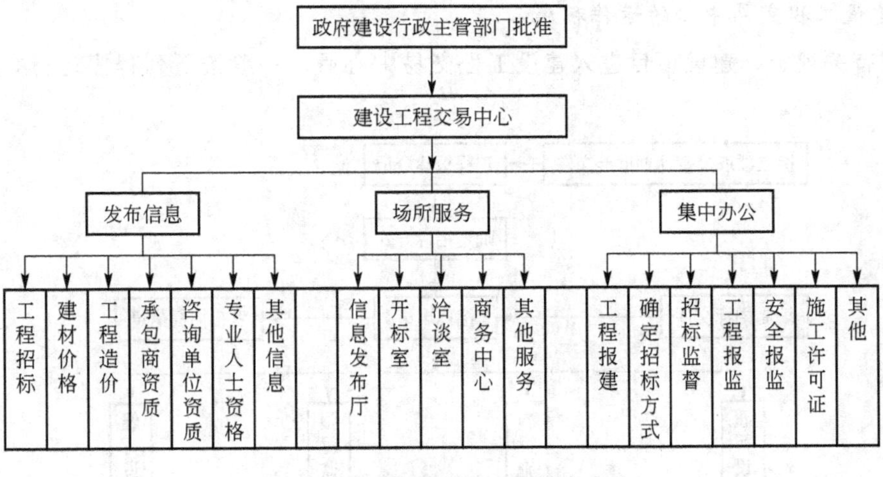

图 1.1　建设工程交易中心基本功能

3. 建设工程交易中心的运行原则

为了保证建设工程交易中心能够有良好的运行秩序，充分发挥其市场功能，必须坚持市场运行的一些基本原则，主要有以下几项。

1）信息公开原则

有形建筑市场必须充分掌握政策法规、工程发包、承包商和咨询单位的资质、造价指数、招标规则、评标标准、专家评委库等各项信息，并保证市场各方主体都能及时获得所需要的信息资料。

2）依法管理原则

建设工程交易中心应严格按照法律、法规开展工作，尊重建设单位依照法律规定选择投标单位和选定中标单位的权利。尊重符合资质条件的建筑业企业提出的投标要求和接受邀请参加投标的权利。任何单位和个人，不得非法干预交易活动的正常进行。监察机关应当进驻建设工程交易中心实施监督。

3）公平竞争原则

建立公平竞争的市场秩序是建设工程交易中心的一项重要原则。进驻的有关行政监督管理部门应严格监督招标、投标单位的行为，防止行业、部门垄断和不正当竞争，不得侵犯交易活动各方的合法权益。

4）属地进入原则

按照我国有形建筑市场的管理规定，建设工程交易中心实行属地进入。每个城市原则上只能设立一个建设工程交易中心，特大城市可以根据需要，设立区域性分中心，在业务上受中心领导。对于跨省、自治区、直辖市的铁路、公路、水利等工程，可在政府有关部门的监督下，通过公告由项目法人组织招标、投标。

5）办事公正原则

建设工程交易中心是政府建设行政主管部门批准建立的服务性机构，须配合进场各行政管理部门做好相应的工程交易活动管理和服务工作。要建立监督制约机制，公开办事规则和程序，制定完善的规章制度和工作人员守则，发现建设工程交易活动中的违法违规行为，应当向政府有关管理部门报告，并协助进行处理。

4. 建设工程交易中心的运作程序

按照有关规定，建设项目进入建设工程交易中心后，一般按下列程序运行，如图 1.2 所示。

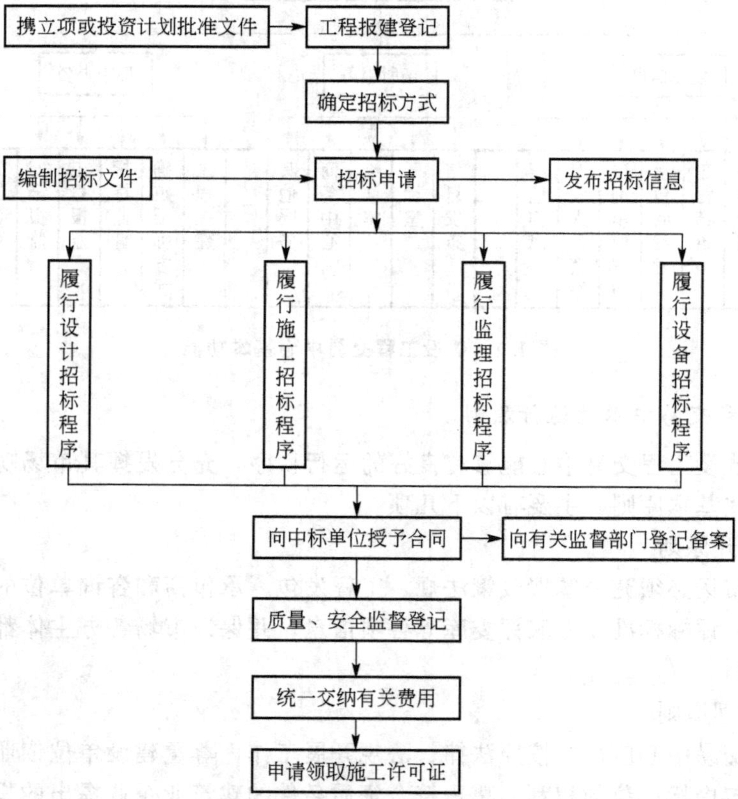

图 1.2 建设工程交易中心运行图

(1) 拟建工程得到计划管理部门立项(或计划)批准后，到建设工程交易中心办理报建备案手续。工程建设项目的报建内容主要包括工程名称、建设地点、投资规模、资金来源、当年投资额、工程规模、工程筹建情况、计划开工和竣工日期等。

(2) 报建工程由招标监督部门依据《中华人民共和国招标投标法》(以下简称《招标投标法》)和有关规定确认招标方式。

(3) 招标人依据《招标投标法》和有关规定，履行建设项目包括项目的勘察、设计、施工、监理以及与工程建设有关的重要设备、材料等的招标投标程序：①由招标人组成符合要求的招标工作班子，招标人不具有编制招标文件和组织评标能力的，应委托招标代理机构办理有关招标事宜；②编制招标文件，招标文件应包括工程的综合说明、施工图样等有关资料、工程量清单，工程价款执行的定额标准和支付方式、拟签订合同的主要条款等；③招标人向招标投标监督部门进行招标申请，并附招标文件；④招标人在建设工程交易中心统一发布招标公告，招标公告应当载明招标人的名称和地址、招标项目的性质和数量、实施地点和时间以及获取招标文件的办法等事项；⑤投标人申请投标；⑥招标人对投标人进行资格预审，并将审查结果通知各申请投标的投标人；⑦在交易中心内向合格的投标人分发招标文件及设计图样、技术资料等；⑧组织投标人踏勘现场，并对招标文件答疑；⑨建立评标委员会，制定评标、定标办法；⑩在交易中心内接受投标人提交的投标文件，并同时开标；⑪在交易中心内组织评标，决定中标人；⑫发出中标通知书。

(4) 自中标之日起30日内，发包单位与中标单位签订合同。

(5) 按规定进行质量、安全监督登记。

(6) 统一交纳有关工程前期费用。

(7) 领取建设工程施工许可证。申请领取施工许可证，应当按建设部第71号令《建筑工程施工许可管理办法》规定，具备以下条件：已经办理该建筑工程用地批准手续；在城市规划区的建筑工程，已经取得规划许可证；施工场地已经基本具备施工条件，需要拆迁的，其拆迁进度符合施工要求；已经确定建筑施工企业，但按照规定应该招标的工程没有招标，应该公开招标的工程没有公开招标，或者肢解发包工程，以及将工程发包给不具备相应资质条件的，所确定的施工企业无效；有满足施工需要的施工图样及技术资料；施工图设计文件已按规定进行了审查；有保证工程质量和安全的具体措施，施工企业编制的施工组织设计中有根据建筑工程特点制定的相应质量、技术、安全措施，专业性较强的工程项目编制了专项质量、安全施工组织设计，并按照规定办理了工程质量、安全监督手续；按照规定应该委托监理的工程已委托监理；建设资金已经落实，建设工期不足一年的，到位资金原则上不得少于工程合同价的50%，建设工期超过一年的，到位资金原则上不得少于工程合同价的30%，建设单位应当提供银行出具的到位资金证明，有条件的可以实行银行付款保函或者其他第三方担保；法律、行政法规规定的其他条件。

1.1.5 招标采购专业技术人员职业水平评价

为加强招标采购专业技术人员队伍建设，规范招标采购专业技术人员的职业行为，提高招标采购专业技术人员的素质，国家建立招标采购专业技术人员职业水平评价制度，纳入全国专业技术人员职业资格证书制度统一规划。人力资源和社会保障部、国家发展和改革委员会《以下简称国家发改委》于2007年4月30日发布《关于印发〈招标采购专业技术人员职业水平评价暂行规定〉和〈招标师职业水平考试实施办法〉的通知》(国人部发[2007] 63号)。

根据《招标投标法》和国家职业资格证书制度的有关规定，自行办理招标事宜的单位和在依法设立的招标代理机构中专门从事招标活动的专业技术人员，可以通过职业水平评价，取得招标采购专业技术人员职业水平证书，证明其具备招标采购专业技术岗位工作的水平和能力。

招标采购专业技术人员职业水平评价分为招标师和高级招标师两个级别。

招标师英文译为 Tenderer。

高级招标师英文译为 Senior Tenderer。

招标师职业水平评价采用考试的方式进行，实行全国统一大纲、统一命题、统一组织的考试方式，原则上每年举行一次。国家发改委负责拟定考试科目、考试大纲、试题，建立考试试题库，提出考试合格标准建议，具体工作委托中国招标投标协会承担。人力资源和社会保障部负责组织专家审定考试科目、考试大纲和试题，会同国家发改委确定考试合格标准，并对考试实施等工作进行指导、监督和检查。招标师职业水平考试合格的，颁发人力资源和社会保障部、国家发改委监制，中国招标投标协会用印的《中华人民共和国招标师职业水平证书》(简称《招标师职业水平证书》)。该证书在全国范围内有效。

高级招标师职业水平评价实行考试与评审相结合的方式进行，具体办法另行规定。

凡是以不正当手段取得招标师职业水平证书的，由发证机关收回证书，两年内不得再次参加招标师职业水平考试。

招标师考试报考条件：

凡中华人民共和国公民，遵守国家法律、法规，恪守职业道德，并符合下列条件之一的，可申请参加招标师职业水平考试：

① 取得经济学、工学、法学或管理学类专业大学专科学历，工作满六年，其中从事招标采购专业工作满四年；

② 取得经济学、工学、法学或管理学类专业大学本科学历，工作满四年，其中从事招标采购专业工作满三年；

③ 取得含经济学、工学、法学或管理学类专业在内的双学士学位或者研究生班毕业，工作满三年，其中从事招标采购专业工作满两年；

④ 取得经济学、工学、法学或管理学类专业硕士学位，工作满两年，其中从事招标采购专业工作满一年；

⑤ 取得经济学、工学、法学或管理学类专业博士学位，从事招标采购专业工作满一年；

⑥ 取得其他学科门类上述学历或者学位的，其从事招标采购专业工作的年限相应增加两年。

2009年为第一年考试，其考试时间为2009年10月31日至11月1日。

招标师考试科目：《招标采购法律法规与政策》、《项目管理与招标采购》《招标采购专业实务》、《招标采购案例分析》。

招标师考试教材：包括《全国招标师职业水平考试大纲》、《项目管理与招标采购》、

《招标采购法律法规与政策》、《招标采购案例分析》、《招标采购专业实务》，共一个大纲、四门考试用书。

招标师职业水平证书：国家发改委 2010 年 5 月 18 日颁发的《招标师职业水平证书登记服务管理办法(试行)》规定，招标师职业水平证书实行登记服务管理制度。国家发改委是招标师职业水平证书登记服务工作的主管部门。中国招标投标协会负责登记服务的具体工作，定期向主管部门报告登记情况。

取得招标师职业水平证书的人员，应向中国招标投标协会申请办理登记手续。首次登记的受理期限为证书签发之日起六个月内，登记服务有效期三年。

首次登记后，每三年进行再登记。再登记的受理期限为上一次登记有效期满前三个月，至登记有效期满后三个月。超过登记或再登记受理期限的，不予登记。

申请首次登记和再登记的人员应在规定的受理期限内，登录指定的登记服务系统，依照规定的登记内容、流程和要求，完成在线登记手续。

申请首次登记的人员在填写在线登记信息的同时，应提供本人招标投标工作业绩和信誉证明的书面材料。申请再次登记的人员所提供的信息或书面材料如下：

(1) 按照招标师继续教育办法规定，继续教育考核合格的证明；

(2) 前次登记三年以来的工作业绩和信誉情况的书面证明材料；

(3) 前次登记内容的变更信息及必要的书面证明材料。

申请人登记信息和提交的材料不齐全或者不符合要求的，中国招标投标协会应及时通知申请人予以补正。必要时，申请人应提供有关证明材料原件。

中国招标投标协会负责组织审核申请人的登记信息。首次登记信息审核合格的，向申请人颁发《中国招标师电子登记证书》。审核不合格的，应通知申请人并说明理由。

再登记人员信息审核合格的，在《中国招标师电子登记证书》中注明"再登记合格"。审核不合格的，应通知申请人并说明理由。

报经主管部门批准后，对有下列情形之一的人员，不予登记；已经登记的，应取消登记，收回《中国招标师电子登记证书》：

(1) 以不正当手段取得电子登记证书的；

(2) 私自涂改、出借、出租和转让电子登记证书的；

(3) 在登记中提供虚假信息，拒绝改正的；

(4) 其他不宜登记的情形。

取得招标师职业水平证书的人员，违反相关法律、法规、规章或职业道德，造成不良影响的，中国招标投标协会报经主管部门批准后，取消其登记，并将取消登记情况通知发证机构，由发证机构收回其招标师职业水平证书。

中国招标投标协会通过网站和有关媒体向社会公布登记合格的招标师基本信息，建立招标师信用档案，并为用人单位提供取得招标师职业水平证书人员信息查询的服务。

鼓励依法设立的招标代理机构、自行办理招标事宜的单位，以及其他有关企事业单位根据工作需要，优先聘任获得《中国招标师电子登记证书》的招标师。

招标师应当履行的义务：

(1) 严格遵守国家法律、法规，执行国家标准和规范，维护国家、社会公共利益和服务主体的合法权益，恪守职业道德；

(2) 保守在招标采购专业技术工作中知悉的国家秘密、商业和技术秘密，以及招标活动中应当保密的事项；

(3) 在招标采购活动中，发现违反国家有关法律、法规的行为，应及时向相关行政管理部门或行业协会如实反映情况；

(4) 接受教育，更新知识，不断提高职业素质和招标采购专业技术工作能力。

招标师应当具备的职业能力：

(1) 熟悉招标采购方面的法律、法规、规章和行业管理规定，具有较丰富的招标采购专业技术工作经验；

(2) 编制、审查招标采购工作计划、招标采购文件、招标采购合同文本、资格预审文件和招标采购公告，组织进行项目招标采购活动；

(3) 组织进行投标资格审查、开标和评标活动；

(4) 主持招标采购合同、中标合同的谈判，参与签订招标采购相应合同；

(5) 开展询价采购工作，组织进行现场勘察、招标采购合同的结算和验收工作；

(6) 妥善解决招标活动、合同履行等工作中的争议纠纷。

1.2 中国工程招标投标活动沿革

提到招标投标，就自然要追溯它的发展历程。因此，本节专门对中国工程招标投标活动的起源与发展进行介绍。

1.2.1 工程招标投标的起源

招标投标制度历史悠久，在国际市场上已经实行了200多年。

招标投标制度的起源因素有以下几种。

(1) 较大规模的商品生产和交换。招标投标起源于私有制条件下商品的生产与交换，是商品经济发展到一定阶段的产物。在早期的商品经济时期，极少数买主为了获得更多的利润，在开展某项购买业务时，有时会有意识地邀请多个卖主与其接触，以便挑选出供货价格和质量比较理想的成交对象。这被认为是原始的招标比价活动。比较规范的招标活动首先出现于较大规模的投资项目或大宗物品的买卖活动中。这是因为，只有较大规模的投资商或买主才愿意采用招标这种比普通交易更为规范而严密的方式；同时，只有在较大规模的投资项目或大宗货品交易中，才会使招标方感到采用招标方式节省成本和费用，具有较之其他方式的明显优越性。这些较大规模投资项目和商品交易领域主要是建筑项目、大宗货物买卖等。人类经济的宏观结构发生划时代意义的变革和转型，开始于19世纪上半叶的产业革命时期。这一时期属于自由资本主义的上升时期，机器大生产的应用从生产方式上为买方经济供过于求的局面逐渐确立创造了供给条件。同时也使社会专业化分工协作的发展达到了前所未有的发达程度。可以说，19世纪上半叶是现代成熟而独立的招标方式正式产生和发展的历史起点。但是，招标方式在早期的商品经济条件下，应用领域和推广范围相对有限，除了规模效益的制约外，主要受到当时的经济供求关系、社会专业化分工、信息通信手段等的影响和支配。

(2) 社会化大生产的发展。招标投标方式首先盛行于西方发达国家，资本主义发达的英国和美国是招标投标事业发展的先锋。英国作为工业革命的起源地，经济发展在早期资本主义国家中处于领先地位，社会化大生产在英国迅猛发展促进了英国的社会、经济、科技、文化的前进。由于社会化大生产的需要，在企业生产和政府管理过程中，孕育了很多前所未有的生产方式和管理模式，招标投标方式就是其中的一种。招标投标活动起源于18世纪英国的政府采购项目。1782年，英国成立文具公用局，后来发展为物资供应部，主要负责政府采购项目的招标投标活动。由于采用招标方式之后，既解决了公平交易问题，使物资采购活动增加了公开比价的环节，又节约了管理成本，购买到了价廉物美的物品，使得政府部门和相关人士认识到了招标方式的优越性，因此，1830年，英国政府正式明令实行招标投标制度。1809年，美国通过了招标投标法律，1861年，开始采用招标投标方式采购政府工程。

(3) 市场转型的需要。从经济学的角度考察，要使招标方式得到普遍的应用和推广，就需要有一种动力和外在环境。这种动力和外在环境，就是供大于求的买方经济中的供求关系。具体地说，买方经济中买方和投资方，由于供大于求的市场格局的影响，一般不会采取仓促采购、直接委托等卖方经济情况下的交易形式，通常会以持币选择、货比三家代之。买方经济条件下的卖方和承包方，迫于生存和竞争压力，则普遍会采取不避风险、主动报价的交易态势，以积极争取各种交易机会和成交对象。这样，买方经济的供求关系，使招标在原有的经济活动领域和范围内得到较为普遍的应用。

在人类社会经济发展史上，卖方市场向买方市场过渡是一次具有划时代意义的经济变革或经济转型。它标志着早期简单的商品经济时代已开始被当代成熟的市场经济时代所代替，并逐渐向市场经济高度发达的阶段过渡。它对招标方式产生的作用和影响，不仅仅局限在投标方主动而积极地接受和采用投标方式，而且，它还从促进社会专业化分工的角度进一步扩大和增加了招标的应用领域及推广范围。在以前简单商品经济条件下，要采用和推行招标方式，往往受到一些客观生产结构因素的制约，这些制约因素包括：社会专业化分工协作落后，工程自营及设备、部件自制率高等。在社会经济结构进行了重大的变革和转型之后，这种制约和阻碍因素已不复存在。这个时候，招标方式才作为一种相对成熟而高级的交易方式，获得了稳定的生存和发展空间。

(4) 招标方式的自身优势。招标方式与其他贸易方式相比，具有以下优势：

① 具有组织性。只要进行正规的招标活动，就需要有负责招标操作的机构和人员，有一个具有招标经验的组织来完成这项工作，而且随着招标活动的增多，招标组织机构会逐步健全与完善，其活动能力和水平会逐步提高，这种组织在工程招标投标过程中的地位与作用不断提高和增强，逐渐形成一种工程发包中不可或缺的环节，并且成为一种被社会公认的组织机构和管理部门。

② 具有公开性。工程招标之所以被看中并且得到广泛运用，一个重要原因就是这种工程发包方式的公开性。要实行工程招标，首先要向相关的承包机构或社会公布招标信息，使有意参加竞标的单位和个人能够了解工程的大体情况，招标的基本要求，具体的时间限制，投标的基本程序，本单位和个人是否适合参与该工程的竞标，等等。因此，通过这种公开的招标比价来发包工程，具有一定的透明度，便于社会监督，有利于招标与投标

双方按照自己的意愿和实力达成协议，实现自己的目的。

③ 具有公正性。工程公开招标，就是在项目要求公开、标准公开、选择对象公开的情况下，择优挑选最佳承包商。不管是大公司还是小公司，也无论是集体还是个体，只要具备招标公告中的基本条件，就可以报名参与竞标。在同样的条件下，按照评标标准进行比较评价，从中选出优胜者。可以说，这是一个比较公正的过程，可以避免一些“暗箱操作”，给人一种信任感。

④ 具有一次性。就一项工程而言，实行公开招标，一般情况下，只要不出意外，基本上都是一次即可成功，具有明显的一次性。只要按照招标的基本程序和要求去做，就可以一次性地解决问题，不需要反复操作。这样对于投资者或业主来说，通过一次招标就可以选择出满意的承包商，这是一件省事省时的好事，也可以使其资金得到更有效的、更节省的使用。

因此在国际经济贸易中，招标方式也被普遍认可和使用，许多国家的政府都非常重视和发挥招标的作用。在研究提高采购效率、降低采购成本的办法时，发达的资本主义国家，普遍认为，招标不仅是一种服务，也是一种创造利润的活动，对优化采购工作具有非常重要的作用。正是看中了招标投标形式的这种独特作用，不少西方发达国家通过立法的形式，确立了招标投标的法律地位，使招标投标活动在法律上得到了保证，具有了强制实施的条件和环境。到19世纪后半叶，随着时间的推移和经济社会的发展，招标投标以其自身的优势逐渐在资本主义国家得到迅速推广，到第二次世界大战后，招标投标的影响力不断扩大。先是西方发达国家和地区的政府机构和私人企业，大力推行招标投标方式。例如，一些工业发达国家的政府采购法中规定，一定金额(如15万～20万美元)以上的货物，必须通过公开招标方式进行采购，以保证纳税人所缴纳的税金得到合理的使用，并使所有纳税人都有机会参与竞争；又如我国台湾地区在《公营事业申请输入货物办法》中规定，公营单位须从国外购买的货物，除了八种情况外，都应以国际招标方法采购；此外，还有许多国家规定，政府采购和国有企业购买货物，均须使用公开招标的方式采购。在这些国家和地区，人们对招标的认识都经历了一个从被动服从法律，到自觉地、有意识地运用招标来发展经济建设的过程。

特别是到了21世纪，随着人类社会经济、科技的不断进步，尤其是有关通信设备的发达，信息收集、整理和处理技术的更新，以及专有技术、组织管理手段、谈判方式和经济理论的不断成熟与完善，招标的应用领域和推广范围得到了迅速拓展。近二三十年来，发展中国家在设备采购、工程承包中，也日益重视和采用招标投标方式。可以说，招标投标作为一种成熟的高级的交易方式，在国内、国际经济活动中显示出的重要性和优越性，日益为各国政府和各种国际金融组织所认可，已经在相当多的国家和国际组织中得到立法推广。世界银行、亚洲开发银行等国际金融组织，在大宗商品、设备、原材料的采购活动和工程承包、咨询合同中，大量推行招标方式，使得招标投标的应用领域不断拓宽和扩大。1973年9月，关税及贸易总协定通过了“政府采购将采用竞争性国际招标，不应对外国供货人进行歧视”的协议，并于1986年开始实施。世界银行等国际金融组织同样重视招标的作用，限定以国际招标作为主要采购方式，否则不予贷款。

就招标投标的应用行业而言，从建筑工程承包、部门性订货、成套设备和零部件采购，推广到勘测设计、技术交易以及文教、卫生等有关建设项目；就招标活动的标的(物)

而言，逐渐从“有形标的”推广到“无形标的”、从“实物商品”推广到“非实物的劳务和技术”；就招标的地区范围而言，逐渐从国内区域招标扩展到国际竞争性招标。

1.2.2 中国工程招标投标的历程

我国工程承包和招标投标的形成和发展，从时间跨度上可以划分为四个阶段。

第一阶段，建国前的工程招标投标活动。自招标投标的产生至新中国建立之前这段时间内，由于我国处于半殖民地半封建的社会制度下，连年的内战和社会的动荡，使得资本主义生产方式在中国没有得到大的发展，封建社会的小农经济一直在中国社会占据统治地位，社会化大生产在当时的中国缺乏生存空间，中国社会经济建设在困苦中挣扎。虽然具有现代气息的建筑业营造厂有一定发展，但却没有大的作为。因此，招标投标方式在中国的应用并没有成就。

建筑业的承包制具有悠久的历史。我国早在明代中叶(约公元 1500 年前后)，随着手工业、商业的发展，封建朝廷把建造房舍由按社会地位决定规模和格局，改为按经济条件决定规模和格局，并将建筑工匠征调制改为雇用制。从此，便开始出现了包工不包料的承包萌芽。到清代雍正初年(约公元 1723 年)取消匠役制度之后，由匠首组织的泥木作坊得以产生和发展，以包工不包料为主要形式的承包方式得到相应的发展。1840 年鸦片战争以后，随着殖民主义者的侵入，封建的“工官制度”逐步解体，近代建筑也不断增多，包工不包料的泥木作坊已不能适应建筑商品经济发展的需要，以包工包料为主要承包方式的营造厂得以产生并日益发展。工业发达国家的企业资本家，凭借炮舰外交政策，在一些落后的国家和地区开辟市场和承包工程。我国的建筑工程承包业务的发展就是这种情况。19 世纪 80 年代起，我国上海就出现了一些营造厂，营造厂的发展和竞争为建筑业的发展奠定了基础。到 20 世纪初，我国的建筑业已初步形成了具有一般民用建筑设计和施工的活动能力，客观上为招标投标的产生和发展准备了条件。

在近代建筑需求量有一定增长、营造厂商不断增多的条件下，建筑市场出现了竞争局面，一些业主纷纷要求用招标投标方式择优选用营造厂商，于是我国建筑业的招标承包制也就应运而生。据史料记载，我国最早采用招商比价(招标投标)方式发包工程的是 1902 年张之洞创办的湖北制革厂，5 家营造商参加开价比价，结果张同升以 1 270.1 两白银的开价中标，并签订了以质量保证、施工工期、付款办法为主要内容的承包合同。随后，1918 年汉阳铁厂的两项扩建工程，曾在汉口《新闻报》刊登广告，公开招标。到 1929 年，当时的武汉市采办委员会曾公布招标规则，规定公有建筑物或一次采购物料大于 3 000 元以上者，均须通过招标决定承办厂商。新中国成立前，我国的建筑工程招标承包制沿袭西方国家的招标做法，具体步骤：建筑招标方先请“建筑师事务所(也称为打样间)”设计工程并估算造价，作为标底。然后，或登报公开招标，或邀请数家承包商投标，投标者先向建筑师事务所领取招标文件，确定报价，填好投标书后，密封邮寄或送交建筑师事务所。由建筑师事务所协助招标者评标，选定中标者，并与之签订承包合同。

第二阶段，新中国成立初期的包工包料制。新中国成立后，由于国家建设的需要，建筑业有了很大的发展。在第一个五年计划期间，工程承包多数实行包工包料制度。在当时的历史条件下，虽然工程任务是以行政手段分配的，但是工程承包方式还是起到了积极的作用，工程施工质量和周期都能够达到国家要求，当时的建筑设计和施工水平都接近于国际先进水平。

第三阶段，指挥部管理时期。在1958—1977年，由于左的思想影响和“文化大革命”的冲击，工程承包方式被当做资本主义经营方式遭到了批判，工程承包制被迫取消，承包制、合同制、法定利润和甲乙方关系，统统被否定，取而代之的是工程“建设指挥部”，所有工程建设项目，都由行政机关分配任务，任务下达之后，承担建设任务的单位，就按照要求组成工程建设指挥部，统一组织协调工程建设全过程的所有事项。很多工程都是边设计边施工，有的工程因为设计与施工错位而出现中途停工现象，造成工程“马拉松”，投资一再增加，工期一再延长，进度和质量得不到保证。由于这种错误的做法违背了建筑生产的客观规律，因此，导致整个建筑行业处于非正常局面，施工企业也处于徘徊不前的状态。

第四阶段，现代招标投标健康发展阶段。1978年至今，中国建筑业在改革开放的大好环境下，率先实行全行业改革，恢复建筑产品利润，实行招标承包制，试行以明确任务和责任为主要内容的百元产值工资含量包干责任制、投资包干责任制等，有力地调动了施工企业和全体职工的劳动积极性。在推进现代施工管理及招标投标制度试行的同时，致力于建筑行业的政策法规建设，用政策和法律调节建筑业的发展，基本形成了有中国特色的工程建设管理法规体系。在这样的历史条件下，工程招标投标的管理逐步完善，工程建设走上了有章可循、有法可依的正确发展道路。政策和法规的制定和执行，有效地加强了工程建设市场管理，规范了工程建设市场秩序，维护了工程建设的质量。

1.2.3 现代工程招标投标制度的形成和发展

招标投标制度在中国发展的第四阶段是最有生气和活力的阶段。这个阶段，中国的社会主义建设事业突飞猛进、日新月异，各行各业都在改革开放的浪潮中奋勇前进，社会经济发展步入了现代快车道。在这种历史条件下，现代工程招标投标制度也经历了试点—推广—法制化规范化的快速推进过程。纵观其发展轨迹，按照不同的划分标准，可以清晰地划分出招标投标的发展阶段。按照招标投标制度发展的推动力量划分，可以分成三个阶段，即行政推动阶段、行政推动与宏观调控的结合阶段、政府宏观调控阶段。按照招标投标制度本身的发展历程划分，可以分成三个阶段，即招标投标制度初步建立阶段、招标投标制度规范发展阶段、招标投标制度不断完善阶段。下面分别予以介绍。

1. 按照招标投标制度发展的推动力量划分

随着我国计划经济体制向市场经济体制的转变，招标投标制度大致分为三个阶段：行政推动阶段、行政推动与宏观调控的结合阶段、政府宏观调控阶段。

1）行政推动阶段

其特点是依靠政府各职能部门的行政力量推动招标投标的开展。行政推动招标投标制度的实行，其管理目标是改变行政分配任务的做法，把竞争机制引入企业，将工程项目的发包导向招标、投标的轨道。这一时期管理的核心任务是打破垄断，减少分配，促进竞争，为招标、投标创造最基本的条件，推动其发展。各级政府的主要工作是宣传发动，搞好试点，培训干部，制定条例，设立统一归口管理机构，把好关口，诸如，招标条件的落实投标资格审查、标底审查、评标决标、质量监督等。当一个地区普遍推行招标、投标的条件成熟时，须制定必要的规范性措施，将具备条件的项目纳入招标投标轨道中来。

在招标投标工作开展较早的城市，多数采用了这种行政推动的管理模式。实践证明，在计划经济和行政分配任务的旧体制下，招标投标不会自发产生，只有在政府机构强制推动与扶持下，才能冲破原有模式及习惯势力的束缚，建立起招标得以基本进行的外部环境和内部条件。

但是，这种运行方式存在着一个最大的弱点，即政府的直接控制几乎渗透到招标活动的各个环节，政府的各种管理机构一般仍在原有体制下行使职能，这与招标投标所需要的管理模式相距甚远。尽管在试点时期，依靠行政力量的推动，有利于招标投标制度的强制执行，有利于企业克服靠行政分配任务的惯性以及对上级行政部门的依赖性，有利于打开招标投标的局面，但是，招标投标的实行，不能长期依靠行政力量的推动，而需要市场机制的约束和启动，不解决市场吸引力问题，不建立起真正的市场经济，不形成真正的竞争局面，不把企业推向市场，企业就不会有招标投标的内在动力。因此，随着社会主义市场经济的发展与招标投标作用范围的扩大，政府部门的管理任务不断加重。为了防止重蹈行政管理的覆辙，造成对招标投标进一步改革的障碍，这时，应有计划地进行政府部门管理体制的改革，因势利导，进入下一个管理阶段。

2）行政推动与宏观调控的结合阶段

招标投标制度的推行迫使政府部门改变管理模式，逐步放弃过去那种依靠行政手段直接管理微观经济活动的做法，逐步试行宏观的间接控制手段，形成了行政推动与宏观调控相结合的管理模式。这种管理模式的目标是既要保证招标投标竞争的公正性，又要平稳地将直接控制转向间接调控，以保证招标市场的活而不乱和改革的顺利进行。为此，管理的核心任务是制定招标投标政策和措施，建立并发展间接控制手段，协调企业间横向利益关系。这一时期的管理类似“半行政干预型”管理，只不过政府的直接控制与间接控制的范围一直处于此消彼长的过渡状态。它是招标作用范围扩大后解决管理力量不足的必然途径，也是新旧管理模式转换过程中的必然产物，是新旧体制过渡的弹性衔接。这种模式也有其存在的合理性，有利于防止管理体制改革出现反复，避免市场混乱，保证改革的平稳发展。

要使政府管理逐步转向宏观调控，需要做好大量的基础工作，诸如：继续推进配套改革，建立有关政策法规；构建市场竞争机制；搞好大中型骨干企业，培植招标投标的主角；发展为招标投标服务的中介服务机构，建立招标投标管理机构，发展官方和半官方的招标市场协调监督机构；适时进行政府管理机构的改革。在这种情况下，政府对招标活动的微观管理逐步减少，转为依靠中介服务机构进行运作，依靠经济杠杆、法律手段来间接调控。

但是在这一阶段中，政府仍然直接控制一部分招标项目。这是因为：①建设单位与中介服务机构组织招标的能力需要有一个成长过程；②新的经济运行机制尚未完全成熟，非经济因素在招标投标中仍有很大的影响作用，过早放手易出漏洞；③政府间接控制能力尚需逐步提高；④为了及时发现问题，改进工作，建立规范的管理制度，各地政府也需要管理一块“招标投标试验田”。但从发展趋势看，政府直接控制的项目逐步减少。

3）政府宏观调控阶段

招标投标制度的建立和完善的理想目标模式是政府宏观调控。其特点是政府摆脱对招标微观活动的直接参与，转入宏观间接控制，加强对市场竞争的监督。政府对招标活动的干预，主要是综合运用经济、法律和必要的行政手段管理好招标市场，通过市场机制，引导企业行为合理化，达到招标活动正常进行的目的。

实现这一管理模式的前提条件是市场机制已充分发挥作用，企业真正成为市场的主体，具有经营自主权和自我约束能力，并能对市场作出灵敏有效、及时合理的反应。与此同时，已形成为招标投标服务的相关机构；已建设系列配套的招标投标法规体系，形成规范化的招标投标程序；已形成能够反映价值规律，根据市场变化而变化的建筑产品价格机制，经济活动的社会监控网络已基本成型并正常运转。

这种科学合理的管理方式是逐步发展形成的。虽然目前我国招标投标管理科学化、现代化水平还不高，但新的管理模式已经形成，管理体制的改革已处于相对平稳时期，建筑企业的活力正在充分发挥，建筑业已经呈现出良性发展的局面。这是招标投标制度真正体现经济和社会效益的阶段。

2. 按照招标投标制度本身的发展历程划分

现代招标投标制度的发展可以分成三个阶段，即招标投标制度初步建立阶段、招标投标制度规范发展阶段、招标投标制度不断完善阶段。

1）招标投标制度初步建立阶段

20世纪70年代后期，随着改革开放的实行，中国工程承包活动开始试行，在改革开放的试点城市，率先开展了工程承包业务，试行了工程发包与承包模式。1979年，不仅在国内进行了工程的发包与承包，而且开始了国际承包业务，1979年实现国际工程承包成交金额5 117万美元，此后逐年发展，1979—1985年，每年以82%的平均速度增长，而且中国建筑工程总公司于1984年率先进入世界250家国际大承包公司行列，1989年又有中国公路桥梁工程公司、中国冶金建设公司、中国水利电力公司等四家公司跻身世界250家国际大承包公司行列。伴随着工程承包业务的发展，工程发包与承包制度逐步发展起来，工程项目招标投标制度开始被试用和重视。

1980年，国务院在《关于开展和保护社会主义竞争的暂行规定》中提出，对一些适宜承包的生产建设项目和经营项目，可以试行招标投标的办法。1981年，吉林省吉林市及经济特区深圳市试行工程招标投标，收效良好，在全国产生了示范性影响，1983年6月，城乡建设环境保护部颁布了《建筑安装工程招标投标试行办法》。1984年9月，国务院发布了《关于改革建筑业和基本建设管理体制若干问题的暂行规定》，明确指出，要全面推行建设项目投资包干责任制，大力推行工程招标承包制。要改革单纯用行政手段分配建设任务的老办法，实行招标投标。由发包单位择优选定勘察设计单位、建筑安装企业。1984年11月，国家发改委和城乡建设环境保护部联合制定了《建设工程招标投标暂行规定》，这标志着我国建筑承包市场开展招标投标工作的正式启动。制定这个暂行规定的目的是加强对建设工程招标投标的管理，缩短建设工期，确保工程质量，降低工程造价，提高投资效益。因此，暂行规定明确规定："列入国家、部门和地区计划的建设工程，除某些不适宜招标的特殊工程外，均按本规定进行招标。"此后，有关国家部委又陆续出台了一系列的规范性文件，用以指导和管理工程项目的招标投标活动。1985年6月，为了使设计技术和成果作为有价值的技术商品进入市场，打破地区部门的界限，开展设计竞争，防止垄断，更好地完成日益繁重地工程设计任务，国家发改委和城乡建设环境保护部颁发《工程设计招标投标暂行办法》，规定："今后大中型项目的工程建设，都要积极创造条件，由建设单位或委托咨询公司进行设计招标。凡持有设计证书的国营、集体和个人设计单位，都可以按照批准的有资格承担的业务范围参加投标。"目的是鼓励竞争，促进设计单位改进管理，采用先进技术，降低工程造价，缩短工期，提高投资效益。1985年，第六届全国人民代表大会第二次会议在通过的《政府工作报告》中再次强调，要积极推行以招标承包制为核心的多种形式的责任制。至此，招标承包制作为建筑业和基本建设管理体制改革的一项关键措施，在全国各地普遍推广。

这个阶段的招标活动取得了一定成绩，呈现出以下特点。

(1) 招标管理机构在全国各地陆续建立，省、市、县都建立了招标投标管理部门，形成上下联动的招标管理网络体系，为进一步搞好招标管理工作做好了组织机构上的准备。

(2) 初步建立起招标投标管理制度。国家提倡实行工程承包制，并颁发了有关建设工程承包管理和招标投标的政策和制度，提出了改革行政手段分配建设任务，推行招标承包制的大思路和大目标，摸索和总结出了一些行之有效的工程项目管理和招标投标管理办法，继城乡建设环境保护部颁发《建设工程招标投标暂行规定》和《工程设计招标投标暂行办法》之后，各地也相继制定了适合本地区的建设工程招标投标管理规定和工程设计招标投标管理办法，开始探索实行招标投标管理办法的操作程序，逐步总结和形成操作规程和管理规范。

(3) 推行招标承包制，促进了企业观念的革命。将竞争机制引入了建筑业，促进了人们观念的更新和转变，过去依靠行政主管部门分配建设任务的习惯做法受到了冲击，企业开始由过去面向"行政首长"转为面向"竞争市场"。建筑施工企业开始重视企业内部建设，重视树立竞争观念、市场观念、信息观念，改善队伍结构，改善经营管理，改善施工质量，注重探索商品经济条件下的施工管理规律，推进企业的内部管理改革。一些改革步伐快、见效早的建筑企业，面貌发生深刻的变化，施工管理和竞争能力得到大大提高，企业信誉和职工精神风貌明显改善。

(4) 推动了体制改革进程。招标承包制的试行，打破了原来的建设工程管理模式，使人们看到过去那种行政手段分配建设任务的做法，根本不适应变化了的形势，不适应商品经济条件下的市场竞争环境，必须进行大刀阔斧的改革。改革的重点主要是实行政企分开，让企业按照自身规律自主经营和管理；打破地区和部门的分割，使企业能够脱离各自部门的保护条件而在市场上进行平等竞争；建立生产要素市场，使之与开放的竞争市场相适应；改革建筑产品价格制度和人事用工制度等。可以说，招标承包制的试行，不仅促进了建筑业的基本管理制度的改革，而且推动了建筑业和基本建设管理体制的配套改革，其意义之深远是人们始料不及的。

(5) 提高了工程建设的进度、质量和效益。试行工程承包制之后，有效地解决了旧的管理体制下的一些弊端，如"投资无底洞，工期马拉松"的问题，不顾质量和生产周期及工期的问题，不讲经济效益和社会效益的问题等。使得建筑企业职工的积极性得到了极大的释放，大大地促进了建筑业的发展。据统计，试行招标承包制的初期，全国全民所有制和集体所有制施工企业的劳动生产率业、产值和利润都比以往有较大幅度的提高，全民所有制建筑施工企业全员劳动生产率由1984年的5 148元/人，提高到1987年的10 345元/人；而且实行招标承包制的工程价格一般比概算价降低5%～6%，有的工程降低10%左右；建设工期也大大缩短，从而节约了大量的投资和管理经费开支。有色金属总公司对13个建设项目的18个单项工程实行招标，其概算投资3.75亿元，中标价3.25亿元，平均降低12.9%，中标工期比定额工期一般缩短20%～30%。大连市实行招标的1 764项单位工程，共节约投资2 887万元，比概算降低5.7%，工期缩短5%～10%。只要认真实行招标承包制的地区和企业，其建设工程的投资都有不同程度的降低，工期都有不同程度的缩短，劳动生产率都有不同程度的提高。

(6) 改善了建设单位和施工单位的关系。在旧的管理体制下，甲乙方的职责不明，互相扯皮争吵，严重影响施工进度和效益。实行工程招标承包制之后，甲乙方的责、权、利，经过招标承包合同明确下来，工程造价、工期、质量，都在工程合同中一次明确，最后按照中标的合同进行结算，避免了许多烦琐的扯皮事务，有效地解决了旧体制难以解决的问题。

从总体上看，招标投标制度试行到20世纪90年代，已经取得了可观的业绩。1990年工程施工实行招标的单位工程达62 922项，占全年在建单位工程的18%，比1989年增加4.7个百分点；招标工程建筑面积11 184.6万平方米，占全年在建面积的29.5%，比1989年增长了5.5个百分点。其中，浙江、海南、陕西、甘肃、宁夏等省区招标工程面积的比率达到50%左右。中华人民共和国铁道部(以下简称铁道部)、中华人民共和国交通运输部(以下简称交通部)、中国统配煤矿总公司等国务院工交部门以及上海市等地区，都积极开展了勘察设计、工程施工招标投标。实行招标投标的工程，在确保工期、质量和控制造价方面，都收到了比较好的效果。

实行招标承包制以后的成绩、特点和效益，远不止上述几个方面，这里不再一一列举。

虽然实行招标承包制，收到了诸多效益，其成绩令人鼓舞，但是，事物都是一分为二、有利有弊的。无论是从市场发育和运作的角度考察，还是从招标投标制度运行的角度来看，抑或从市场秩序的角度分析，在当时(20世纪80年代末～90年代初)，我国建设工程招标投标市场都还存在许多问题，归纳起来大致有以下四大问题。

(1) 利用工程发包权索贿受贿。设计及施工队伍的急剧膨胀，形成了买方市场，一些建设单位及其主管部门利用工程发包权索贿受贿，收取“回扣”，不给好处就不给设计、施工队伍发包工程；一些设计、施工单位则采取拉关系、傍权势、施行贿等手段承揽工程。据上海市对建设市场查处案件情况分析，领导干部以各种名目索贿受贿的占受贿总人数35.8%。山西省孝(义)柳(林)铁路工程建设总指挥孙孟喜1987年以来利用职务之便索贿近十万元。受贿案件多数采取内外勾结手段，通过贿赂，或者高估冒算，多提工程款；或者使一些不合格的队伍获得承包权，造成工程质量低劣；或者采用向行贿单位泄露标底等手段，破坏了公正、合理的竞争。太钢钢城企业公司民建公司，为承建太钢宿舍的拆建工程，向八名干部(其中：一名副厅级、二名处级)和两个单位行贿六万元，使原来60万元的拆建费提高到96万元。南海油田房地产公司预算科科长通过透露标底，一次收受施工队贿赂11 950元，深圳市检查了24个有行贿行为的工程队工程施工质量，因偷工减料、以次充好等造成质量不合格的竟达75%。

(2) 倒手转包或居间介绍工程，从中牟利。随着建设领域商品经济的发展，新旧两种管理体制交替，必要的管理法规没有及时建立，在工程承发包方面缺乏严密的管理，一些单位和个人乘机钻了空子。有些施工企业利用资格等级和营业范围的优势，超能力承接任务，转包给小企业的农建队，以取管理费名义牟利，却不负任何经济、技术责任。还有一些单位和个人专以介绍工程为手段，充当掮客，从建设、施工单位收取高额佣金。有些工程几经转手，层层剥皮，到了施工企业已所剩无几。深圳市一项预算122万元的装饰工程，经四次转包，仅剩73万元，中间仅过三次手，便获利49万元。浙江省第二建筑工程公司有三名职工，在两年时间内通过转包工程或以介绍工程充当中间人共获利6.8万元。还有的人打着介绍工程的名义，进行诈骗活动。广州第四海洋调查大队穗港四海装饰工程公司负责人以介绍带资承建南海大沥开发区为名，骗取白去区二建公司工程款100万元。

(3) 弄虚作假，违法经营。一些设计、施工单位无证、借证或一证多用搞设计、施工，越级承揽工程，出卖证照和银行账号谋取私利，损害国家或用户利益。虽然对这类问题早已明文禁止，并经过几次整顿，但由于市场过大，又缺乏必要的执法力量和手段，未能及时查处和纠正。在1988年开展的整顿中，这类问题占查处问题的50%以上。大连市金州区杏树屯建筑公司出卖营业执照和银行账号，为一包工队代签合同，该包工队施工中粗制滥造、偷工减料，致使房倒屋塌。宁波市海曙区钢木制品厂翻修工程，无证设计、私人承包，发生檐沟塌落事故，造成两人死亡，一人受伤。

(4) 利用职权敲诈勒索。一些管理部门及其工作人员，利用手中掌握的建设项目开工权、工程发包权和资金、物资分配权等，索贿受贿，执法不公。甘肃省某工商局局长伙同两名处级干部，利用一块土地使用权，向建筑队索取钱物达13万元；广州市一名干部利用审批工程报建的权力，一次索贿6.5万元；建设银行沈阳市分行城建支行办公室一名副主任，利用审批基建开支的权力，一年多时间受贿1.6万元；河南省漯河市建筑工程质量监督站副站长，利用检查工程质量的权力，从十多个单位索贿1.8万元。这样的人虽是极少数，但危害极大，严重地干扰了工程发包和承包秩序，破坏了党和政府的声誉，损害了国家和人民的利益。

这些违法违纪行为和腐败现象的存在，毒化了社会风气，干扰了建设市场秩序，不仅冲击了那些奉公守法的设计、施工单位的正当经营，使他们步履维艰；而且造成了国家建设资金的严重损失和浪费，影响了建设事业的发展。对这些案件的查处，特别是对一些情节严重案件的查处，得到了广大群众的支持和拥护。

这一阶段，由于工程承包有利可图，又由于上述不正之风的干扰和破坏，导致工程招标投标竞争非常激烈。由于招标投标制度还不完善，管理还不规范，操作还不严谨，尤其是行政色彩对工程招标投标的渗透，使得工程招投标活动一度出现了混乱局面，突出表现在以下方面。

(1) 工程招标投标基本上以议标为主，人为因素较重，给歪风邪气以可乘之机。据统计，当时，纳入招标管理项目当中约90%是采用议标方式发包的。

(2) 工程交易活动比较分散，没有固定场所，这种招标方式在很大程度上违背了招标投标的宗旨，难以充分体系竞争机制。

(3) 招标投标在很大程度上还流于形式，招标的公正性得不到有效监督，工程发包大多形成私下交易，“暗箱操作”，缺乏公开公平竞争。

2) 招标投标制度规范发展阶段

20世纪90年代初期到中后期，全国各地普遍加强对招标投标的管理和规范工作，也相继出台一系列法规和规章，招标方式已经从以议标为主转变到以邀请招标为主，这一阶段是我国招标投标发展史上最重要的阶段，招标投标制度得到了长足的发展，全国的招标投标管理体系基本形成，为完善我国的招标投标制度打下了坚实的基础，主要表现为以下方面。

(1) 整顿建筑市场秩序。经过调查研究，发现并处理了工程发包过程中出现的一些问题，对于打击歪风邪气，治理腐败现象，整顿建筑市场，起到了积极作用。但是，如何防止上述问题的继续发生，如何建立起比较规范的招标投标机制，形成有效的运行模式，规范工程招标投标市场，是亟待解决的难题。正是在解剖和解决上述问题的过程中，使得招标投标的管理逐步走上制度化轨道，招标投标制度和法规逐步建立和执行起来。

针对工程招标投标制度建立阶段的问题，建设部于1988年下发了《关于整顿建设市场秩序的通知》，对承发包工程中收受回扣、索取佣金、贪污受贿、敲诈勒索等问题，进行了清理和查处。1990年，建设部又发布了《关于整顿建设市场的情况及下一步安排》，要求认真贯彻《中共中央关于进一步治理整顿和深化改革的决定》精神，在深入清查的基础上，建立市场规则，规范交易行为，加强管理部门的廉政建设，为在三年治理整顿期间，改变建设市场的严重混乱状况，完善招标投标制度，杜绝私下交易，使工程建设逐步纳入计划指导与市场调节相结合的轨道，建立起平等竞争、公正交易和严格监督管理的社会主义建设市场新秩序奠定了基础。

在抓好治理整顿工作的基础上，建设部开始着手进行工程建设市场管理制度的建立。1991年7月，建设部发布了《关于加强工程建设设计施工招标投标管理工作的通知》，要求各地区、各部门要认真贯彻党中央、国务院关于工程建设实行招标投标制度的指示精神，积极地推进招标投标工作。发展社会主义商品经济，实行计划经济与市场调节相结合地运行机制，不能简单地理解为一部分工程的设计、施工任务实行行政分配，另一部分实行招标投标制。《关于国民经济和社会发展十年规划和第八个五年计划纲要的报告》中明确指出："工程建设领域，对固定资产投资规模、结构、重要项目建设及其布点，实行中央、地方政府决策和计划管理。同时，对投资的使用、项目设计和施工管理运用市场竞争机制。"因此，建设部要求，各地区、各部门对应招标的工程，必须实行招标；应招标而未经招标的工程，建设行政主管部门不应批准开工。擅自开工的，要严肃处理。在推进设计、施工招标中，要继续贯彻改革开放的方针，促进建筑市场的完善，不得以任何借口、任何形式封闭市场，也不应限制不同所有制企业之间的公平竞争。1991年11月，建设部和国家工商行政管理局(以下简称国家工商局)联合发布《建筑市场管理规定》，对建筑市场管理机构的职责，发包管理、承包管理、合同管理、罚则等作了具体规定。提出要建立工程建设报建制度；凡具备招标条件的建设项目，必须按照有关规定进行招标。其他建设项目的承发包活动，须在工程所在地县级以上地方人民政府建设行政主管部门或其授权机构的监督下，按照有关规定择优选定承包单位；并对发包人应具备的条件和工程施工发包应具备的条件作了具体规定。

(2) 建立招标投标规范。从1992年建设部第39号文件的发布到1998年正式施行《建筑法》，从部分省的《建筑市场管理条例》和《工程建设招标投标管理条例》到各市制定的有关招标投标的政府令，都对全国规范建设工程招标投标行为和制度起到极大的推动作用，特别是有关招投标程序的管理细则也陆续出台，使招标投标法制建设步入正轨，为招标投标在公开、公平、公正下的顺利开展提供了有力保障。

1992年，建设部发布《关于加强建筑市场管理和积极开展招标投标工作的通知》，要求1992年要在前三年整顿成果的基础上，健全建设行政主管部门对建筑市场的监督管理职能，调整机构，理顺关系，以避免职能上的重叠和漏洞。抓紧建筑市场管理的立法与普法教育，对市场管理、招标投标、合同管理等方面缺少的规章、办法和实施细则进行补充，要出台新的管理办法，同时，对已经颁布的法规、办法等，要根据执行情况进行修订。要进一步管好市场，建立有利于提高建设效果的竞争机制。大力推进工程招标投标，进一步完善招标投标制，凡符合招标的项目，都必须实行招标投标，不仅工程施工要扩大招标面，工程设计也要积极推进招标制，争取使工程招标更上一个新的台阶。同年，出台了《工程总承包企业资质管理暂行规定(试行)》，规定工程总承包企业按照资质条件分为三级，对各级工程总承包企业的资质应当符合的条件做了明确界定，并就承包管理做了限制，对违规承包行为规定了罚则。1992年9月，建设部又发布616号文件，作出了《关于加快建设市场改革步伐的通知》，该通知指出，1991年底全国以招标方式承建的房屋建筑面积占全部在建的房屋建筑面积的比例达到32.9%。实行招标投标的工程，在控制投资、保证工期和工程质量、提高投资效益上收到明显的效果。一个社会主义条件下建筑市场的轮廓已经基本形成，相应的市场规则和运行机制也在不断地健全和完善。但是，由于在社会主义条件下发展市场经济是一个新生事物，旧体制下的许多事物客观上还有碍其发展。因此，如何在建筑领域发展社会主义市场，让企业开展公平有序的竞争，取得好的效果，是我们工作所面临的急切课题。为此，该通知提出，“八五”期间，要把建筑领域的市场机制建立起来，要贯彻、落实《建设市场管理规定》，狠抓建筑市场的发育和完善，结合各地的实际情况制定实施细则和配套的市场规则。建筑市场一定要放开，各地区、各部门不得以任何借口搞封锁、搞分割，防止出现妨碍开放竞争，保护落后的行为。要认真清理现行的有关法规，凡不利于开放搞活的规定，都应及时地修正或废止。要把招标投标推向新阶段，要注意解决招标中议标过多的问题，减少议标工程所占的比例，使邀请招标、公开招标成为招标的主要形式。同时，采取措施将竞争机制引向勘探、设计、设备材料的采供领域。积极推行《建设工程施工合同示范文本》规范双方的交易行为。要加快工程造价管理改革步伐，为转换企业经营机制创造条件。加强政府宏观管理职能，在做好总量平衡的基础上，做好管理和服务工作。主要是建立招标投标工作规范化的程序，便于执行采用；提供建筑材料市场价格的信息和变化指数，供竞争双方参考；提供招标信息，帮助企业投入竞争；发展为招标服务的咨询、监理机构，为招投标双方服务。使政府的工作真正为企业的经营服务，为市场经济的发育完善服务。按照此通知精神，建设部制定了《招标投标公正程序细则》、《设计单位进行工程总承包资格管理的有关规定》、《工程建设项目报建管理办法》。

党的十四大的胜利召开，确立了建立社会主义市场经济体制的基本路线，十四大报告指出：“建立和完善社会主义市场经济体制，是一项艰巨复杂的社会系统工程，涉及我国的经济基础和上层建筑的许多领域，需要有一系列相应的体制改革和政策调整。必须抓紧制定总体规划，有计划、有步骤地实施”。培育和发展建筑市场是建立和完善社会主义市场经济体系的一部分，是建筑企业转换经营机制，建立适应市场经济要求的现代企业制度的重要途径，是工程建设管理体制改革和振兴发展建筑业的重要基础，是建设部的一项重要工作。这项工作的主要目的是把建筑市场培育发展成统一、开放、竞争、有序的大市场，竞争成为交易的主要方式，价格引导生产要素合理流动、优化配置，供求机制引导业主合理决定投资方向和引导建筑企业及时调整经营战略、发展方向。使承发包双方都成为合格的市场主体。使建筑产品商品化，质量水平和施工技术都达到国际先进水平。为此，建设部提出了培养和发展建筑市场的几项主要措施：加快转变政府职能，加强宏观调控；建立现代企业制度，培育合格市场主体；加快改革现行定额取费制度，建立由市场形成价格的新机制；大力推行招标投标，强化市场竞争机制；发挥市场中介机构服务、沟通、监督、公证和自律等作用；建立完善的社会保障机制，形成完善的市场体系；发育和完善资金、劳动力、材料、技术等生产要素市场，促进资源优化配置；提高建筑产品质量和施工安全管理水平；积极发展对外承包，加强国际合作和对外交流，加快与国际建筑市场的接轨；加强法规建设，完善市场法规体系；加强建筑市场执法管理，建立良好的市场秩序。按照社会主义市场经济体制的要求，进行建筑市场管理，推行更大范围的招标投标，是十四大以后建设部的工作重点。此后，建设部又出台了《城市建筑方案设计竞选管理试行办法》，同年提出了《建筑市场综合管理试点意见》，确定唐山、沈阳等14个城市作为建筑市场综合管理试点，目的是培育和发展建筑市场体系，治理建筑市场混乱现象，规范市场行为，创造平等竞争环境，形成统一、开放、竞争、有序的建筑市场，使工程建设质量和效益得到较大幅度的提高。试点工作要从建立社会主义市场经济体制的要求出发，不断深化工程建设和建筑业管理体制的改革；认真贯彻执行建筑市场各项法规、政策规定，做到依法治理、依法行政；要从我国国情和当地实际出发，吸收和借鉴国内外管理建设市场的有益经验，对现有管理体制进行改革，努力探索新的管理体制和管理办法。试点的总目标是：建筑市场管理机构健全，管理法规配套完善，市场的主体行为规范，不正当竞争受到遏制，违法违纪行为受到查处，市场秩序显著好转，初步形成统一、开放、竞争、有序的建筑市场，工程建设的质量和效益有较大幅度的提高。具体目标是新开工程的报建率达到100%；招标发包的工程达到应当招标发包工程的90%以上，其中，公开招标和邀请招标的比例达到60%以上，监督检查做到覆盖所有的在建工程和工程建设的全过程，检查频率做到每项工程每月至少检查一次。

1996年颁布的《建设部、监察部、国家计委、国家工商行政管理局关于开展建设工程项目执法监察的意见》，围绕建设工程项目的立项、报建、招标投标、工程质量和竣工验收五个方面，重点检查工程建设中存在的严重违法违纪和不正当竞争行为。检查内容包括：建设项目是否按国家规定立项、报建；是否按规定招标发包，有无私相授受、串通投标、肢解工程发包；建筑企业是否遵守建筑市场管理规定，有无无证或越级承揽设计、施工任务，有无出卖证照和图签、私招滥雇、层层转包和偷工减料、粗制滥造、质量低劣等问题；建设工程质量是否符合国家标准和合同要求；领导干部和政府工作人员有无利用职权指定施工队伍、干预工程建设和索贿受贿、挪用公款、失职渎职等问题，政府部门有无向建设队伍乱收费问题。这次检查发现和治理了不少问题，为工程招标投标和规范建筑工程发包创造了较好的环境。1997年，我国第一部《建筑法》正式颁布，标志着中国建筑业走上了法制化管理轨道。

(3) 建设有形建筑市场。为了规范管理，优质服务，党和政府决定在全国各地建立建设工程交易中心，自1995年起在全国各地陆续开始建立，它把管理和服务有效地结合起来，初步形成以招标投标为龙头，相关职能部门相互协作的具有“一站式”管理和“一条龙”服务特点的建筑市场监督管理新模式，为招标投标制度的进一步发展和完善开辟了新的道路。工程交易活动已由无形转为有形，隐蔽转为公开，信息公开化和招标程序规范化，已有效遏制了工程建设领域的腐败行为，为在全国推行公开招标创作了有利条件。

1998年颁布的《建设部关于进一步加强工程招标投标管理的规定》中明确指出，要进一步加快有形建筑市场的建设，凡未建立有形建筑市场的地级以上城市(包括地、州、盟)，除确属投资规模小、工程数量有限，并经省、自治区、直辖市建设行政主管部门批准的外，都要积极创造条件，在年内建立起有形建筑市场。对于投资规模较大和工程数量较多的县级城市，也可以建立能发布工程信息和集中办理有关建设手续的有形市场。有形市场的建立，应该遵循因地制宜、量力而行的思维原则，不要在规模、设施等方面盲目攀比。已经建立的有形建筑市场，除做好各种工程信息的发布外，还应当建立法规政策、承包单位、中介机构、劳务队伍和材料设备等信息数据库，运用计算机网络等现代化手段，为用户提供便捷的信息服务。工程报建、招标投标、施工许可、质量安全监督等管理部门，都应当派员进驻有形建筑市场，实行“一条龙”式的窗口集中办公，简化申办程序，提高工作效率，方便办事单位。有形建筑市场的建立，对于规范建设工程招标投标起到了积极的作用。

3) 招标投标制度不断完善阶段

随着建设工程交易中心的有序运行和健康发展，全国各地开始推行工程项目的公开招标。1999年《招标投标法》正式颁布和执行，标志着建设工程招标投标步入了一个新的完善发展阶段。

《招标投标法》总则明确规定，在中华人民共和国境内进行下列工程建设项目包括项目的勘察、设计、施工、监理以及与工程建设有关的重要设备、材料等采购，必须进行招标：大型检查设施、公用事业等关系社会公共利益、公众安全的项目；全部或者部分使用国有资金投资或者国家融资的项目；使用国际组织或者外国政府贷款、援助资金的项目。任何单位或个人不得将依法必须进行招标的项目化整为零或者以其他任何方式规避招标。招标投标活动应当遵循公开、公平、公正和诚实信用的原则。依法必须进行招标的项目，其招标投标活动不受地区或者部门的限制。任何单位和个人不得违法限制或者排斥本地区、本部门以外的法人或者其他组织参加投标，不得以任何方式非法干涉招标投标活动。《招标投标法》明确规定，招标分为公开招标和邀请招标。议标方式不再为我国使用。这是一个重大转变，标志着我国的招标投标发展进入了一个全新的历史时期。

在《招标投标法》和《建筑法》的原则下，我国又陆续建立了各种细则和办法，使招标投标制度不断健全和完善。2000年5月1日国家发改委第三号令发布《工程建设项目招标范围和规模标准规定》，明确了必须进行招标的工程建设项目的具体范围和规模标准，即关于社会公共利益、公众安全的基础设施项目范围；关于社会公共利益、公众安全的公用事业项目的范围；使用国有资金投资项目的范围；国家融资项目的范围；使用国际组织或者外国政府资金的项目范围，在规定范围内的项目，达到下列之一标准的，必须进行招标：①施工单项合同估算价在200万元人民币以上的；②重要设备、材料等货物采购，单项合同估算价在100万元人民币以上的；③考察、设计、监理等服务的采购，单项合同估算价在50万元人民币以上的；④单项合同估算价低于前三项规定的标准，但项目总投资额在3000万元人民币以上的。但是，也有可以不招标的项目，例如，建设项目的勘察设计，采用特定专利或者专有技术的，或者其建设艺术造型有特殊要求的，经项目主管部门批准，可以不进行招标。该规定对于规范招标投标项目和行为，又发挥了进一步深化的作用。不过该规定没有涉及招标代理等问题。

2000年6月30日，建设部发布了《工程建设项目招标代理机构资格认定办法》，明确指出，从事工程招标代理业务的机构，必须依法取得国务院建设行政主管部门或者省、自治区、直辖市人民政府建设行政主管部门认定的工程招标代理机构资格。工程招标代理机构资格分为甲、乙两极。甲级工程招标代理机构资格按照行政区划，由省、自治区、直辖市人民政府建设行政主管部门初审，报国务院建设行政主管部门认定。乙级招标代理机构资格由省、自治区、直辖市人民政府建设行政主管部门认定，报国务院建设行政主管部门备案。工程招标代理机构可以跨省、自治区、直辖市承担工程招标代理业务。任何单位和个人不得限制或者排斥工程招标代理机构依法开展工程招标代理业务。并对申请工程招标代理机构资格的单位应当具备的条件，应当提供的资料，以及资格认定办法、时间和相关事项都做了规定，而且对违规代理行为作了处罚规定。

2000年7月1日，建设部又发布了《招标公告发布暂行办法》；2000年10月18日，发布了《建筑工程设计招标投标管理办法》；2001年6月1日，公布了《房屋建筑和市政基础设施工程施工招标投标管理办法》；2001年7月5日，国家发改委、国家经济贸易委员会、建设部、铁道部、交通部、中华人民共和国信息产业部(以下简称信息产业部)、中华人民共和国水利部(以下简称水利部)联合发布了《评标委员会和评标方法暂行规定》；2001年11月5日，建设部发布了《建筑工程施工发包与承包计价管理办法》；2002年2月25日，建设部发出了《关于规范房地产开发企业开发建设行为的通知》；2002年7月11日，建设部制定了《建设领域违法违规行为举报管理办法》；2002年8月7日，建设部办公厅发出了《关于进一步做好整顿和规范房地产市场秩序有关问题的通知》；2002年9月27日建设部和外经贸部下发了《外商投资建筑业企业管理规定》，并于2002年12月1日正式实施。2002年10月15日国家发改委制定了《招标代理服务收费管理暂行办法》，2002年12月4日下发了《建设工程勘察质量管理办法》，并规定于2003年2月1日正式实行；2003年6月12日，国家发改委、建设部、铁道部 、交通部、信息产业部、水利部、中国民用航空总局、国家广播电影电视总局联合发布第2号令，颁布《工程建设项目勘察设计招标投标办法》，自2003年8月1日起施行。2004年7月7日国家发展改革委员会发布《工程建设项目招标投标活动投诉处理办法》，2004年7月12日国务院办公厅发布《关于进一步规范招投标活动的若干意见》，2005年9月19日国家发改委制定《中央投资项目招标代理机构资格认定管理办法》，自2005年11月1日起施行。2007年1月11日建设部令第154号，颁发《工程建设项目招标代理机构资格认定办法》，自2007年3月1日起施行。2007年建设部颁布《标准施工招标资格预审文件》(2007年版)，人事部、国家发改委联合制定了《招标采购专业技术人员职业水平评价暂行规定》并于2007年7月1日起施行。2008年建设部制定了《建筑工程方案设计招标投标管理办法》，自2008年5月1日起施行，同年颁布了《建设工程工程量清单计价规范》。2009年，起草了《中华人民共和国招标投标法实施条例(征求意见稿)》,在全国广泛征求意见。

我国关于建筑市场秩序和招标投标法律体系和规范基本形成,并在具体实施中不断健全和完善。

1.3 工程招标投标概述

1.3.1 工程招标投标的概念

招标投标是一种特殊的市场交易方式,是采购人事先提出货物工程或服务采购的条件和要求,邀请众多投标人参加投标并按照规定程序从中选择交易对象的一种市场交易行为。也就是说,它是由招标人或招标人委托的招标代理机构通过媒体公开发布招标公告或投标邀请函,发布招标采购的信息与要求,邀请潜在投标人参加平等竞争,然后按照规定的程序和办法,通过对投标竞争者的报价、质量、工期(或交货期)和技术水平等因素,进行科学地比较和综合分析,从中择优选定中标者,并与其签订合同,以实现节约投资、保证质量和优化配置资源的一种特殊交易方式。但是,实际建设工程招标投标中,人们总是把招标和投标分成两个不同内容的过程,因此,对招标和投标做了不同的理解,赋予了不同的含义。所谓工程招标,是指招标人就拟建工程发布公告,以法定方式吸引承包单位自愿参加竞争,从中择优选定工程承包方的法律行为。所谓投标,是指响应招标、参与投标竞争的法人或者其他组织,按照招标公告或邀请函的要求制作并递送标书,履行相关手续,争取中标的过程。

招标和投标是互相依存的两个最基本的方面,缺一不可。一方面,招标人以一定的方式邀请不特定或一定数量的投标人来投标;另一方面,投标人响应招标人的要求参加投标竞争。没有招标,就不会有供应商或承包商的投标;没有投标,采购人的招标就不能得到响应,也就没有了后续的开标、评标、定标和合同签订等一系列的招标过程。目前,在国内外招标投标的有关规则和实际运作中,通常只说“招标”,如说“国际竞争性招标”、“国内竞争性招标”、“公开招标”、“邀请招标”、“工程施工招标”、“货物招标”、“服务招标”等,但不管哪一种说法,都同时对招标、投标作出了相应的规定和约束。因此,通常所说的招标,实际上是指招标、投标的简称,都包含着招标与投标这两个方面,招标和投标是分别从买方(业主、发包方)或卖方(承包方)运作的不同角度所得的称呼。

关于招标人和投标人的定义,我国《招标投标法》中是这样规定的,即招标人是指依法提出招标项目、进行招标的法人或者其他组织。所谓提出招标项目,是指招标人依法提出和确定需招标的项目,办理有关审批手续,落实项目资金来源等。所谓进行招标,是指提出招标方案,拟定或决定招标范围、招标方式、招标的组织形式,编制招标文件,发布招标公告,审查投标人资格,主持开标,组建评标委员会进行评标,择优确定中标人,并与中标人订立书面合同等招标的工作过程。

具备条件的招标人,可按规定自行办理招标的,称为“自行招标”;条件不具备的招标人,则可委托招标机构进行招标,即委托招标代理机构代表招标人的意志,由其在授权的范围内依法招标。这种由招标人委托招标机构进行的代理招标，称为“委托招标”，接受他方委托的招标代理机构进行的招标活动叫“代理招标”。“委托招标”，也被视为招标人“进行招标”。

投标人是指响应招标人招标需求并购买招标文件，参加投标竞争活动的法人或其他组织。我国《招标投标法》规定，除在科研项目中允许个人可作为投标主体参加科研项目投标活动外，一般不包括自然人。这里的其他组织，是指不具备法人条件的组织。所谓“参加投标竞争活动”，是指投标人通过调查研究，按招标文件的规定编写投标文件，包括编制投标报价等，在规定的时间、地点将投标文件密封送达招标人，按时参加开标，回答评标委员会询问、接受评标过程的审查，凭借投标人的实力、优势、经验、信誉以及投标水平和投标技巧，在激烈的竞争中争取中标而获得项目(工程、货物或服务)承包任务的过程。

1.3.2 工程招标投标的特征

工程招标投标是一种具有自身特色的市场交易方式，它具有以下基本特征。

1. 竞争的激烈性

竞争是市场经济条件下工程建设项目投标的本质特性。由于招标人一般都采用现代化手段，打破地区界限，公开发布招标消息，影响范围广泛；同时，公开招标的工程项目，一般都颇具规模、金额较大，只要经营得当，获利会相当丰厚，这对各地区的工程承包单位的吸引力很大；加之工程建设项目招标投标是工程建设项目承包市场和劳务承包市场上采用最为普遍的重要交易方式，各承包单位只有通过投标且获胜中标才能有工作做，才有望获取利润使企业得以生存和发展。基于上述种种原因，必然能使招标人在相当大的范围内吸引众多的工程建设项目承包的相关单位投标。而中标者通常只有一家，能否中标往往直接关系着承包商的命运，这势必导致各投标人为争取中标进行激烈、充分的竞争。笔者在网上了解到，美国、德国等发达国家的工程建设项目承包单位每年在投标竞争中的破产率都高达10%以上，与此同时，又有相当多的工程建设项目承包企业在投标竞争中崛起，工程建设项目投标竞争的激烈程度可见一斑。

2. 组织的严密性

招标投标是一种有组织的交易方式，具有明显的组织性特征。它主要表现在以下四个方面。

(1) 招标的组织性。招标的组织者是法人或其他组织，一般情况下，自然人不能成为招标人；代理招标机构是经过建设主管部门按照国家有关规定审批并颁发了资质证的咨询单位。招标人邀请招标机构代理招标，要有严密的招标委托协议。

(2) 决策的集体性。无论是委托招标、自行招标，还是公开招标或者邀请招标，招标的决策过程都是集体决策的过程。评标委员会的专家都是从专家库中随机抽取的，评标时，由评标委员会的专家，集中对投标人的报价、质量、技术、工期与其他综合因素及其综合实力进行比较、评估而择优确定，是一个集体决策的过程，并非个人行为。

(3) 场所的规定性。投标地点、开标地点都必须按招标文件、招标公告事先已经规定的场所进行。

(4) 时间的预定性。招标文件的发售时间、递交时间和开标时间，都要按事先公开规定的时间进行。

综上所述，招标是一种有组织、有计划的特殊的商业交易活动，它的进行过程，必须按照招标文件的规定，在规定的地点、时间内，按照预定的规则、标准、方法进行，有严密的程序，处处体现出高度的组织性。

3. 信息的公开性

1) 公开招标信息

招标人进行招标的目的是要在一定范围内寻找合适的承包人，因此在一定范围内公开信息是招标活动的另一个重要特点。招标人采用公开招标方式的，应当发布招标公告。对政府规定强制招标项目的招标公告，还必须通过国家指定的报刊、信息网络或者其他公共媒介发布；需要进行资格预审的，还应当事先公开发布资格预审公告。招标人采用邀请招标方式的，应当向三个以上的特定法人或者其他组织发出投标邀请书。资格预审公告、招标公告或投标邀请书，应当载明能大体满足潜在投标人决定是否参加投标竞争所需要的信息，通常应当包括：招标人的名称、地址，招标采购的项目名称、性质，采购货物的数量、技术要求和交货地点，或拟建工程的项目名称、性质、规模、地点和技术要求等，或所需提供服务的性质要求和提供地点等，还应有公开提供招标文件的时间、地点和收取的费用等。

招标文件应当载有为供应商、承包商做出投标决策、进行投标准备所必需的资料，以及其他为保证招标投标过程公开、透明的有关信息。通常应当包括：关于编写投标文件的说明，以避免投标者因其提交的投标书不符合要求而失去中标机会，投标者为证明其资格而必须提交的有关资料；采购项目的技术、质量要求，交货、竣工或提供服务的时间要求；对投标担保的要求；提交投标书的时间、地点的规定；投标有效期(即投标者应受其投标条件约束的期限)；开启投标书的时间、地点和程序；对投标书的评审的标准、方法等。招标人如对已发出的招标文件进行必要的澄清或者修改的，也都应公开进行。

2) 公开程序和内容

开标是公开进行的，所有的潜在投标人的代表均可参加开标；开标的时间和地点，应当与事先提供给所有投标人的超标文件上载明的时间和地点相一致，以便投标人按时参加；开标时，应先由投标人或者其推举的代表检查投标文件的密封情况，经确定无误后，由工作人员当众公开拆封，以唱读的方式，公开报出各投标人的名称、投标价格等投标文件中的最主要内容；对设有标底的招标项目，在对全部投标人的唱标结束后，开标会上最后公开拆封并公开宣读标底。开标会必须做好记录，存档备查。招标人在招标文件要求提交投标文件的截止日期前收到的所有投标文件，开标时都应当予以拆封、宣读。对在投标截止日期以后收到的投标文件，招标人则都应公开拒收。

3) 公开评标标准和评标方法

评标的标准和评标方法应当在提供给所有投标人的招标文件中载明。国家规定评标委员会应当严格按照招标文件中规定的评标标准和办法，对投标人的投标文件进行系统的评审和比较，而不得采用招标文件未列明的任何标准和办法。招标程序中还公开规定了招标人不得与投标人就投标价格、投标方案中的实质性内容进行谈判，违者将导致废标。

4）公开中标的结果

确定中标人后，招标人应当向中标人发出中标通知书，并同时将中标结果通知所有未中标的投标人。让所有投标单位都知道最终结果。目前，有些招标规则中明文规定开始实行公示制度，就是将评标报告中拟选定的中标人名单，在一定媒体上公示若干天。在公示期间，任何人，包括未中标的投标人对招标活动和中标结果有异议的，有权向招标人或有关行政监督部门提出质疑或投诉。只有在公示期间对中标候选人没有异议或对异议进行了处理后，才能正式确定为中标人。这种中标人公示制度，受到招投标双方的欢迎，正从国际招标向国内招标的各个领域迅速推广扩大。

招标交易方式的公开特征是对投标人最具吸引力的特点之一，它使合格的投标者能以均等的机会参与竞争，实现其效率与效益。

4. 报价的一次性

招标与投标的交易行为，不同于一般商品交换，也不同于公开询价与谈判交易。在招标投标过程中，投标人没有讨价还价的权利，这是招标投标这种特殊交易方式的一个最为显著的特性。投标人参加投标，只能应邀进行一次性秘密报价，即“一口价”。在投标文件递交截止日期以后，投标文件不得撤回或进行实质性条款的修改。从而可以看出，在招标投标这种特殊的交易过程中，交易的主动权是掌握在招标人手中的。

5. 价格的合理性

工程建设项目招标投标的合理性集中体现在价格水平的合理性上。评价某种商品的价格是否合理，首先应该看其是否能反映价值规律的客观要求，按社会必要劳动时间确定商品的价值量。恩格斯曾经指出：“只有通过竞争从而引起商品价格的波动，商品生产的价值规律才能得到贯彻，按社会必要劳动时间决定商品价值才能成为现实。”这就是说，生产某种使用价值的社会必要劳动时间，一般是不易人为规定的，只能通过生产条件各不相同的商品生产者之间的竞争来形成。投标者中标，意味着该投标单位完成某类工程建设项目所需要的个别劳动时间为社会承认，表现为社会必要劳动时间。以中标价为基础确定工程建设项目的结算价，较好地体现了价值规律关于按社会必要劳动时间决定商品价值量的这一客观要求。

评价商品价格是否合理，还需看其是否能灵敏地反映市场行情。所谓市场行情，是对市场上商品供求及物价动态的总称，它既包括市场供求状况的变化，又包括各种价格涨落的趋势。通过招标投标形成的工程建设项目价格，是以中标人的投标报价为基础确定的。而中标人在计算投标报价时所采用的实物消耗定额、费用计算标准、利润率等基础资料，都是由投标人根据当时当地市场上供求状况及价格涨落情况进行科学的分析和预测之后，审慎确定的。依据这样的基础资料计算出的投标报价，一般而言，价格都能随行就市，反映市场行情的灵敏度比较高。合理的商品价格还必须能有效地推动商品价值的不断降低、劳动生产率水平的逐步提高及社会科学技术的进步。由此可见，通过招标投标形成的工程建设项目价格具有合理性。

6. 管理的法制性

按照国际惯例进行的工程建设项目招标投标，是以法律作为保障买卖双方关系的基础。一方面，工程建设项目招标投标活动，受工程建设项目相关法律、法令、政策的约束，依法进行；另一方面，建设工程招标投标必须以严格的合同制为基础。而从合同的本质分析，它是明确、详尽规定工程承发包双方履行各自权利、义务的具有法律效力的经济契约。凡列入合同的条款，都必须保证法律上的正确性和无懈可击。合同是工程建设项目招标投标一切工作中都必须遵循的准则，双方在解除承发包关系前的一切事项，都必须按照合同规定的具体条款进行处理和解决，双方均不得违约。若有违约，须按合同规定予以处罚，并承担法律责任。执行合同中所产生的纠纷，亦须按合同的规定进行协商、调解、仲裁，甚至诉诸法院解决。所以，以严格的合同制为基础的工程建设项目招标投标，对双方的约束性都是极强的。法制性是工程建设项目招标投标管理的一个基本特征，是这一特殊商品的特殊交易行为顺利进行的基本保障。

7. 过程的公正性

工程建设项目的招标过程，应该是一视同仁的运作过程，对所有投标者来说，应是机会均等，公平竞争的机会。在招标过程中，招标方不得有任何歧视某一位投标者的规定和行为，应向所有的投标人提供相同的招标信息，包括对招标文件的解释和澄清都应提供给所有的投标人；应按相同的标准和程序对所有投标人的资格进行审查；提供投标担保的要求应同样适用于每一位投标者；在编制建设工程所需的设备、物资等采购的相关条款时，不得在技术规格、性能要求等方面偏向任何一方，不得以标明特定的商标、专利等形式倾向某一特定的投标人，排斥其他投标人；不得向任何投标人泄露标底或其他可能妨碍公平竞争的信息；在开标过程中，应吸收所有投标人参加开标会，由公证机关公证人员或投标人代表当众核查密封，当场监督；所有在投标截止期前收到的投标都应当在开标时当众打开和进行唱标；对所有在投标截止日期以后送到的投标文件都应拒收；要公开评标标准和评标办法，保证评标委员会评标过程公正性；在确定和组成评标委员会时，必须要依法进行，与投标人有利害关系的人员不得作为评标委员会成员，保证评标委员会人员组成的公正性；评标委员会在评标的过程中，必须严格依据招标文件中既定的评定标准，客观公正地评价各份合格投标书；在签订承包合同时，必须公正地签订所有条款，任何条款都不得对某一方具有明显的倾向性。对不公正、不公平的做法，投标人可在公示期向主管监督部门提出投诉等。总之，只有做到一视同仁、平等相待、机会均等，才能确保公平竞争。

8. 程序的规范性

工程建设项目招标投标的规范性要求招标投法的程序必须规范，要严格按照法律法规安排出招标投标的日程，按照招标—投标—开标—评标—中标—签订合同这一相对规范和成熟的程序，依次进行工程建设项目招标投标各个环节的具体工作。操作必须规范，有关手续的办理一定要严格、完备，投标文件必须采用书面形式按既定时间、地点报送，若以电报、传真等方式提出的投标必须经书面确认。标书必须密封、盖章并妥善保管，开标前应检查标书密封是否完好。启封后的标书需经审查，符合招标文件要求的，方能参加评标。合同文件必须规范，一方面，工程建设项目招标文件的内容按照通行的规则，必须包括招标书或投标邀请书、投标人须知、合同条件、工程量清单、技术规范、图纸及有关设计资料、投标书及其附件格式等；另一方面，合同条件的设置要规范，必须严格遵循法律法规和国际惯例。如使用建设部施工合同示范文本等。随着我国《招标投标法》的全面贯彻执行，国务院有关行政监督部门已出台了一些必须强制执行的程序规定，使招标投标工作不仅有法可依，而且有章可循了。所有这些，都将有力地促进招标行为的规范化。

招标投标机制上的这些基本特性，充分体现它确实是一种有组织的、成熟的、规范的和科学的特殊交易方式，它的这些机制特点，不仅保证了投标人在市场经济条件下进行最大限度的竞争，使参与投标的供应厂商和承包商获得公平、公正的待遇，而且提高了招标人采购的透明度，促进了资金的节约和采购效益的最大化，同时还可以起到有效地防止采购行为“私下交易”、杜绝“暗箱操作”、遏止腐败现象发生的重要作用。

1.3.3 工程招标投标管理的职能

工程招标投标管理的职能是指招标投标管理活动本身专业分工所形成的各种具体管理职责和功能。以招标投标管理主体的具体活动而区分的管理职能，能有效规范管理者在管理过程中的职责，使管理对象按照预期目标运转起来。其主要职能有以下方面。

1. 预测与决策职能

预测主要是通过搜集和运用各种信息，对招标项目的规划、性质、地区、结构等的未来发展走势，作出预见或作出推断，并预测参加投标的人数、热心程度及经营状况等，作为招标投标决策的重要依据。没有预见，就不能对招投标进行有效的管理。决策是对未来的招标与投标活动所做的规划和安排。它是招标投标管理的一项基本职能。决策的正确或失误决定着事业的成败。正确的决策，要求对管理对象的发展变化具有预见性。

2. 计划与规划职能

计划与规划是把决策具体化和数量化，是贯彻执行决策的具体步骤和具体部署。在社会主义条件下，不仅招标单位与投标单位要制订招标与投标计划，而且各部门、各地区的计划、建设部门也要制订招标投标计划，使工程建设任务与建筑业施工力量大体平衡；使工程建设技术要求与施工队伍的状况大体协调，以保证工程建设任务的完成。国家对建设工程中招标投标活动的计划管理，是社会主义制度的重要特征之一。

3. 组织与协调职能

投标招标管理中的组织与协调职能，就是按照计划或规划的要求，处理好招标与投标之间关系，使其密切结合，从时间上、空间上保证招标投标活动正常进行。为了执行组织协调职能，就要搞好管理工作本身的组织与协调，包括建立和健全管理机构、规定规章制度，制度招标投标的方针政策，进行投标招标立法，使投标招标的各项工作有节奏、有秩序、有规范地进行。

4. 核算与分析职能

核算与分析职能，即对招标与投标活动中各类工程的标价水平及中标率进行计算与分析。它贯穿在上述各种职能中。对投标与招标管理对象核算体系的运算，可反映招标与投标过程的全部数量和质量关系。做好对这些资料的分析，对提高招标与投标各项管理工作的质量和水平是十分必要的。

5. 监督与控制职能

监督与控制活动是管理工作的一个重要内容。招标投标活动在其实际执行过程中，由于各种因素的影响，招标单位不具备条件，投标单位不具备资格，或在招标过程中，搞假招标，或搞垄断投标等现象时有发生，这就需要对招标与投标活动进行审查与监督，对符合条件的对象进行必要的保护，对不符合条件的对象进行及时的清除，对违规违法行为采取必要措施加以纠正，推动招标与投标活动的正常进行。为了有效地进行监督和控制，就要建立周密的、高效率的管理信息系统，健全责任制度，使控制及时有效。

6. 疏通与服务职能

疏通与服务职能是为招标与投标活动能够顺利进行而提供各种条件所进行的活动。建设工程的招标与投标活动的运行，必须具有良好的环境和条件，为其提供信息，疏通渠道，排除障碍，这是投标与招标管理服务的重要内容。

1.3.4 工程招标投标的意义和作用

推行工程招标投标制度，确实在工程发包中发挥了积极作用，具有重要的经济和社会价值，其意义和作用表现在以下方面。

(1) 优化社会资源配置，提高固定资产投资效益。

工程建设项目招标投标的本质特点是竞争，投标竞争一般围绕工程建设项目的价格、质量、工期等关键因素进行。投标竞争使工程建设项目的招标人能够最大限度地拓宽询价范围，进行充分的比较和选择，利用投标人之间的竞争，以相对较少的投资、较短的时间来获得质量较好的、能满足既定需要的固定资产，以最低的成本开发工程建设项目，最大限度地提高业主方面资金的使用效益；激烈的投标竞争也必然迫使工程承包的相关单位加速采用新技术、新结构、新工艺、新的施工方法，注重改善经营管理，合理调配生产资料和装备，不断提高技术装备水平和劳动生产率，想方设法使企业提高设备资产的利用率，降低个别劳动耗费成本，以便企业不仅能在激烈的投标竞争中获胜，而且能够在施工工程中节约开支，增加盈利，有效地促进建筑企业的节能降耗，创造出更多的优质、高效、低耗的产品；对于有关建筑产品生产和供应商，同样要在生产和销售过程中，以最小的投入求得最大的产出，提高资金的使用效率，提高产品生产和扩大再生产和能力和产品的竞争能力，从而促进建筑业及相关产业的发展。也有利于合理地调节固定资产再生产过程乃至整个社会再生产过程中的生产、分配、交换、消费的比例，对于整个社会而言，必将有利于全社会劳动力的合理流动和配置，有利于劳动总量的节约，有利于生产资料的合理安排和利用，使社会的各种资源通过市场竞争得到优化配置，以确保国家固定资产生产和再生产的顺利进行，确保国家固定资产投资的总体效益乃至全社会经济效益的提高。

(2) 合理确定工程价格，降低工程建设成本。

经过招标投标，竞争比价之后形成的工程价格，一般情况下都能较好地体现价值规律的客观要求，较灵敏地反映市场供求及价格变动状况，因而，经过竞争比价后形成的工程建设项目价格是比较合理的。依据这种合理的价格，才能够正确地反映与补偿完成各种工程建设项目中的社会必要劳动的耗费；才可能让建筑业产品与社会其他部门产品在交换过程中切实做到“等价交换”，使工程建设项目产品的价格体系逐渐趋于合理，以保证整个国民经济能够持续、稳定、健康地协调发展；才便于较好地实现以工程价格作为计量工程建设项目产品的价值尺度，作为业主和承包单位进行经济核算的重要工具，作为比较和评价各项工程产品投资效益的基本依据，使我们能更好地利用工程价格这一经济杠杆，节省和合理使用建设资金。国内、国际招标的实践证明，对建设项目中的重要设备进行招标之后，平均节资率一般能达到10％～15％。2000年，全国全年机电产品国际招标的平均节资率为17.8％，2001年为19.6％，仅此一项，2000年为国家节约外汇6.7亿美元，2001年为国家节约外汇高达10亿多美元。另据统计，通过招标，100万元以上的大型工程项目，其造价降低10％左右。大量实践已经证明，建设项目从设计、监理、施工到重要货物等实行招标后，不仅推动了建设工程管理的程序化和科学化，而且提高了工程质量，降低了工程造价和工程建设成本，缩短了工程建设周期，成效明显。

(3) 创造公平竞争的市场环境，促进企业间的平等竞争。

推行招标投标，就是要充分运用和发挥市场竞争机制的作用，通过招标投标的竞争、择优活动，使投标人能在公开、公平、公正的环境中进行充分竞争。招标的择优选择引导竞争，竞争促进选择，形成优胜劣汰，从而使各要素在竞争和选择中自由流动与组合，使技术在竞争、选择中发展与提高，市场在竞争、选择中发育，资源在竞争、选择中发掘并得到优化配置。因此，可以说，市场经济为推广运用招标投标制度创造和提供了基础条件，而招标投标制的普遍推广和应用促进了有序竞争，从而为进一步完善和推动我国建立社会主义市场经济体制的发展步伐发挥积极作用。招标的市场竞争机制和科学的评价方法，可以使各投标者展开充分竞争，使招标人能够择优选择中标者。也就是说，可以让那些质量保障体系可靠、技术力量强、商业信誉好、价格较低的供应商、承包商能够在平等公正的竞争中获得胜利，成为最后的中标者。

(4) 克服不正当竞争，防止和杜绝腐败行为。

依法招标，必须严格执行《招标投标法》规定的原则、规定、标准、程序和办法，必须将采购活动置于公开、公平、公正的透明环境之中，接受有关部门和公众的监督。把招标投标活动放在阳光下操作，让那些依靠歪门邪道投标的不法竞争者没有可乘之机。实践证明，凡是严格按《招标投标法》规定进行的招标项目，不仅都能获得良好的经济效果，受到建设项目法人代表、业主或买方的欢迎，而且招标投标制的普遍推行，确实有利于克服在采购交易中的批条子、拉关系、走后门、吃回扣等不正当竞争行为，有利于防止和杜绝假冒伪劣、行贿受贿、权钱交易等腐败现象和违法犯罪行为。

(5) 提升管理水平，提高工程建设质量。

进行工程招标，招标文件中一般都有非常明确和严格的质量条款、技术标准和验收办法，管理是否严格，技术是否先进、合理，质量可靠程度能否得到有效保证，都是评标办法中十分重要的评审内容。招标操作过程中，只要一条或一项关键技术和质量要求得不到满足，就会导致废标。因此，投标者不仅要尽量满足招标文件的要求，而且为了取得竞标中的胜利，都会主动提出保证和提高工程质量的有效措施。投标人在中标以后，在施工过程中，为了取得用户的信任，获得社会上的良好声誉，都特别自觉重视质量问题，以便为他们今后长期竞争中取胜奠定牢固的基础。因此，实行招标投标后，用户普遍都有一种信任感，因为通过招标投标的竞争，假冒伪劣难以立足，工程事故减少，从而使工程质量、产品质量普遍提高。

(6) 改进生产工艺，促进企业技术进步。

建筑施工企业，在激烈的竞争中，为了企业的生存和发展，为了在投标竞争中获胜，在施工过程中，都在想方设法加强管理，提高企业的技术水平和生产能力。由于这几年全面推行建设工程招标投标制，明显地促进了施工企业的技术进步。工程建设的招标投标，彻底改变了过去向上级要任务的计划管理模式，促使建筑企业树立了依靠自身实力求得生存与发展的观念，注重建设学习型组织，营造企业的学习和创新氛围，鼓励员工进行技术革新和改造，以期提高员工的个体素质，增强企业的竞争能力。因为只有增强了企业自身竞争优势，才能提高投标竞争的中标率，才能赢得良好的社会信誉。因此，招标投标制的普遍推广应用，不仅加速了企业自身经营管理体制和经营方式的改革，而且还极大地调动了企业抓技术进步的积极性，有力地促进了企业技术水平的提高。

(7) 保护国家利益、社会公共利益和招标投标活动当事人的合法权益。

《招标投标法》颁布后，我国招标投标活动有法可依、有章可循，招标投标制的优越性可以得到充分发挥。无论是经济效益的提高，还是质量有了保证，都是从根本上保护了国家、社会公共利益和招投标活动当事人的合法权益。

(8) 推进国际合作，促进经济发展。

招标投标作为世界经济技术合作和国际贸易中普遍采用的重要方式，广泛地应用于建设工程项目的可行性研究、勘察设计、物资设备采购、建筑施工、设备安装等各个方面，许多国家以立法的形式规定工程建设项目的采购(包括相关的物资设备的采购)，必须采用招标投标方式进行。因此，工程建设项目招标投标亦即业主和承包商就某一特定工程进行商业交易和经济技术合作的行为过程。

通过招标投标进行的国际工程建设项目承包，不但可以输出工程技术和设备，获得丰厚的利润和大量的外汇，而且可以通过各种形式的劳务输出解决一部分剩余劳动力的就业问题，减轻国内劳动力就业的压力；通过对境内工程实行国际招标，在目前国际承包市场仍属买方市场的情况下，不仅能普遍地降低成本、缩短工期、提高质量，而且能免费学习国外先进的工艺技术及科学的管理方法；同时，还有利于引进外资。这对于促进国内相关产业的发展乃至整个国民经济的发展都是大有益处的。此外，工程建设项目招标投标对于促进我国工程建设项目承包的相关单位，增强企业的活力，建立现代企业制度，培育和发展国内的工程承包市场等都发挥着积极的作用。

1.3.5 完善工程招标投标的环境和条件

1. 开明的政治环境

建立和完善建设工程招标投标制度，必须要有良好的社会环境，而在各种社会环境中，政治环境是第一位的。推行工程项目的招标投标，目的是要创造一个公开、公平的竞争环境，让建筑设计、施工和材料生产供应企业有一个良好的自由竞争的条件。但是，这种环境和条件的形成，首先依赖于良好的政治环境。国家政治上健康开明，党和政府的路线、方针明确，管理制度健全且能够认真执行，政治腐败现象能够得到有效的遏制，政府机构设置合理，运转灵活高效，政府公务员队伍素质优秀、清正廉洁、勤政为民，社会和谐安定，人们安居乐业，这就是招标投标制度得以推广和规范运行的政治环境。

2. 开放的经济环境

招标投标制度的产生靠社会经济发展的孕育，招标投标制度的完善也要靠社会经济发展的推动。没有良好的经济环境和条件，招标投标制度也难以发挥应有的作用。因为，国家经济的发展水平、社会的文明进步程度、基本建设投资规模的大小，都对建设工程招标投标产生直接的影响。尤其是经济的对外开放程度，国家和地区间的经济贸易水平，科学技术的交流借鉴渠道是否通畅，也对招标投标起着重要的制约作用。由于中国加入了WTO，实现了与国际社会经济贸易的大融合，进入了一个全方位、全天候对外开放的历史阶段。这种大好形势，对于招标投标制度的发展和完善是至关重要和有利的是中国招标投标制度发展的一个黄金时期。

3. 配套的政策环境

招标投标制度的执行好坏，既与该制度本身的科学合理性有关，也与国家和社会的政策制度环境有关。国家重视制度建设，重视制度之间的和谐衔接与配套，重视建设一个科学合理的政策体系，使政策与政策之间尽量减少和避免矛盾与冲突，这是有效贯彻既定政策的环境因素。在我国加入 WTO之后，对国内各种政策制度进行了清理和调整，废除了一些过时的或与加入世贸组织之后不协调的政策制度，重新制定和出台了一些新的规章制度，为现有制度的完善和执行创造了良好的条件。应该说，我国招标投标政策制度已经形成基本体系，只是在执行过程中进一步改进和优化的问题。

4. 规范的法制环境

政治的开明，经济的发展，政策的配套，都是必要的，但是这还不够，还需要有一个良好的法制环境，没有规范的、严肃的、具有效力的法制环境，也是难以收到理想效果的。因为，只有法律才具有至高无上的权威性，具有超乎权力的强制性，具有统一平等的严肃性，具有相对稳定的约束性。一个没有法制的社会，是难以创造公平竞争的环境和条件的。因此，规范的法律环境，也是招标投标制度得以生存、发展和完善的前提条件。在这方面，我国的条件已经基本具备。我国是一个重视法制建设的国家，不仅有《中华人民共和国宪法》、《招标投标法》、《建筑法》，而且还制定了许多与之配套的法律条文，为建设工程招标投标创造了非常好的法制环境。今后的任务是如何贯彻和执行这些法规，并在执行过程中逐步改进和完善。

5. 友好的国际环境

在当今社会，一个国家和一个民族的发达，离不开国际社会的交流与合作，靠闭关锁国、封闭发展是不可能的。这就是说，推行工程招标投标也得有一个良好的国际环境和条件，需要我们与别的国家和地区在和平友好的原则下，平等相待，友好交往，为自己创造富有生机与活力的国际环境。因为，在完全对外开放的今天，国内市场实际上就是国际市场，只有按照国际惯例办事，为全球友好使者创造同样的平等竞争的环境，才有可能充分利用国际力量，实现我们的预定目标。从这个意义上说，推行招标投标制度，必须面向国际社会，构建国际平台，实行国际竞标，打造国际品牌。

本章小结

根据我国现行法规的规定，我国从事工程建设活动的单位划分为房地产开发企业、建筑业企业、工程勘察设计单位、工程监理单位。

工程建设程序是工程建设全过程中各项工作都必须遵守的先后次序，也是工程建设各环节相互衔接的顺序。我国工程建设程序分为五个阶段：工程建设前期阶段—工程建设准备阶段—工程建设实施阶段—工程验收与保修阶段—终结阶段。各个阶段又包括若干环节。

招标投标制度历史悠久，在国际市场上已经实行了200多年。

我国工程承包和招标投标的形成和发展，从时间跨度上可以划分为四个阶段。第一阶段，新中国成立前的工程招标投标活动；第二阶段，新中国成立初期的包工包料制；第三阶段，指挥部管理时期；第四阶段，现代招标投标健康发展阶段。招标投标制度在中国发展的第四阶段，是最有生气和活力的阶段。工程招标投标管理的职能是指招标投标管理活动本身专业分工所形成的各种具体管理职责和功能。其主要职能有以下几个方面：预测与决策职能、计划与规划职能、组织与协调职能、核算与分析职能、监督与控制职能、疏通与服务职能。推行工程招标投标制度，具有重要的经济和社会价值。完善工程招标投标的环境和条件是：开明的政治环境、开放的经济环境、配套的政策环境、规范的法制环境、友好的国际环境。

习 题

一、名词解释

工程建设程序　工程招标　工程投标　招标人　投标人

二、单项选择题

1.《招标投标法》正式颁布实施是(　　)年。

A. 1980　　B. 1990　　C. 1999　　D. 2000

2. 响应招标人招标需求并购买招标文件，参加投标竞争活动的法人或其他组织是(　　)。

A. 招标人　　B. 投标人　　C. 法人

3. 建设工程交易中心，自(　　)年起在全国各地陆续开始建立。

A. 1990　　B. 1985　　C. 1981　　D. 1995

4. (　　)年，国务院在《关于开展和保护社会主义竞争的暂行规定》中提出，对一些适宜于承包的生产建设项目和经营项目，可以试行招标投标的办法。

A. 1980　　B. 1981　　C. 1983　　D. 1984

5. 招标采购专业技术人员职业水平评价是(　　)年开始举行全国统一考试的。
A. 2007　　B. 2009　　C. 2008　　D. 2010

三、多项选择题

1. 我国工程建设从业单位是(　　)。
A. 房地产开发企业　　B. 建筑业企业
C. 工程勘察设计单位　　D. 工程监理单位

2. 工程建设市场主体是(　　)。
A. 业主　　B. 承包商
C. 工程咨询服务机构　　D. 工程交易中心

3. 招标师考试科目是(　　)。
A. 招标采购法律法规与政策　　B. 项目管理与招标采购
C. 招标采购专业实务　　D. 招标采购案例分析

4. 按照招标投标制度发展的推动力量进行划分，可把招标投标分成如下阶段(　　)。
A. 行政推动　　B. 行政推动与宏观调控的结合
C. 政府宏观调控　　D. 法制调控

5. 工程招标投标具有如下特征(　　)。
A. 竞争的激烈性　　B. 组织的严密性
C. 报价的一次性　　D. 信息的公开性

6. 招标采购专业技术人员职业水平评价分为(　　)。
A. 招标师　　B. 助理招标师　　C. 高级招标师

四、填空题

1. 1984年11月，国家发改委和环境保护部联合制定了__________，这标志着我国建筑承包市场开展招标投标工作的正式启动。

2. 招标投标的公开性体现在公开招标信息、__________、__________、公开评标结果。

3. 据史料记载，我国最早采用招商比价发包工程的是1902年张之洞创办的__________。

4. 1918年，__________两项扩建工程，曾在汉口《新闻报》刊登广告，公开招标。

5. 1929年，当时的武汉市采办委员会曾公布招标规则，规定公有建筑物或一次采购物料在3000元以上者，均须通过__________决定承办厂商。

6. 招标采购专业技术人员职业水平评价暂行规定是__________年制定的。

7. 具备条件的招标人，可按规定自行办理招标的，称为__________。

8. 由招标人委托招标机构进行的代理招标，称为__________。

9. 接受他方委托的招标代理机构进行的招标活动称为__________。

五、问答题

1. 招标投标制度的起源因素有哪几种?

2. 招标师应当具备哪些职业能力?

3. 我国招标投标的形成和发展，从时间跨度上可分为哪几个阶段?

4. 工程招标投标具有何种特征？
5. 工程招标投标管理具有哪些职能？
6. 推行招标投标具有什么意义和作用？
7. 完善招标投标制度需要什么环境和条件？
8. 招标师考试报考条件是什么？

第2章 工程招标

教学提示

工程招标投标是在市场经济条件下，国内外的工程承包市场上为买卖特殊商品而进行的由一系列特定环节组成的特殊交易活动。特殊商品指的是建设工程，特殊交易活动环节指的是招标、投标、开标、评标和决标、授标和中标、签约和履约。建设工程招标是招标人标明自己的目的，发出招标文件，招揽投标人并从中择优选定工程项目承包人的一种经济行为。

学习要点

知识要点	能力要求	参考资料
工程招标的概念 工程招标程序和要求 工程招标的法律责任	(1) 了解工程招标的法律责任 (2) 了解自行招标及招标代理 (3) 熟悉工程招标的程序和要求	《中华人民共和国招标投标法》 《工程建设项目施工招标投标办法》 《标准施工招标文件》
工程招标的组织和准备 工程招标材料的编制	(1) 了解政府采购及代建制 (2) 熟悉工程招标材料的编制 (3) 掌握工程招标的组织程序 (4) 掌握工程招标的准备工作	《工程建设项目招标代理机构资格认定办法》建设部令第154号 《建筑工程方案设计招标投标管理办法》 《中华人民共和国政府采购法》

导入案例

某建设单位准备兴建沿街门面，与某建筑工程公司签订了建筑工程承包合同。之后，承包人将各种设备、材料运抵工地开始施工。实施过程中，承包人得知该工程不符合城市建设规划，未领取施工规划许可证，必须立即停止施工。最后，城市规划管理部门对建设单位作出了行政处罚，处以罚款两万元，并勒令停止施工，拆除已修建部分．承包人因此蒙受损失，向法院提起诉讼，要求发包人给予赔偿。问题：法院会支持承包人的诉讼请求吗？理由是什么？

2.1 工程招标的组织和准备

2.1.1 工程招标的概念和必须具备的条件

1. 工程招标的概念

工程招标是指建设单位(业主)就拟建的工程项目发布通告，用法定方式吸引工程项目的承包单位参加竞争，进而通过法定程序从中选择条件优越者来完成工程任务的一种法律行为。

2. 工程招标必须具备的条件

开展招标活动应当具备下列条件。

(1) 招标人已经依法成立。

(2) 按照规定需要履行审批、核准或者备案等手续的，已经履行完毕。

(3) 有相应资金或者资金来源已经落实。

(4) 有招标所必需的相关资料。

(5) 法律法规规章规定的其他条件。

根据前款第(2)项规定报送审批、核准的项目，有关项目申请文件应附招标方案，包括招标范围、招标方式、招标组织形式等内容。

建设工程招标必须具备以下基本条件。

(1) 是法人或依法成立的其他组织。

(2) 招标范围内所需资金已经落实。

(3) 依法取得了建设用地。

(4) 已向有关机构办妥报建登记等相关手续。

根据我国住建部的现行规定，我国建设工程的招标条件除上述各项以外，还应当具备以下条件：项目概算已经批准；项目正式列入国家、部门或地方的年度固定资产投资计划；项目已经被所在地的规划部门批准；前期工作已基本完成等。只有具备这些条件的建设工程方可进行招标。

2.1.2 工程招标的种类和范围

招标投标是在国际经济往来中广泛采用的一种方式，不仅政府、企事业单位用它来进发包、承包工程项目的可行性研究、勘察设计、建筑施工、设备安装，而且还用它来采购原材料、机械设备。工程招标形式多种多样，按照不同的标准可以进行不同的分类。

1. 按照工程建设程序分类

按照工程建设程序划分，可以将建设工程招标分为建设项目可行性研究招标、工程勘察设计招标、工程施工招标。中标的承包方要根据中标的条件和要求，向发包方提供可行性研究报告，并对其负责。承包方提供的可行性研究报告，应获得发包方的认可。工程勘察设计招标是指对工程建设项目的勘察设计任务进行的招标。中标的承包方要根据中标的条件和要求，向发包方提供勘察设计成果，并对其负责。施工招标是指对建设工程项目的施工任务进行招标，中标的承包方必须根据中标的条件和要求提供建筑产品。

2. 按照行业业务性质分类

按照行业业务性质划分，可以将建设工程招标分为勘察招标、设计招标、施工招标、建设监理招标和工程设备材料招标。

3. 按照工程建设项目的构成分类

按照工程建设项目的构成划分，可以将建设工程招标分为建设项目招标、单项工程招标、单位工程招标。建设项目招标是指对一个工程建设项目的全部工程进行的招标。单项工程招标是指对一个工程建设项目中所包含的若干单项工程进行的招标。单位工程招标是指对一个单项工程所包含的若干单位工程进行的招标。

4. 按照工程发包承包的范围分类

按照工程发包承包的范围划分，可以将建设工程招标分为工程总承包招标、工程分承包招标和工程专项承包招标。

工程总承包招标是指对工程建设项目的全部(即交钥匙工程)或实施阶段(勘察、设计、施工等)的全过程进行的招标。依法必须招标的工程建设项目，招标人可以按照国家有关规定，对工程以及与工程有关的货物、服务采购，全部或者部分实行总承包招标。未包括在总承包范围内的工程以及与工程有关的货物、服务采购，达到国家规定规模标准的，应当由招标人依法组织招标。以暂估价形式包括在总承包范围内的工程以及与工程有关的货物、服务采购达到国家规定规模标准的，应当进行招标。招标人不得以工程总承包的名义规避招标或者排斥、限制潜在投标人。

工程分承包招标是指中标的工程总承包人作为其中标范围内的工程任务的招标人，依法将其中标范围内的工程任务，通过招标的方式，分包给具有相应资质的分承包人，中标的分承包人只对招标的总承包人负责。

工程专项承包招标是指对某些比较复杂或专业性强、有特殊要求的某项工程进行的招标。

5. 按照工程是否具有涉外因素分类

按照工程是否具有涉外因素划分，可以将建设工程招标分为国内工程招标和国际工程招标。国内工程招标是指对本国没有涉外因素的建设项目进行的招标。国际工程招标是指对有不同国家或国际组织参与的建设工程进行的招标。国际工程招标包括本国的工程招标和国外的工程招标两部分。国内工程招标和国际工程招标的基本原则是一致的，但在具体做法上有差异。加入 WTO 后，我国的建筑业逐步与国际惯例接轨，国内工程招标和国际工程招标在做法上的区别已越来越小。

《招标投标法》规定，任何单位和个人不得将必须进行招标的项目化整为零或者以其他方式规避招标。如果发生此类情况，有权责令改正，可以暂停项目执行或者暂停资金拨付，并对单位负责人或其他直接责任人依法给予行政处分或纪律处分。《招标投标法》要求，属于必须以招标方式进行工程项目建设有关的设备、材料等采购总体范畴包括以下几项。

(1) 大型基础设施、公用事业等关系社会公共利益、公众安全的项目。

(2) 国家投资、融资的项目。

(3) 使用国际组织或者外国政府贷款、援助资金的项目。

依据《招标投标法》的基本原则，国家发改委颁布了《工程建设项目招标范围和规模标准规定》，对必须招标的范围作出了进一步细化的规定。要求各类工程项目的建设活动，达到下列标准之一者，必须进行招标。

(1) 施工单项合同估算价在 200 万元人民币以上。

(2) 重要设备、材料等货物的采购，单项合同估算价在 100 万元人民币以上。

(3) 勘察、设计、监理等服务的采购，单项合同估算价在 50 万元人民币以上。

为了防止将应该招标的工程项目化整为零规避招标，即使单项合同估算价低于上述各项规定的标准，但是项目总投资在 3 000 万元人民币以上的勘察、设计、施工、监理以及与工程建设有关的重要设备、材料等的采购，也必须采用招标方式委托工作任务。

依法必须进行招标的项目，全部使用国有资金投资或者国有资金投资占控股或主导地位的，应当公开招标。按照规定，属于下列情形之一的，可以不进行招标，采用直接委托的方式发包建设任务。

(1) 涉及国家安全、国家秘密的工程。

(2) 抢险救灾工程。

(3) 利用扶贫资金实行以工代赈、需要使用农民工等特殊情况。

(4) 建筑造型有特殊要求的设计。

(5) 采用特定的专利技术、专有技术进行勘察、设计或施工。

(6) 停建或者缓建后恢复建设的单位工程，且承包人未发生变更的。

(7) 施工企业自建自用的工程，且该施工企业资质等级符合工程要求的。

(8) 在建工程追加的附属小型工程或者主体加层工程，且承包人未发生变更的。

(9) 法律、法规、规章规定的其他情形。

2.1.3 工程招标的机构和人员

招标工作机构的基本职能，一是决策，二是处理日常事务工作。

1. 属于决策性的事项

属于决策性的事项包括以下内容。

(1) 确定工程项目的发包范围，即决定建设项目是全过程统包还是分阶段发包，或者是单位工程发包、分部工程发包、专业工程发包等。

(2) 确定承包方式和承包内容，即决定是采用总价合同还是单价合同或成本加酬金合同的承包方式并决定是全部包工包料还是部分包工包料或包工不包料等。

(3) 选择发包方式，即根据有关规定和发包项目的具体情况，决定采用公开招标、邀请招标、两步招标、议标或比价等不同发包方式。

(4) 确定标底(或无标底)。

(5) 决标并签订合同或协议。

2. 招标的日常事务工作

招标的日常事务工作包括以下内容。

(1) 发布招标及资格预审通告或邀请投标函。

(2) 编制或发送招标文件。

(3) 编制标底。

(4) 审查投标者资格。

(5) 组织勘察现场和解答投标单位提出的问题。

(6) 接受并妥善保管投标单位的投标文件。

(7) 开标、审核标书并组织评标。

(8) 谈判签订合同或协议。

招标工作机构的组织原则应体现经济责任制和讲求效率即①招标单位要有同它相应的责任相适应的决策权；②工作效率高，既要保证招标质量，又能节省招标开支。

3. 招标工作机构人员组成

招标工作机构由以下人员组成。

(1) 决策人，即主管部门任命的建设单位负责人或其授权的代表。

(2) 专业技术人员，包括建筑师，结构、设备、工艺等专业工程师和造价工程师等。他们的职能是向决策人提供咨询意见和进行招标的具体事务工作。

(3) 助理人员，即决策和专业技术人员的助手，包括秘书、资料、档案、计算、绘图、信息管理等工作人员。

4. 我国招标工作机构主要形式

我国招标工作机构有以下几种主要形式。

(1) 由建设单位或实行建设项目法人责任制的业主单位成立专门负责有关招投标全部具体工作的部门，如“招投标管理中心”。

(2) 由政府主管部门设立“招标领导小组”或“招标办公室”之类的机构，统一处理招标工作。在推行招标责任制的开始阶段，这种做法有助于较快打开工作局面，但政府主管部门过多地介入招标单位的具体事务，代替招标单位决策，不符合经济体制改革要求实行政企分开和经济责任制的原则。因此，随着改革的深入发展，采取这种形式的已越来越少。

(3) 专业化的招标代理机构受建设(业主)单位的委托，承办招标的技术性和事务性工作，决策仍由业主单位负责。这是国际通行的做法，可以使建设单位节省人员和设备，而招标代理机构要在市场上和同行开展竞争，求得生存和发展，就必须不断地提高服务质量，精益求精。从总体上看，这种形式也符合讲求效率、降低招标成本的原则。因此，这种形式已成为招标工作机构的主要发展方向。

2.1.4 工程招标的方式和方法

1. 工程招标的方式

目前国内外市场上使用的建设工程招标的方式主要有以下几种。

1）公开招标

公开招标是指招标人通过报刊、广播、电视、信息网络或其他媒介，公开发布招标广告，招揽不特定的法人或其他组织参加投标的招标方式。公开招标的方式一般对投标人的数量不予限制，故也称为“无限竞争性招标”。

公开招标的招标广告一般应载明招标工程概况（包括招标人的名称和地址、招标工程的性质、实施地点和时间、内容、规模、占地面积、周围环境、交通运输条件等），对投标人的资历及其资格预审要求，招标日程安排，招标文件的获取时间、地点、方法等重要事项。

国内依法必须进行的公开招标公告，应当通过国家指定的报刊、信息网络等媒介发布。

采用公开招标的主要优势有以下四个方面。

(1) 有利于招标人获得最合理的投标报价，取得最佳的投资效益。由于公开招标是无限竞争性招标，竞争相当激烈，使招标人能切实做到“货比三家”，有充分的选择余地，招标人利用投标人之间的竞争，一般都易于选择出质量最好、工期最短、价格最合理的投标人承包工程，使自己获得较好的投资效益。

(2) 有利于学习国外先进的工程技术及管理经验。公开招标竞争范围之广，往往打破国界。例如，我国鲁布革水电站项目引水系统工程，采用国际竞争性公开招标方式招标，日本大成公司中标，不但中标价格大大低于标底，而且在工程实施过程中还学到了外国工程公司先进的施工组织方法和管理经验，引进了国外工程建设项目施工的“工程师”制度，由工程师代表业主监督工程施工，并作为第三方调解业主和承包人之间发生的一些问题和纠纷，对提高我国建筑企业的施工技术和管理水平无疑具有较大的推动作用。

(3) 有利于提高各国工程承包企业的工程建造质量、劳动生产率及投标竞争力。采用公开招标能够保证所有的合格的投标人都有机会参加投标，都以统一的客观衡量标准来衡量自身的生产条件，促使各家施工企业在竞争中按照国际先进的水平来发展自己。

(4) 公开招标是根据预先制定并众所周知的程序和标准公开而客观地进行的，因此一般能防止招标投标过程中作弊情况的发生。

但是公开招标也不可避免地存在一些问题：一是公开招标所需的费用较大，时间较长。由于公开招标要遵循一套周密而复杂的程序，有一套细致而条目繁多的评价标准，从发布招标消息、投标人作出相应反应、评标到签约，通常都需要若干个月甚至一年以上的时间，在此期间招标人还须支付较多的费用进行各项工作；二是公开招标需准备的文件较多，工作量较大且各项工作的具体实施难度较大。

公开招标方式主要适用于：各国政府投资或融资的建设项目；使用世界银行、国际性金融机构资金的建设项目；国际上的大型建设工程项目；我国境内涉及社会公众利益、公共安全的基础设施建设工程项目及公共事业项目等。

2）邀请招标

邀请招标，是指招标人以投标邀请书的方式直接邀请若干家特定的法人或其他组织参加投标的招标方式。由于投标人数量是招标人确定的，有限制的，所以也称为“有限竞争性招标”。

招标人采用邀请招标方式时，特邀的投标人一般不少于三家。

被邀请的投标人必须是资信良好、能胜任招标工程项目实施任务的单位。通常根据以下条件选择。

(1) 该单位当前和过去的财务状况均良好。

(2) 该单位近期内成功地承包过与招标工程类似的项目，有较丰富的经验。

(3) 该单位有较好的信誉。

(4) 该单位的技术装备、劳动力素质、管理水平等均符合招标工程的要求。

(5) 该单位在施工期间有足够的能力承担工程的任务。

总之，被邀请的投标人必须在资金、能力、信誉等方面都能胜任招标工程。

邀请招标与公开招标相比，其好处主要表现在以下几个方面。

(1) 招标需要的时间较短且招标费用较省。一般来说，由于邀请招标时，被邀请的投标人都是经招标人事先选定，具备招标工程投标资格的承包企业，因此，不用再进行投标人资格预审；又由于被邀请的投标人数量有限，可相应减少评标阶段的工作量及费用开支。因此，邀请招标能以比公开招标更短的时间、更少的费用来结束招标过程。

(2) 投标人不易串通抬价。因为邀请招标不公开进行，参与投标的承包企业不清楚其他被邀请人，所以，在一定程度上能避免投标人之间进行接触，使其无法串通抬价。

邀请招标方式与公开招标方式比较，也存在明显的不足，主要是不利于招标人获得最优的报价，取得最佳的投资效益。这是由于邀请招标时，由业主选择投标人，业主的选择相对于广阔发达的市场而言，不可避免地存在一定的局限性，业主很难对市场上所有承包商的情况都了如指掌，常会漏掉一些在技术上、报价上更具有竞争力的承包企业；并且邀请招标的投标人数量既定，竞争有限，可供业主比较、选择的范围相对狭小，也就不易使业主获得最合理的报价。

一般来说，邀请招标方式在大多数国家(包括我国)，都只适用于私人投资建设的项目或中小型建设工程项目。但是英联邦地区基本按照英国的做法，采用邀请招标的方式对涉外工程实行国际有限竞争性招标。

3）议标

议标也称为“谈判招标”，是指由招标人直接选定某个工程承包人，通过与其谈判，商定工程价款，签订工程承包合同。由于工程承包人的身份在谈判之前一般就已确定，不存在投标竞争对手，没有竞争，故也称为“非竞争性招标”。

市场经济下建设工程招标投标的本质特点是“竞争”，而议标方式并不体现“竞争”这一招标投标的本质特点，因此，这种方式并非严格意义上的招标方式，其实质是一种谈判合同，是一般意义上的建设工程承发包方式。因此，我国现行法规没有将议标作为招标方式。

采用这种方式的好处主要体现在以下两个方面。

(1) 能比较快地成立并完成交易。由于不通过竞争过程产生，发包人也不经过开标、评标、决标的选择过程，所以，双方能在短时间内即签订合同，进行施工，完成工程建设。

(2) 节省费用。

但是采用这种方式的问题也显而易见：由于不存在竞争，工程的发包人没有比较、选择的余地，无法获得合理的报价。

根据国际惯例和我国现行法规的规定，议标方式应严格限定在紧急工程、有保密性要求的工程、价格很低的小型工程、零星的维修工程、潜在的投标人很少的特殊工程等项目的建设实施上。

4) 综合性招标

综合性招标是招标人将公开招标和邀请招标这两种形式结合起来进行的招标方式。

综合性招标的具体做法是先进行公开招标，开标后，按照一定的标准评价，从中选出若干家投标单位(一般选择三家到四家)，再对他们进行邀请招标。通过对邀请投标人投标书的评价，最后从中决定中标人。

综合性招标只限于以下两种情况采用：一是公开招标时尚不能决定工程内容的工程或招标人缺乏经营经验的新项目、大型项目；二是公开招标开标后，所有的投标报价都不满足招标人的要求。

由于综合性招标只适用于上述两种情况，且所需时间过程比较长，费用比较高，所以，一般情况下都不宜采用这种方式招标。

5) 国际竞争性招标

当上述公开招标或综合性招标的投标人涉及几个国家时，就称为“国际竞争性招标”。

凡是利用世界银行和国际开发协会的贷款兴建的工程项目，按照规定，均须采用国际竞争性招标方式招标，而参与投标的一般应是该组织内的成员国的承包企业。实行国际竞争性招标方式招标时，必须遵循世界银行规定的“效率、经济、公平”的原则进行。该原则的具体要求有以下三个方面。

(1) 在项目实施中，无论器材采购或工程施工，都必须经济实惠，讲求效率。

(2) 世界银行的所有成员都有公平的均等的机会参加竞争。

(3) 给予借款国本国的承包商和制造商一定的优惠，鼓励其发展。

上述招标方式中，使用最普遍、最广泛的是公开招标和邀请招标。《招标投标法》规定，中国境内招标方式为两种：公开招标和邀请招标。综合性招标、国际竞争性招标实质上都是公开招标和邀请招标。公开招标和邀请招标作为主要的招标方式，是由招标投标的本质特点决定的。这两种招标方式都是竞争性的，都符合了招标投标本质特点的客观要求。

2. 工程招标的方法

招标方法是指招标阶段的划分方法，而招标阶段的划分是与设计阶段的划分相适应的。因此，建设工程进行招标的基本方法一般有以下两种。

1) 传统的招标方法

传统的招标方法分为两种：一阶段招标法和两阶段招标法。

(1) 一阶段招标法也称为施工图阶段招标法，是指在完成了项目的施工图设计、施工文件整理，并计算出了工程量之后进行的招标。签约后即可进行施工。

实行一阶段招标法的好处主要是有利于招标人获取合理的报价。由于设计文件齐全，工程量计算的准确性较高，招标人对价格容易把握，对工程质量和工期等容易控制，有利于缩短从成立交易到完成交易的时间。又因为招标时即提供有详细的施工图样，一旦签订工程承包合同就能立即开始施工，施工过程中的工程变更也相应较少，履行合同的过程较短。采用这种招标方法的不足之处是设计过程耽误的时间过长，不利于招标人尽早发挥其投资的经济效益。

(2) 两阶段招标法也称为设计方案阶段招标法，一般将邀请招标和议标结合起来进行，具体做法如下：招标人在项目方案设计阶段(项目的设计还没有完成之前)，就对若干家工程承包企业邀请招标，即“第一阶段招标”；根据对被邀请的各投标人的投标书的评价情况，从中择优选定工程承包人，待完成项目施工图设计、施工文件及工程量计算之后，再与选定的承包人进行议标，双方协商确定工程价款、签订工程承包合同，即“第二阶段招标”。

实行两阶段招标法进行招标的主要优势是：第一，不用进行大规模的公开招标，有利于节省招标费用；第二，设计与招标同时交叉进行，有利于充分利用时间，缩短项目从设计到竣工的时间过程，使业主能尽早发挥投资经济效益。两阶段招标法的不足之处主要是：第一，招标人不易获得优质报价。由于两阶段招标法是采用邀请招标和议标方式进行，缺乏充分的竞争，加之第一阶段招标时，资料不足，业主对各家投标人报价的评价缺乏可靠的、准确的依据，不便于把握价格，难以获得理想的报价；第二，工程施工中变更较多，困难较多，不易把握工程质量和进度，有时会出现“欲速不达”的情况。

对技术复杂或者无法精确拟定其技术规格的项目，招标人可以采用两阶段招标程序。

第一阶段，潜在投标人按照招标人要求提交不带报价的技术建议。招标人根据潜在投标人提交的技术建议编制招标文件。第二阶段，招标人应当向在第一阶段提交技术建议的潜在投标人提供招标文件，投标人按照招标文件的要求提交包括最终技术建议和报价的投标文件。招标人要求投标人提交投标保证金的，应当在第二阶段提交。

上述两种招标法均属于传统招标方法，都是由工程业主与承包人签订一份承包合同。因此，工程业主只能对总承包人通过合同进行直接控制。而总承包人往往又将工程某部分分包给其他承包人，业主与分包人没有合同关系，不便于对其进行直接控制，不利于业主对分包工作的进度、质量、造价的直接监督与管理。这既是传统招标方法的特点，也是其弱点。

2) 工程经理分阶段管理的招标方法

这是近年来在美国开始采用的工程经理制的工程招标及管理方法。

这种方法是指由工程业主、业主评选或委托的工程经理、建筑师(或工程师)三方共同来进行工程项目的规划、设计、招标、施工。取消总承包人，由招标人随着工程设计工作的进度，分阶段地对每套分项工程进行招标，将其发包给各专业承包人，并与他们签订若干套工程承包合同的招标方法。

采用工程经理分阶段管理的招标方法与传统的招标方法相比，具有明显的优势，主要表现在以下方面。

(1) 能有效地缩短工程项目从设计到竣工的时间，使业主尽早获得投资经济效益。因为采用这种招标方法不需要等待工程项目的全部设计都完成了以后才招标，而是局部完成即可局部招标，将其发包出去，做到了设计、招标、施工有序进行，同步进行，交叉作业，有利于缩短整个建设周期，使工程尽早竣工投产，交付使用。

(2) 有利于招标人获得合理的报价。由于分阶段按局部进行招标，每套分项工程的内容明确、设计文件详尽、工程量计算比较准确，因此，容易较准确地把握价格标准，评标也就有一个较为客观且准确的依据，中标价格一般也就较为合理。

(3) 扩大了业主对工程合同的控制权。这种招标方法取消了总承包人，业主直接与各部分的工程承包人签订工程承包合同，因此，业主能直接控制各承包人，直接监督其承包工程的质量、进度、价格，有利于工程保质保量以合理的价格如期交付使用。

综上分析，传统招标方法与工程经理分阶段管理的招标方法相比，后者更有利于招标人获得总和的最佳投资效益，所以，应将后者作为普遍推广的招标方法。

2.1.5 自行招标和招标代理

1. 自行招标

自行招标的招标单位通常就是建设单位，我国《招标投标法》中称为“招标人”，也就是建筑市场上的买方。该法规定：招标人是依照本法规定提出招标项目、进行招标的法人或者其他组织。

为了保证招标行为的规范化、科学化，达到招标选择承包人的预期目的，招标人应满足以下要求。

(1) 有与招标项目规模和复杂程度相适应的技术、经济等方面专业人员。

(2) 有组织编制招标文件的能力。

(3) 有审查投标单位资质的能力。

(4) 有组织开标、评标、定标的能力。

(5) 招标专业人员最近三年有与招标项目规模和复杂程度相当的招标经验。

利用招标方式选择承包单位属于招标单位自主的市场行为。因此《招标投标法》规定，招标人具有编制招标文件和组织评标的能力的，可以自行办理招标事宜，向有关行政监督部门进行备案即可。如果招标单位不具备上述要求，则须委托具有相应资质的中介机构代理招标。

2. 代理招标

《招标投标法》规定：招标人有权自行选择招标代理机构，委托其办理招标事宜。任何单位和个人不得以任何方式为招标人指定招标代理机构。招标代理机构是依法设立、从事招标代理业务并提供相关服务的社会中介组织。

招标代理机构应当具备下列条件。

(1) 有从事招标代理业务的营业场所和相应的资金。

(2) 有能够编制招标文件和组织评标的相应专业力量。

(3) 有符合规定条件可以作为评标委员会人选的技术经济等方面的专家库。

从事工程建设项目招标代理业务的招标代理机构，其资质由国务院或者省、自治区、直辖市人民政府的建设行政主管部门认定。具体办法由国务院建设行政主管部门会同国务院有关部门制定。从事其他招标代理业务的招标代理机构，其资格认定的主管部门由国务院规定。

招标代理机构与行政机关和其他国家机关不得存在隶属关系或者其他利益关系。

工程招标代理是指工程招标代理机构接受招标人的委托，从事工程的勘察、设计、施工、监理以及与工程建设有关的重要设备(进口机电设备除外)、材料采购招标的代理业务。

为此，建设部以第154号部令发布了《工程建设项目招标代理机构资格认定办法》，自2007年3月1日起施行。办法要点如下所述。

从事工程招标代理业务的机构，应当依法取得国务院建设主管部门或者省、自治区、直辖市人民政府建设主管部门认定的工程招标代理机构资格，并在其资格许可的范围内从事相应的工程招标代理业务。

申请工程招标代理机构资格的单位应当具备以下共同条件。

(1) 是依法设立的中介组织。

(2) 与行政机关和其他国家机关没有隶属关系或者其他利益关系。

(3) 有固定的营业场所和开展工程招标代理业务所需设施及办公条件。

(4) 有健全的组织机构和内部管理的规章制度。

(5) 具备编制招标文件和组织评标的相应专业力量。

(6) 具有可以作为评标委员会成员人选的技术、经济等方面的专家库。

工程招标代理机构资格分为甲级、乙级和暂定级。不同级别的招标代理机构除具备上列共同条件外，还应当分别具备下列条件。

甲级招标代理机构取得乙级工程招标代理资格满3年；近3年内累计工程招标代理中标金额在16亿元人民币以上(以中标通知书为依据，下同)；具有中级以上职称的工程招标代理机构专职人员不少于20人，其中具有工程建设类注册执业资格人员不少于10人(其中注册造价工程师不少于5人)，从事工程招标代理业务3年以上的人员不少于10人；技术经济负责人为本机构专职人员，具有10年以上从事工程管理的经验，具有高级技术经济职称和工程建设类注册执业资格；注册资本金不少于200万元。其可代理各种规模的工程招标代理业务。

乙级招标代理机构取得暂定级工程招标代理资格满1年；近3年内累计工程招标代理中标金额在8亿元人民币以上；具有中级以上职称的工程招标代理机构专职人员不少于12人，其中具有工程建设类注册执业资格人员不少于6人(其中注册造价工程师不少于3人)，从事工程招标代理业务3年以上的人员不少于6人；技术经济负责人为本机构专职人员，具有8年以上从事工程管理的经历，具有高级技术经济职称和工程建设类注册执业资格；注册资本金不少于100万元。乙级工程招标代理机构只能承担工程总投资1亿元人民币以下的工程招标代理业务。

暂定资格的工程招标代理机构一般为新成立的工程招标代理机构，未满足规定的招标代理业绩条件，其注册资金及人员素质要求同甲级或者乙级，暂定级工程招标代理机构，只能承担工程总投资6 000万元人民币以下的工程招标代理业务。

新成立的招标代理机构，其工程招标代理业绩未满足本办法规定条件的，国务院建设行政主管部门可以根据市场需要设定暂定资格，颁发《工程招标代理机构资格暂定证书》，具体办法另行规定。

工程招标代理机构可以接受招标人委托编制工程招标方案、招标文件、工程标底和草拟工程合同等。工程招标代理机构应当与招标人签订书面委托代理合同。未经招标人书面同意，工程招标代理机构不得向他人转让代理业务。工程招标代理机构不得与被代理的招标工程的投标人有隶属关系或者有其他利益关系。

关于申请工程招标代理机构资格应提交的资料，审批权限和程序，资格证书的颁发、变更、年检以及违规处罚等，《工程建设项目招标代理机构资格认定办法》都有明文规定。

招标代理在法律上属于委托代理，招标代理机构的行为必须符合代理委托的授权范围，超出委托授权范围的代理行为属无权代理。被代理人对此有拒绝权和追议权。签好招标代理协议对双方都至关重要。招标单位选定招标代理机构后务必在代理协议中详尽规定授权范围及代理人的权利和义务。以便招标代理机构能按照合同约定，顺利代理招标事宜。

招标代理机构应当遵守招标投标法和本条例关于招标人的规定。招标代理机构不得明知委托事项违法而进行代理，不得在所代理的招标项目中投标或者代理投标，也不得向该项目投标人提供咨询服务。

招标人采用竞争方式选择招标代理机构的，应当从业绩、信誉、从业人员素质、服务方案等方面进行考察。招标人与招标代理机构应当签订书面委托合同。合同约定的收费标准应当符合国家有关规定。

有关行政主管部门在认定招标代理机构资格时，应当审查其相关代理业绩、信用状况、从业人员素质及结构等内容。招标代理机构应当拥有一定数量获得招标投标职业资格证书的专业人员。从事中央投资项目招标代理业务的招标代理机构，应当获得中央投资项目招标代理资格。招标代理机构应当在其资格范围内开展招标代理业务，不受任何单位、个人的非法干预或者限制。

中央投资项目招标代理机构资格的认定由国家发改委公告第36号《中央投资项目招标代理机构资格认定管理办法》加以确定。

中央投资项目，是指全部或部分使用中央预算内投资资金(含国债)、专项建设基金、国家主权外债资金和其他中央财政性投资资金的固定资产投资项目。中央投资项目招标代理机构招标代理业务，包括受招标人委托，从事项目业主招标、专业化项目管理单位招标、政府投资规划编制单位招标，以及中央投资项目的勘察、可行性研究、设计、设备、材料、施工、监理、保险等方面的招标代理业务。

中央投资项目招标代理机构资格分为甲级和乙级。甲级资格的招标代理机构可以从事所有中央投资项目的招标代理业务。乙级资格的招标代理机构只能从事总投资2亿元人民币及以下的中央投资项目的招标代理业务。

申请中央投资项目招标代理资格的机构应具备下列条件。

(1) 是依法设立的社会中介组织，具有独立企业法人资格。

(2) 与行政机关和其他国家机关没有行政隶属关系或其他利益关系。

(3) 有固定的营业场所和开展中央投资项目招标代理业务所需设施及办公条件。

(4) 有健全的组织机构和内部管理规章制度。

(5) 具备编制招标文件和组织评标的相应专业力量。

(6) 建立有一定规模的评标专家库。

(7) 近3年内机构没有因违反《招标投标法》及有关管理规定，受到相关管理部门暂停资格以上处罚。

(8) 近3年内机构主要负责人没有因违反《招标投标法》及有关管理规定受到刑事处罚。

(9) 国家发展和改革委员会规定的其他条件。

中央投资项目招标代理机构，应在中央投资项目招标工作结束、发出中标通知书后15日内，向国家发改委报送《中央投资项目招标情况报告》。国家发改委依据项目招标情况报告，不定期地对招标项目进行抽查。

2.1.6 政府工程的代建制及政府采购

1. 政府工程的代建制

项目代建制最早起源于美国的建设经理制(CM制)。CM制是业主委托一称为建设经理的人来负责整个工程项目的管理，包括可行性研究、设计、采购、施工、竣工试运行等工作，但不承包工程费用。建设经理作为业主的代理人，在业主委托的业务范围内以业主名义开展工作，如有权自主选择设计师和承包商，业主则对建设经理的一切行为负责。采用CM制进行项目管理，关键在于选择建设经理。一般来说，精通管理、商务、法律、设计、施工等知识和技能，并具有丰富经验和良好信誉，是一名优秀建设经理所必须具备的素质。

1) “代建制”的含义和实质

政府投资项目“代建制”，是指政府投资项目法人按照规定的程序，将政府投资项目的组织、管理、策划和实施委托专业工程管理公司具体负责的一种项目管理制度。由政府选择有资质的项目管理公司，作为项目建设期法人，全权负责项目建设全过程的组织管理，促使政府投资工程“投资、建设、管理、使用”的职能分离，通过专业化项目管理最终达到控制投资、提高投资效益和管理水平的目的。实践证明，“代建制”是控制建设规模、建设工期和建设投资的行之有效的管理方法。

2) 实施“代建制”的必要性

长期以来，我国各级政府对直接投资的项目管理方式多实行“财政投资，政府管理”的单一模式，即“建设、监管、使用”多位一体的模式，该模式发挥了一定作用，但也存在诸多弊端，主要有以下几个方面。

(1) 一些政府部门既负责投资审批监管建筑市场，又直接组织工程项目的建设实施，存在政企不分、责任不明、监管不力、效益不高等问题，有的甚至会滋生腐败现象。

(2) 一些政府投资工程由临时组建的基建班子负责组织实施，部分单位缺乏建设所需的工程管理、技术人员，不具备与项目管理相关的专业技术、经验和水平，项目结束机构即解散，造成了人、财、物和信息等社会资源的浪费。

(3) 政府投资工程由建设单位自建自用，致使所有者(政府)和使用者的责任与利益分离，使用单位受自身利益的驱动，极易造成争项目、争资金，导致“钓鱼”工程和超规模、超标准建设等现象的产生。

(4) 经营性政府投资工程项目的建设垄断现象严重，不能适应市场化改革的需要。

(5) 政府投资工程各自组织建设，难以实施有效监督，难以及时纠正建设过程中的违法违规问题。因此，必须对政府投资工程建设组织实施方式进行体制创新和流程再造，这是整顿和规范市场经济秩序的一项治本之策，是保证工程质量、提高投资效益的重要措施，也是转变政府职能的客观要求，更是从源头上遏制腐败、减少行政成本和提高效率的重要保障。

3) 代建单位应当具备的条件

代建单位应当具备下列条件。

(1) 具有独立法人资格，并为自负盈亏的经济实体。

(2) 具有综合甲级工程设计资质，或综合甲级监理资质，或本专业施工总承包一级资质，或综合甲级工程咨询资质。

(3) 具有与同类工程建设管理相适应的组织机构和项目管理体系。

(4) 具有与工程建设规模和技术要求相适应的技术、造价、财务和管理等方面的专业人员，并具有从事同类工程建设管理经验。

(5) 具有与项目相适应的资金实力。

代建单位应当通过招投标择优产生。有关招投标程序应当按照《招标投标法》的有关规定实施。整个招投标过程应当有监察部门代表现场监督和公证机构的公证。

代建单位不得在自己代建的建设项目中承担勘察、设计、施工、监理等工作。

项目代建实行代建合同管理。代建单位确定后，项目法人应当和代建单位签订项目委托代建合同，明确代建项目的范围、形式、双方的权利和义务、奖罚办法等法律关系。

代建单位应当按照合同规定组建项目经理部，并向委托单位报送项目经理及其项目经理部主要成员名单、项目代建方案。代建单位在履行合同义务期间，应当在每月 3 日前向项目法人报送代建工作月报。

4) 实行“代建制”管理的经验与启示

各地实施“代建制”，从改革的取向和总体效果来看是有成效的，已实施“代建制”的项目投资全部被控制在概算范围内，工期也能按计划完成，取得了明显的社会效益，主要特点有以下几个方面。

(1) 通过公开招标、邀请招标或直接指定等方式选择项目管理公司，作为项目建设期间的法人，全权负责项目建设全过程的组织管理。

(2) 工程项目管理的实质是把过去由建设单位(使用单位)的职责在建设期间划分出来，以专业化的项目管理公司代替建设单位行使建设期项目法人的职责。将传统管理体制中的“建、用合一”改为“建、用分开”模式，并割断建设单位与使用单位之间的利益关系，使用单位不直接参与建设，实现了项目管理队伍的专业化，从而有效提高项目管理水平，有效控制质量、工期和造价，保证财政资金的使用效率。

(3)“代建制”管理解决了过去建设项目责任主体不明、责任不清的问题。它以合同的形式，界定了出资者、建设管理者、使用者等各当事人的责任、权利、义务，从而建立约束和激励机制，从质量、工期、造价及安全等方面入手，对项目的预期目标实行严格控制和有效约束。

(4)“代建制”管理为投融资体制改革探索了一条成功之路，在相当程度上克服市财政性基本建设项目多年来权责不分、无法控制的现象。

(5)克服了对投资造成的人为影响，杜绝超规模、超标准、超投资的现象，进一步提高了投资效益。

(6)使用单位无需再抽调人员成立基建班子，减轻了工作压力。

(7)建立了三者之间的相互约束的监督机制，在施工单位、监理单位、主要设备、材料的选择上均能严格执行国家有关招标投标、合同管理、监理等制度，这就在一定程度上避免了一方说了算的现象，是党风廉政建设从源头治理建设领域腐败的有力措施和手段。

(8)建设投资使用不会偏离，项目建成投入使用后，形成资产可定时建账入库，防止长期耗费或流失。

2. 政府采购

政府采购，是指各级国家机关、事业单位和团体组织，使用财政性资金采购依法制定的集中采购目录以内的或者采购限额标准以上的货物、工程和服务的行为。

采购，是指以合同方式有偿取得货物、工程和服务的行为，包括购买、租赁、委托、雇用等。

货物，是指各种形态和种类的物品，包括原材料、燃料、设备、产品等。

工程，是指建设工程，包括建筑物和构筑物的新建、改建、扩建、装修、拆除、修缮等。

服务，是指除货物和工程以外的其他政府采购对象。

在政府采购活动中，采购人员及相关人员与供应商有利害关系的，必须回避。供应商认为采购人员及相关人员与其他供应商有利害关系的，可以申请其回避。相关人员包括招标采购中评标委员会的组成人员，竞争性谈判采购中谈判小组的组成人员，询价采购中询价小组的组成人员等。

政府采购采用以下方式。

(1) 公开招标。

(2) 邀请招标。

(3) 竞争性谈判。

(4) 单一来源采购。

(5) 询价。

(6) 国务院政府采购监督管理部门认定的其他采购方式。

公开招标应作为政府采购的主要采购方式。

采用竞争性谈判方式采购的，应当遵循下列程序。

(1) 成立谈判小组。谈判小组由采购人的代表和有关专家共三人以上的单数组成，其中专家的人数不得少于成员总数的三分之二。

(2) 制定谈判文件。谈判文件应当明确谈判程序、谈判内容、合同草案的条款以及评定成交的标准等事项。

(3) 确定邀请参加谈判的供应商名单。谈判小组从符合相应资格条件的供应商名单中确定不少于三家的供应商参加谈判，并向其提供谈判文件。

(4) 谈判。谈判小组所有成员集中与单一供应商分别进行谈判。在谈判中，谈判的任何一方不得透露与谈判有关的其他供应商的技术资料、价格和其他信息。谈判文件有实质性变动的，谈判小组应当以书面形式通知所有参加谈判的供应商。

(5) 确定成交供应商。谈判结束后，谈判小组应当要求所有参加谈判的供应商在规定时间内进行最后报价，采购人从谈判小组提出的成交候选人中根据符合采购需求、质量和服务相等且报价最低的原则确定成交供应商，并将结果通知所有参加谈判的未成交的供应商。

采取单一来源方式采购的，采购人与供应商应当在保证采购项目质量和双方商定合理价格的基础上进行采购。

采取询价方式采购的，应当遵循下列程序。

(1) 成立询价小组。询价小组由采购人的代表和有关专家共三人以上的单数组成，其中专家的人数不得少于成员总数的三分之二。询价小组应当对采购项目的价格构成和评定成交的标准等事项作出规定。

(2) 确定被询价的供应商名单。询价小组根据采购需求，从符合相应资格条件的供应商名单中确定不少于三家的供应商，并向其发出询价通知书让其报价。

(3) 询价。询价小组要求被询价的供应商一次报出不得更改的价格。

(4) 确定成交供应商。采购人根据符合采购需求、质量和服务相等且报价最低的原则确定成交供应商，并将结果通知所有被询价的未成交的供应商。

2.2 工程招标的程序和要求

2.2.1 工程招标的程序

招标是招标人选择中标人并与其签订合同的过程，而投标则是投标人力争获得实施合同的竞争过程，招标人和投标人均须遵循招投标法律和法规的规定进行招标投标活动。按照招标人和投标人的参与程度，可将招标过程粗略划分为招标准备阶段、招标投标阶段和决标成交阶段。

工程招标投标基本流程如图 2.1 所示。

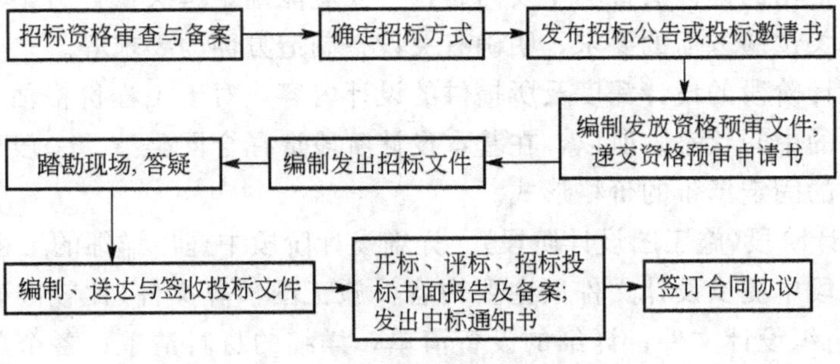

图 2.1　工程招标投标的基本流程

下面就工程招标投标中招标阶段的程序介绍如下。

1. 选择合同类型并确定招标方式和方法

承包合同类型、招标方式和方法的选择关系到业主方面承担风险的大小、花费资金的多少及耗用时间的长短，是事关业主方面直接经济利益的重大问题。招标工作机构办理招标事宜，首先应按照业主方面对招标的总体要求综合考虑相关的因素，慎重地权衡、比较。本着尽量维护业主方面经济利益的原则，为业主妥当确定合同类型及招标方式和方法。

1）正确选择合同类型

不同的合同类型及其相应的价格形式对业主的经济利益将产生不同的影响，选择恰当的合同类型是构成业主方面发包策略的重要组成部分，是招标工作机构必须慎重处理好的一个非常关键的问题。

合同类型主要分为三种形式，即总价合同、单价合同、成本补偿合同；与这三种合同类型相应的价格形式分别为固定总价、固定单价、成本加酬金。一般而言，各类合同及其相应的价格形式都有着特定的使用时机，对其进行选择通常必须根据项目发包时所处的设计阶段及设计文件准备的详略情况来决定。

工程设计阶段的划分一般分为三个阶段，即概念设计阶段、基本设计阶段、详细设计阶段。这三个阶段所能提供的设计文件及其满足工程估价要求程度的状况分别叙述如下。

(1) 概念设计阶段(初步设计阶段)。概念设计阶段主要提出项目基本的设计设想。

此阶段提供的设计内容一般应包括项目总概算、项目的设计依据及指导思想、项目的建设规模及产品方案、主要设备的选型及配置、主要材料需求量的估算数、主要建筑物及构筑物、主要公用及辅助设施及各项有关的经济技术指标等。

上述设计文件的主要内容通常只能满足进行主要设备及材料订货的要求、项目毛估总造价的要求、技术设计阶段编制技术设计文件的要求及编制施工组织设计的要求等。

概念设计阶段提供的设计内容，对于进行准确的价格估算工作而言，明显不完整、不准确，因此，在这一阶段选择合同类型，只能选择成本补偿合同及其与之相应的成本加酬金的价格形式。

(2) 基本设计阶段(技术设计阶段)。基本设计是对概念设计的具体化。在此阶段确定详细设计的评价标准。

基本设计阶段所提供的设计文件的主要内容一般应包括修正总概算、较详细的设备清单、较详细的主要材料清单及工程必需的设计内容等。

这一阶段所提出的设计文件的主要内容，一般应能满足解决设计方案中重大技术问题的要求，进行有关试验方面的要求，明确有关设备制造方面的要求等。

由于基本设计阶段的设计深度及所提供的设计内容，对于工程价格估算工作而言是处于一种不太明确的中间状态。所以，在基本设计阶段选择合同类型，一般应选择单价合同及其与之相适应的固定单价的价格形式。

(3) 详细设计阶段(施工图设计阶段)。详细设计阶段中提出详细的工程施工图样。

详细设计阶段中提供设计文件的主要内容：施工图预算文件(比较准确估算工程价格的文件)；施工组织设计文件；详细的设备清单；详细的材料清单；各个单位工程详细的施工图样等。

该阶段提供的设计内容通常应能满足：对项目所需设备、材料进行安排的需要；制造项目必需的非标准设备的需要；确切估算工程价格的需要；编制施工组织设计的需要；其他施工要求的需要等。

详细设计阶段提供的设计内容明确而完整，一般都能满足业主方面较准确地估算项目总价格的要求，因而，在这一阶段选择合同类型，通常宜选择总价合同及与之相应的固定总价的价格形式。

综上分析，概念设计阶段对项目有关技术经济条件的确定是不明确的，随着设计阶段的推进，设计内容不断深化，工程项目的技术经济条件逐步明确，至详细设计阶段时，项目的技术经济条件便达到详尽且明确的程度。而设计内容的明确程度和详尽程度越高，越适合采用总价合同形式；设计内容不太明确时，应采用单价合同形式；当设计内容处于粗略而不完整的状态时，只宜于采用成本补偿合同。

总之，招标机构在选择合同类型及其相应的价格形式时，应正确地把握各类合同形式的使用时机，根据招标工程所处的设计阶段及设计内容的深度恰当地确定合同及其价格形式；在概念设计阶段选用成本补偿合同及成本加酬金价为宜，在基本设计阶段以使用单价合同及固定单价为宜，在详细设计阶段采用总价合同及固定总价。除此之外，对合同类型的选择还须兼顾项目具体的技术经济条件、项目招标发包的内容、项目拟用的承包方式等重要因素。

2）合理决定招标形式和招标方法

除了必须公开招标的项目，如使用国际金融机构贷款的项目、使用政府资金（包括国家融资或授权、特许融资）的项目、关系社会公共利益和公共安全的基础设施项目及公共事业项目等之外，某一具体项目的招标工作机构在确定该项目的招标形式和方法时，必须综合考虑的主要因素有以下几个方面。

（1）项目的设计进度和深度。

（2）项目规模的大小、建造的难易程度。

（3）项目估算的价格高低、工期长短。

（4）业主方面可用于该项目的全部资金及时间的限度。

（5）业主方面可用于该项目招标阶段的费用及时间限度。

（6）各种招标形式估计所需费用和时间及其可使招标人取得报价的优劣程度。

（7）当时、当地的工程承包市场行情。

招标机构应通过对上述种种因素进行认真的测算、分析、比较，权衡各种招标形式所能导致业主方面经济利益的得失，慎重选择能使招标人获得较好经济利益的招标形式和招标方法。

2. 妥善安排项目的招标日程

招标工作机构在确定了项目的招标形式和方法之后，应根据现行法规和国际惯例迅速对整个招标投标工作进行周详、具体的日程安排，包括以下各项。

（1）完成招标文件，确定招标工程标底的时间。

（2）发布招标公告或发出招标消息的时间。

（3）发售投标人资格预审文件的时间。

（4）未来投标人交送资格预审文件的时间。

(5) 进行并完成投标人资格预审的时间。

(6) 发售招标文件的时间。

(7) 招标文件澄清的时间。

(8) 开始投标到截止投标的时间。

(9) 开标的时间。

(10) 评标到决标的时间。

(11) 授标的时间。

(12) 签约的时间。

按照国际惯例，如果不需要进行投标人资格预审的项目，发布招标公告或招标消息的时间一般约在开始招标(发售招标文件)前14天(两周)左右；从发售招标文件到投标截止的时间不得少于45天，一般约需90～180天；投标人提出对招标文件进行澄清的要求，必须在投标截止日期前的30～60天；开标应在投标截止日期后立即进行，开标的过程视工程的具体情况从几个小时到几周不等；评标到决标一般是在开标结束后的90～180天。

如果是必须进行投标人资格预审的项目，一般应在发售招标文件前增加30～60天的投标人资格预审时间；发布招标公告或招标消息的时间也需要相应提前。

根据我国《招标投标法》的规定，自招标文件开始发出之日至投标人提交投标文件截止之日，最短不得少于20天；招标文件澄清的时间应安排在提交投标文件截止时间至少15天前；开标应在提交投标文件截止时间的同一时间公开进行；评标应在开标之后立即进行。

3. 编制招标文件及标底和发布招标消息

1) 编制招标文件

招标文件是进行工程招标投标各项工作必需的重要依据。招标工作机构应当本着公正维护各方经济利益的原则，遵循国际惯例，根据本项目的特点，依法认真编制招标文件。

我国《招标投标法》规定，招标文件应当包括招标项目的技术要求、对投标人资格审查的标准、投标报价要求、评标标准等所有实质性要求和条件以及签订合同的主要条款。同时，应当按照国家对招标项目的技术、标准等有关规定提出相应要求，并且载明招标项目的标段划分、工期要求等情况。

2) 确定工程标底

工程标底是招标人方面估算的拟发包工程的总价。标底是招标人方面进行评标、决标的重要参考依据，是招标单位的"绝密"资料，在签订合同以前，应该严格保守秘密，不得以任何方式向任何投标单位及其人员泄露。

招标单位一般必须在发布招标消息之后、正式开标之前，编制、确定工程标底。

标底，实质上是一种特殊商品的价格，即未来工程项目这一特殊商品的买方拟出的买价。标底既然是一种商品价格，就必须以其价值为基础来制定。标底中的经济内容是由该工程产品价值中的C——转移到产品中已被消耗的生产资料的价值(包括工程施工过程中所耗费的劳动对象：原料、主要材料、辅助材料、燃料等的价值；还包括施工过程中磨损的劳动手段：施工机械设备、施工工具、施工用房等的价值)、V——劳动者为自己劳动(必要劳动)所创造的价值(指以工资形式支付给劳动者的劳动报酬)、M——劳动者为社会劳动(剩余劳动)所创造的价值(这部分主要是指施工企业的盈利)这三大部分构成。

确定标底必须注意把握合适的价格水平。标底过高或过低均不可行：标底过高必然造成招标人方面资金的浪费、经济利益的损失；标底过低必然难以找到合适的工程承包人，项目无法实施。所以，在具体确定标底时，一定要详细地进行大量工程承包市场的行情调查，掌握较多的该地区及条件相近地区同类工程项目的造价资料，经过认真地研究、分析、比较、计算，尽量将工程标底的水平控制在低于或等于社会同类工程项目的平均水平上。

3）发布招标消息

发布招标消息，及时将投标机会通知国际和国内社会，一方面是为了使投标人能及时了解投标机会并为此做好准备，保证有这种工程项目承包能力的单位都能广泛地获得平等的、不受歧视的竞争机会；另一方面也是为了招标单位能及早地进一步了解工程承包市场行情。所以，凡采用竞争性招标方式的招标者，都必须发布招标消息，公开通告投标机会。

招标公告包括“招标通知”和“招标广告”两种形式，但内容基本相同，都必须包括：项目名称，项目地点，项目内容概述，工程范围，费用支付方式，索取投标资格预审文件和投标文件的价格、日期、地址及截止时间，项目所在国有关投标事项咨询的单位等。

根据国际惯例，一般采用公开招标方式的项目，应使用“招标广告”。招标广告刊登的范围，就世界银行贷款项目而言，通常要求在联合国的《发展商务报》上或贷款国国内的一两家重要报纸上刊登即可；若是规模较大、专业性较强的重大项目，则要求其招标广告在国际广泛发行的、知名的技术杂志、报纸、贸易期刊上进行刊登；对采用邀请招标或谈判招标的项目，才使用“招标通知”。一般是将招标通知发到拟邀请的各工程承包单位国家驻项目所在国当地的代表机构或其政府派驻当地的外贸机构。

我国依法必须进行招标项目的招标公告，应当通过国家指定的报刊、信息网络或者其他媒介发布。其中，各地方人民政府依照审批权限审批、核准、备案的依法必须招标的民用建筑项目的招标公告，可在省、自治区、直辖市人民政府发展改革部门指定的媒介上发布。

在信息网络上发布的招标公告，至少应当持续到招标文件发出截止时间为止。招标公告的发布应当充分公开，任何单位和个人不得非法干涉、限制招标公告的发布地点、发布范围或发布方式。

发布招标消息必须及时，一般至少应在招标开始（发售招标文件）前 60 天发出消息，以使各家工程承包人能有充足的时间考虑是否参加投标竞争以及进行参与投标资格预审和估算投标报价的各项准备工作。

4. 进行投标人资格预审

1）投标人资格预审的目的

招标人根据招标项目的具体特点和实际需要进行资格预审的，应当发布资格预审公告。投标人资格预审，是招标人在正式招标前，对有意参与该项目投标的厂家是否具备投标资格所作的审查。

投标人资格预审，实际上是招标人在投标开始前对可能的投标人预先进行筛选的必要步骤。进行投标人资格预审的目的主要是为了确保该项目的全部投标人都是有足够的人力、物力、财力和经验，能胜任本项目的工程承包单位。进行投标人资格预审至少有以下四个方面的好处。

(1) 有利于招标人获得合理的投标报价，保证合同的顺利实施。由于经过投标人资格预审，能把投标竞争控制在实力比较雄厚的、有能力承担本工程合同的工程承包人范围内，通过他们之间的激烈竞争，易使业主获得较为理想的工程价格，同时，从他们之中产生的中标人，必定有很强的实力，一般都能比较顺利地履行工程承包合同。

(2) 有利于业主方面节省评标阶段的费用和时间。通过进行投标人资格预审，对可能的投标人作了初步筛选，减少了投标人的数量，并保证了投标人的质量，这必然能较大幅度地节省评比标书需要的费用和时间。

(3) 有利于保证投标的有效性。通过资格预审，可以衡量出可能的投标人对该项目投标的兴趣如何，进而反映出该项目招标条件的合理程度如何，使招标人有可能对招标条件做出必要的修改，以保证招标的有效性。

(4) 有利于保证招标工作的顺利进行。通过资格预审，可以使招标单位基本上初步了解可能投标人的有关情况、工程承包市场的行情等，有利于招标人知己知彼，胸中有数，实事求是地搞好招标工作。

2) 编制投标人资格预审文件

资格预审文件应当根据招标项目的具体特点和实际需要编制，具体包括资格审查的内容、标准和方法等，不应含有倾向、限制或者排斥潜在投标人的内容。

自资格预审文件停止发出之日起至递交资格预审申请文件截止之日止，不得少于5个工作日。对资格预审文件的解答、澄清和修改，应当在递交资格预审申请文件截止时间3日前以书面形式通知所有获取资格预审文件的申请人，并构成资格预审文件的组成部分。投标人资格预审文件一般应包括有关招标工程的资料、投标资格预审表及呈报资历须知等三部分内容(具体条款及格式详见第4章的有关部分)。其中，投标人资格预审表是投标人资格预审文件的核心内容，应按照国际惯例及招标工程的具体情况审慎地制定好投标人资格预审的全套文件。

3) 投标人资格预审程序及评审的具体方法

(1) 资格预审审查主体。政府投资项目的资格预审由招标人组建的审查委员会负责，审查委员会由招标人的代表和有关技术、经济等方面的专家组成，成员人数为5人以上单数，其中技术、经济等方面的专家不应少于成员总数的2/3。

专家应当从事相关领域工作满8年并具有高级职称或者具有同等专业水平，由招标人从国务院有关部门或者省、自治区、直辖市人民政府有关部门提供的专家名册或者招标代理机构的专家库内的相关专业的专家名单中确定；一般招标项目可以采取随机抽取方式，特殊招标项目可以由招标人直接确定。

(2) 投标人资格预审程序。投标人资格预审一般应严格按照以下步骤进行。

① 由招标人方面发出投标资格预审通告或投标资格的预审邀请信。

② 有意参与该项工程投标的工程承包单位向招标人提出参加该项工程投标人资格预审的书面申请。

③ 经过招标人同意后，未来可能的投标人按既定时间、地点领购资格预审文件。

④ 参与资格预审的工程承包单位，按照既定的文件模式及要求填制预审文件，并于规定的截止时间前将预审文件交送招标单位。

⑤ 招标人方面按既定的评审标准和时间对各份资格预审文件逐一进行评审，并写出评审报告。

⑥ 招标人方面根据评审报告，及时书面通知各家参与资格预审的工程承包单位是否取得了对该工程项目投标的资格。

(3) 投标人资格预审的具体评审方法。

资格审查方法分为合格制和有限数量制。一般情况下应当采用合格制，凡符合资格预审文件规定的资格条件的资格预审申请人，都可通过资格预审。潜在投标人过多的，可采用有限数量制，招标人应当在资格预审文件中载明资格预审申请人应当符合的资格条件、对符合资格条件的申请人进行量化的因素和标准，以及通过资格预审申请人的数额，但该数额不得少于九个，符合资格条件的申请人不足该数额的，不再进行量化，所有符合资格条件的申请人均视为通过资格预审。

资格预审结束后，招标人应当向通过资格预审的申请人发出资格预审通过通知书，告知获取招标文件的时间、地点和方法，并同时向未通过资格预审的申请人书面告知其资格预审结果。未通过资格预审的申请人不得参加投标。

通过资格预审的申请人不足三个的，依法必须招标项目的招标人应当重新进行资格预审或者不经资格预审直接招标。

资格预审应当按照资格预审文件规定的标准和方法进行。资格预审文件未规定的标准和方法，不得作为资格审查的依据。

① 由进行资格预审的评审班子拟定评审标准的重点一般是以下三个方面。

第一，参加预审单位当前的财务状况。财务状况关系到该工程承包单位是否有能力承担本项招标工程。对财务状况审查的关键在于承包额，一般要求受审工程承包单位近十年的总承包额为本招标工程标底的4～5倍；以承包额表示的最大承包能力应大于本招标工程的总价。

第二，受审单位的施工机械设备、工程技术人员、管理人员的数量及水平是否能满足本项招标工程的要求。

第三，受审单位过去履行类似性质工程合同的经验及完工情况是否与本项招标工程的需要相适应等。

由此可见，投标人资格预审的重点通常是财务状况、能力、经验这三大方面。一般在评审时，对这几大方面都规定有具体的数值标准。

② 采用一定的评审方法逐一进行评审。

投标人资格预审的评审方法，根据国际惯例通常采用“评分法”，即将资格预审要考虑的各种因素分类，将全部因素的总分定为100分，并确定其中每一类因素的分值，再制定出一个恰当的资格预审合格分数线，最后按一定规则具体计算各受审单位的评审总分。若其评审总分高于合格分数线(一般定为70分)且其中每一类因素的得分都高于该类因素最高分值的50%以上，同时，该受审单位资格预审文件应附的各种有关资信证明都齐备，应视视为“合格”；否则为“不合格”。

采用评分法评审投标人的资格一般需要按照表2-1进行。

表2-1 资格预审评分表

财务情况	30分
经验	30分
能力	30分 (其中：人员15分设施及设备15分)
机构及组织	10分
总分	100分

评审时，还须对表中每一类因素再作进一步的具体划分，并相应确定各项具体因素在该大类因素中所占的分值，以便能比较客观、科学、合理地评定各受审单位的总分值。

③ 投标人资格预审评审报告的编写。

投标人资格预审评审报告的编写，投标人资格预审的情况及结果，必须通过编制该项目投标人资格预审评审报告予以全面的反映。按照国际惯例，资格预审评审报告一般包括的主要内容有评审情况概述，评定标准，评定结果，对各受审单位的评定报告。

资格预审文件和招标文件的内容不得违反公开、公平、公正和诚实信用原则，以及法律、行政法规的强制性规定，否则违反部分无效。因部分无效影响资格预审正常进行的，依法必须对招标项目重新进行资格预审或者不经资格预审直接招标；影响招标投标活动正常进行的，依法招标项目必须重新招标。

5. 发售招标文件

招标文件的发售分两种情况。

建设工程项目公开招标时，拟参加投标的工程承包企业，一般须接受招标人对其资格的预审，通过资格预审，被通知“合格”，取得投标资格后，才能按规定的时间、地点、手续购买或领取招标文件。

工程项目邀请招标时，工程承包单位在收到业主的投标邀请信后，即可按业主规定的时间、地点、手续购买或领取招标文件。

招标人应当按资格预审公告、招标公告或者投标邀请书规定的时间、地点发出资格预审文件或者招标文件。自资格预审文件或者招标文件开始发出之日起至停止发出之日止，最短不得少于五个工作日。资格预审文件或者招标文件发出后，不予退还。

政府投资项目的资格预审文件、招标文件应当自发出之日起至递交资格预审申请文件或者投标文件截止时间止，以适当方式向社会公开，接受社会监督。

对资格预审文件或者招标文件的收费应当限于补偿印刷及邮寄等方面的成本支出，不得以营利为目的。

依法必须招标项目在资格预审文件或者招标文件停止发出之日止，获取资格预审文件的申请人少于三个的，招标人应当重新进行资格预审或者不经资格预审直接招标；获取招标文件的潜在投标人少于三个的，招标人应当重新招标。

6. 组织现场勘察并进行招标文件的澄清

为了方便投标人作投标报价，使其尽可能全面迅速地了解投标报价所需的工程场地、周边环境等相关现场信息资料，招标工作机构通常在发售招标文件后，按照招标文件中既定的时间，安排投标人现场勘察，向投标单位尽可能详细地介绍工程现场的地形、地貌；水文地质；气候气象；水、电、通信、交通；施工用地；可用临时设施等情况，并说明现场是否达到招标文件中规定的条件，向投标人作相关问题的答疑。

在提交投标文件的截止时间前，招标人可对已发出的招标文件进行必要的澄清或者修改。澄清或者修改的内容可能影响投标人编制投标文件的，招标人应当在提交投标文件截止时间至少十五日前，以书面形式通知所有获取招标文件的潜在投标人；不足15日的，招标人应当顺延提交投标文件的截止时间。

除因不可抗力或者其他非招标人原因取消招标项目外，招标人不得在发布资格预审公告、招标公告后或者发出投标邀请书后擅自终止招标。

终止招标的，招标人应当及时通过原公告媒介发布终止招标的公告，或者以书面形式通知被邀请投标人；已经发出资格预审文件或者招标文件的，还应当以书面形式通知所有已获取资格预审文件或者招标文件的潜在投标人，并退回其购买资格预审文件或者招标文件的费用；已提交资格预审申请文件或者投标文件的，招标人还应当退还资格预审申请文件、投标文件、投标保证金。

2.2.2 工程勘察设计招标程序

工程勘察设计招标程序如下所述。

(1) 招标人具备招标条件后，持项目审批部门批准的立项文件(其中包括对工程项目招标范围、招标方式和招标组织形式的核准意见书)和规划部门批准的规划意见书，及其他有关文件在发布招标公告或邀请书5个工作日前，到当地规划委招标投标办公室进行招标登记。受理人员于5个工作日内作出是否受理的决定，并对申报材料不合格的招标人一次性告知补正的全部材料。

(2) 招标方式分为公开招标和邀请招标。

(3) 依法必须进行招标的项目，全部使用国有资金投资或者国有资金投资占控股或占主导地位的，应当公开招标。

(4) 组织与建设规模相适应的工作班子或委托招标代理机构。

根据国家发改委5号令的要求，招标人自行办理招标事宜，应当具有编制招标文件和组织评标的能力，具体包括以下几个方面。

① 具有项目法人资格(或者法人资格)；

② 具有与招标项目规模和复杂程度相适应的工程技术、概预算、财务和工程管理等方面专业技术力量；

③ 有从事同类工程建设项目招标的经验；

④ 设有专门的招标机构或者拥有三名以上专职招标业务人员；

⑤ 熟悉和掌握《招标投标法》及有关法规规章。

⑥ 符合自行招标有关条件的，应委托招标代理机构办理招标事宜。

(5) 确定招标组织形式应提交的有关材料包括以下几种。

① 招标组织机构和专职招标业务人员的证明材料；

② 专业技术人员名单、职称证书或者执业资格证书及其工作经历的证明材料。同时

应提交办理此项目设计招标相关事宜的法人代表委托书；

③ 委托招标的，须提供招标方与委托代理机构签订的委托合同，并提供委托代理机构的资质证明材料。

(6) 发布招标公告或投标邀请书，主要有以下几点要求。

① 依法应进行招标的项目，招标人在发出招标公告或招标邀请书五个工作日前应当备案；

② 公开招标的项目，应填写勘察设计招标公告，招标公告可在建设工程发包承包交易中心信息网上向社会公布招标信息；

③ 招标人应当按招标公告或者投标邀请书规定的时间、地点出售招标文件或者资格预审文件。自出售之日起至停止出售之日止，最短不得少于五个工作日。

(7) 编制发售资格预审文件。

① 招标人对投标人进行资格预审的，应当根据建设工程的性质、特点和要求，编制资格预审的条件和方法，并在招标公告中载明；

② 公开招标的招标人拟限制投标人数量的，需要在招标公告中载明预审后的投标人数量。没有载明的，招标人不得限制符合资格预审条件的投标人投标。

(8) 确定合格投标人。

(1) 公开招标经资格预审后应选择不少于三个合格的投标人参加投标；

(2) 邀请招标可直接邀请不少于三个具有相应资质的投标人参加投标。

(9) 编制发售招标文件。

① 招标人或者招标代理机构应当根据招标项目的特点和需要编制招标文件；

② 招标文件编制完毕后，招标人应报送招标办审核，经五个工作日审核后，未提出异议的，招标人可以发出招标文件，如在五个工作日内被告知存在问题，招标人应对招标文件进行修改，经确认后再发出。招标人发出招标文件前，须提供一份合格或修改后合格的招标文件送招标办备案；

③ 招标人应当确定潜在投标人编制投标文件所需要的合理时间。依法必须进行勘察设计招标的项目，自招标文件开始发出之日起至投标人提交投标文件截止之日止，最短不得少于 20 日；

④ 招标人对已发出的招标文件进行必要的澄清或者修改的，应当在提交投标文件截止日期 15 日前以书面形式通知所有招标文件的收受人；

(10) 组织现场踏勘和答疑。对于潜在投标人在阅读招标文件和现场踏勘中提出的疑问，招标人可以书面形式或召开投标预备会的方式解答，但须同时将解答以书面形式通知所有招标文件收受人。该解答的内容为招标文件的组成部分。

(11) 接受投标文件。招标人在招标文件中规定的投标截止日期前接受投标人的投标文件，并检查密封情况。

(12) 组织评标委员会。

① 评标由招标人依法组建的评标委员会负责，评标委员会由招标人的代表和有关技术、经济等方面的专家组成，成员人数为五人以上单数，其中技术、经济等方面的专家不得少于成员总数的三分之二。评标专家应当从市规划委、市建委确定的专家名册或者建设工程招标代理机构的专家库中随机抽取确定人选。特殊项目的评标专家选取方式按照国家

和本市有关规定执行；

② 有以下情形之一的，不得担任评标委员会成员。

投标人或者投标人主要负责人的近亲属；项目主管部门或者行政监督部门的人员；与投标人有经济利益关系，可能影响对投标公正评审的；曾因在招标、评标以及其他与招标投标有关活动中从事违法行为而受过行政处罚或刑事处罚的；

③ 专家的抽取应在开标前两天进行；

④ 评标委员会成员的名单在中标结果确定前应当保密。

2.2.3 工程建设项目施工招标程序

1. 工程施工招标条件

工程施工招标人是依法提出施工招标项目、进行招标的法人或者其他组织。

依法必须招标的工程建设项目，应当具备下列条件才能进行施工招标。

(1) 招标人已经依法成立。

(2) 初步设计及概算应当履行审批手续的，已经批准。

(3) 招标范围、招标方式和招标组织形式等应当履行核准手续的，已经核准。

(4) 有相应资金或资金来源已经落实。

(5) 有招标所需的设计图样及技术资料。

2. 工程施工招标方式

工程施工招标方式分为公开招标和邀请招标。

依法必须进行施工招标的工程建设项目，按工程建设项目审批管理规定，凡应报送项目审批部门审批的，招标人必须在报送的可行性研究报告中将招标范围、招标方式、招标组织形式等有关招标内容报项目审批部门核准。

国务院发展计划部门确定的国家重点建设项目和各省、自治区、直辖市人民政府确定的地方重点建设项目，以及全部使用国有资金投资或者国有资金投资占控股或主导地位的工程建设项目，应当公开招标；有下列情形之一的，经批准可以进行邀请招标。

(1) 项目技术复杂或有特殊要求，只有少量几家潜在投标人可供选择的。

(2) 受自然地域环境限制的。

(3) 涉及国家安全、国家秘密或者抢险救灾，适宜招标但不宜公开招标的。

(4) 公开招标的费用与项目的价值相比，不值得的。

(5) 法律、法规规定不宜公开招标的。

国家重点建设项目的邀请招标，应当经国务院发展计划部门批准；地方重点建设项目的邀请招标，应当经各省、自治区、直辖市人民政府批准。

全部使用国有资金投资或者国有资金投资占控股或主导地位的并需要审批的工程建设项目的邀请招标，应当经项目审批部门批准，但项目审批部门只审批立项的，由有关行政监督部门审批。

需要审批的工程建设项目，有下列情形之一的，由规定的审批部门批准，可以不进行施工招标。

(1) 涉及国家安全、国家秘密或者抢险救灾而不适宜招标的。

(2) 属于利用扶贫资金实行以工代赈需要使用农民工的。

(3) 施工主要技术采用特定的专利或者专有技术的。

(4) 施工企业自建自用的工程，且该施工企业资质等级符合工程要求的。

(5) 在建工程追加的附属小型工程或者主体加层工程，原中标人仍具备承包能力的。

(6) 法律、行政法规规定的其他情形。

不需要审批但依法必须招标的工程建设项目，有前款规定情形之一的，可以不进行施工招标。

采用公开招标方式的，招标人应当发布招标公告，邀请不特定的法人或者其他组织投标。依法必须进行施工招标项目的招标公告，应当在国家指定的报刊和信息网络上发布。

采用邀请招标方式的，招标人应当向3家以上具备承担施工招标项目的能力、资信良好的特定的法人或者其他组织发出投标邀请书。

招标公告或者投标邀请书应当至少载明下列内容。

(1) 招标人的名称和地址。

(2) 招标项目的内容、规模、资金来源。

(3) 招标项目的实施地点和工期。

(4) 获取招标文件或者资格预审文件的地点和时间。

(5) 对招标文件或者资格预审文件收取的费用。

(6) 对投标人的资质等级的要求。

招标人应当按招标公告或者投标邀请书规定的时间、地点出售招标文件或资格预审文件。自招标文件或者资格预审文件出售之日起至停止出售之日止，最短不得少于五个工作日。

招标人可以通过信息网络或者其他媒介发布招标文件，通过信息网络或者其他媒介发布的招标文件与书面招标文件具有同等法律效力，但出现不一致时以书面招标文件为准。招标人应当保持书面招标文件原件的完好。

对招标文件或者资格预审文件的收费应当合理，不得以营利为目的。对于所附的设计文件，招标人可以向投标人酌收押金；对于开标后投标人退还设计文件的，招标人应当向投标人退还押金。

招标文件或者资格预审文件售出后，不予退还。招标人在发布招标公告、发出投标邀请书后或者售出招标文件或资格预审文件后不得擅自终止招标。

3. 资格审查

招标人可以根据招标项目本身的特点和需要，要求潜在投标人或者投标人提供满足其资格要求的文件，对潜在投标人或者投标人进行资格审查；法律、行政法规对潜在投标人或者投标人的资格条件有规定的，依照其规定。

资格审查分为资格预审和资格后审。

资格预审，是指在投标前对潜在投标人进行的资格审查。

资格后审，是指在开标后对投标人进行的资格审查。

进行资格预审的，一般不再进行资格后审，但招标文件另有规定的除外。

采取资格预审的，招标人可以发布资格预审公告。资格预审公告适用有关招标公告的规定。

采取资格预审的，招标人应当在资格预审文件中载明资格预审的条件、标准和方法；采取资格后审的，招标人应当在招标文件中载明对投标人资格要求的条件、标准和方法。

招标人不得改变载明的资格条件或者以没有载明的资格条件对潜在投标人或者投标人进行资格审查。

经资格预审后，招标人应当向资格预审合格的潜在投标人发出资格预审合格通知书，告知是获取招标文件的时间、地点和方法，并同时向资格预审不合格的潜在投标人告知资格预审结果。资格预审不合格的潜在投标人不得参加投标。

经资格后审不合格的投标人的投标应作废标处理。

资格审查应主要审查潜在投标人或者投标人是否符合下列条件。

(1) 具有独立订立合同的权力。

(2) 具有履行合同的能力，包括专业、技术资格和能力，资金、设备和其他物质设施状况，管理能力，经验、信誉和相应的从业人员。

(3) 没有处于被责令停业，投标资格被取消，财产被接管、冻结，破产状态。

(4) 在最近三年内没有骗取中标和严重违约及重大工程质量问题。

(5) 法律、行政法规规定的其他资格条件。

资格审查时，招标人不得以不合理的条件限制、排斥潜在投标人或者投标人，不得对潜在投标人或者投标人实行歧视待遇。任何单位和个人不得以行政手段或者其他不合理方式限制投标人的数量。

4. 招标代理

招标人符合法律规定的自行招标条件的，可以自行办理招标事宜。任何单位和个人不得强制其委托招标代理机构办理招标事宜。

招标代理机构应当在招标人委托的范围内承担招标事宜。招标代理机构可以在其资格等级范围内承担下列招标事宜。

(1) 拟订招标方案，编制和出售招标文件、资格预审文件。

(2) 审查投标人资格。

(3) 编制标底。

(4) 组织投标人踏勘现场。

(5) 组织开标、评标，协助招标人定标。

(6) 草拟合同。

(7) 招标人委托的其他事项。

招标代理机构不得无权代理、越权代理，不得明知委托事项违法而进行代理。

招标代理机构不得接受同一招标项目的投标代理和投标咨询业务；未经招标人同意，不得转让招标代理业务。

工程招标代理机构与招标人应当签订书面委托合同，并按双方约定的标准收取代理费；国家对收费标准有规定的，依照其规定收取费用。

5. 招标文件

招标人根据施工招标项目的特点和需要编制招标文件。招标文件一般包括下列内容。

(1) 投标邀请书。

(2) 投标人须知。

(3) 合同主要条款。

(4) 投标文件格式。

(5) 采用工程量清单招标的，应当提供工程量清单。

(6) 技术条款。

(7) 设计图样。

(8) 评标标准和方法。

(9) 投标辅助材料。

招标人应当在招标文件中规定实质性要求和条件，并用醒目的方式标明。

招标人可以要求投标人在提交符合招标文件规定要求的投标文件外，提交备选投标方案，但应当在招标文件中作出说明，并提出相应的评审和比较办法。

招标文件规定的各项技术标准应符合国家强制性标准。

招标文件中规定的各项技术标准均不得要求或标明某一特定的专利、商标、名称、设计、原产地或生产供应者，不得含有倾向或者排斥潜在投标人的其他内容。如果必须引用某一生产供应者的技术标准才能准确或清楚地说明拟招标项目的技术标准时，则应当在参照后面加上“或相当于”的字样。

施工招标项目需要划分标段、确定工期的，招标人应当合理划分标段、确定工期，并在招标文件中载明。对工程技术上紧密相连、不可分割的单位工程不得分割标段。

招标人不得以不合理的标段或工期限制或者排斥潜在投标人或者投标人。

招标文件应当明确规定评标时除价格以外的所有评标因素，以及如何将这些因素量化或者据以进行评估。

在评标过程中，不得改变招标文件中规定的评标标准、方法和中标条件。

招标文件应当规定一个适当的投标有效期，以保证招标人有足够的时间完成评标和与中标人签订合同。投标有效期从投标人提交投标文件截止之日起计算。

在原投标有效期结束前，出现特殊情况的，招标人可以书面形式要求所有投标人延长投标有效期。投标人同意延长的，不得要求或被允许修改其投标文件的实质性内容，但应当相应延长其投标保证金的有效期；投标人拒绝延长的，其投标失效，但投标人有权收回其投标保证金。因延长投标有效期造成投标人损失的，招标人应当给予补偿，但因不可抗力需要延长投标有效期的除外。

施工招标项目工期超过 12 个月的，招标文件中可以规定工程造价指数体系、价格调整因素和调整方法。

招标人应当确定投标人编制投标文件所需要的合理时间；但是，依法必须进行招标的项目，自招标文件开始发出之日起至投标人提交投标文件截止之日止，最短不得少于 20 日。

招标人根据招标项目的具体情况，可以组织潜在投标人踏勘项目现场，向其介绍工程场地和相关环境的有关情况。潜在投标人依据招标人介绍情况作出的判断和决策，由投标人自行负责。

招标人不得单独或者分别组织任何一个投标人进行踏勘现场。

对于潜在投标人在阅读招标文件和踏勘现场中提出的疑问，招标人可以书面形式或召开投标预备会的方式解答，但需同时将解答以书面方式通知所有购买招标文件的潜在投标人。该解答的内容为招标文件的组成部分。招标人可根据项目特点决定是否编制标底。编制标底的，标底编制过程和标底必须保密。

招标项目编制标底的，应根据批准的初步设计、投资概算，依据有关计价办法，参照有关工程定额，结合市场供求状况，综合考虑投资、工期和质量等方面的因素合理确定。

标底由招标人自行编制或委托中介机构编制。一个工程只能编制一个标底。

任何单位和个人不得强制招标人编制或报审标底，或干预其确定标底。招标项目可以不设标底，进行无标底招标。

2.2.4 材料设备采购招标程序

材料招标流程图如图 2.2 所示。

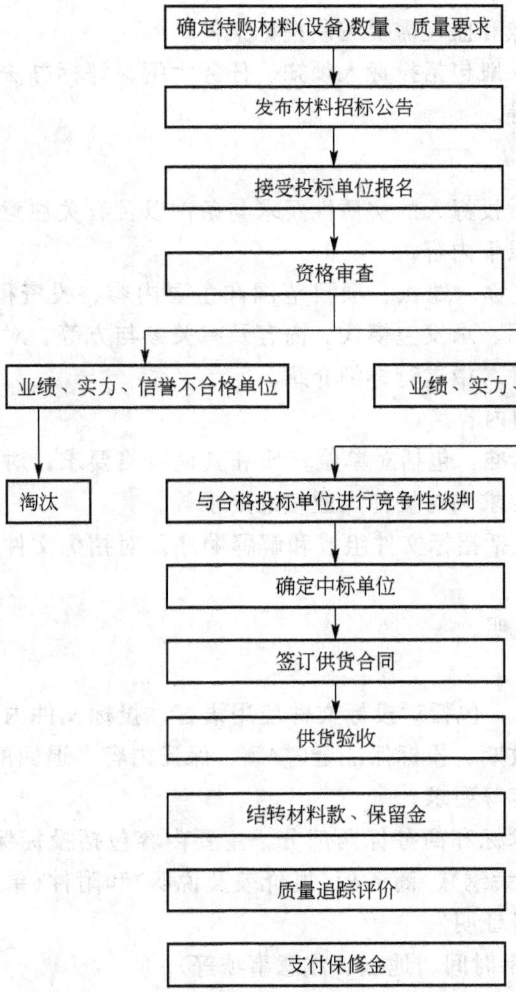

图 2.2 材料招标流程图

对材料(设备)的采购本着质优价廉的原则进行。特制定如下程序。

(1) 建设单位、造价咨询单位、监理单位组成招标小组进行市场调研和考察工作。

(2) 造价咨询单位根据施工蓝图计算所需材料(设备)数量、规格型号；负责对招标文件的格式、报价要求、评标标准等内容进行审查和修改。

(3) 监理单位根据施工要求确定所需材料(设备)质量的技术、质量标准。

(4) 材料(设备)招标小组在市场调研询价的基础上根据招标文件要求选择2～3家作重点考察，对考察结果写出考察分析报告。

评标有材料(设备)招标小组负责。其评标委员会由建设单位、造价咨询单位、监理单位等方面的人员组成，成员人数为5人以上。

(5) 评标委员会对各供应商的报价、考察分析报告认真比较评议。评议后提出书面评标报告，并确认合格的中标人和材料(设备)价格。

2.2.5 工程监理及设备监理招标

招标人根据招标项目的特点和监理需要编制招标文件。

在具体实务中，招标文件一般包括投标人须知、任务大纲、评标办法和标准、主要合同条件、项目技术文件、附件等。

1. 投标人须知

投标人须知是表明招标人对投标人的实质性要求与条件以及有关注意事项，用于指导投标人投标的文件。一般包括以下内容。

(1) 项目概况，包括项目名称、地点、项目范围和主要内容、投资概算或合同金额、资金来源及落实情况、工期目标、承发包模式、内容及有关参与方等。对大型而复杂程度高的项目，可在“项目技术文件”中进行详细介绍。

(2) 委托设备监理的范围和内容。

(3) 对投标人资格审查的标准，包括对单位资质和其他资格要求，对总监理工程师的资格要求，对其他监理人员的要求和对投标人业绩的要求等。

(4) 对招标文件的说明。包括招标文件组成和解释顺序及对招标文件澄清、修改或补充的规定。

(5) 对勘察现场和答疑的说明。

(6) 对投标报价的说明。

(7) 对投标文件的编制要求，包括对投标文件使用语言、投标文件内容、投标文件的递交(数量、包装等)、投标有效期、投标保证金(数额、保证内容、退回的条件和时间等)和无效投标或不合格投标的规定等要求。

投标文件一般可以分为技术标和商务标两部分，主要内容包括投标保证书(承诺函)、投标书综合说明、技术标(监理大纲)、商务标(报价表及说明)和附件(单位、总监理工程师及主要监理人员资格、经历等证明)。

(8) 开标的要求和说明(包括时间、地点、注意事项等)。

(9) 评标的要求和说明(包括程序、方式、有关事项等)。

(10) 定标原则。

(11) 与中标人签订合同的说明。

(12) 其他说明和要求。

2. 任务大纲

任务大纲是招标人对监理单位提出的提供设备工程监理服务的实质性要求，明确监理范围、内容、职责及所期望的结果(目标)，充分体现了招标人对监理服务的需求和期望。

任务大纲是投标人响应招标、编制技术标(监理大纲)和准备投标的重要技术依据，一般包括以下内容。

1) 监理服务的范围

监理服务的范围可以归纳为监理对象、监理要素和与监理有关的其他服务。

(1) 监理对象主要包括以下内容。

① 项目名称、实施地点。

② 项目任务及承担项目任务的承包商(应明确是制造项目任务还是安装施工项目任务，必要时还应明确阶段)。

③ 由多个承包商完成的项目中，各承包商之间的合同界面关系。

(2) 监理要素指的是对承包商的工作满足合同要求的哪些约束性条件(行为)实施监督管理，一般包括质量、进度、造价、安全及与监理服务有关的其他内容。

2) 监理服务的内容

监理服务的内容指的是监理范围内对承包商的合同履行行为(主要是质量、进度、造价、安全行为)进行监督管理的具体工作及其职责。

3) 监理服务的目标

监理服务的目标是指明确监理单位提供监理服务要达到什么样的结果。

4) 对保证监理服务质量的要求

这里主要包括对总监理工程师及主要监理人员的资格和技能要求，对监理人员配置和驻现场的要求，对监理设施和监督检查手段的要求和对监理成果交付的要求等。

5) 配合事项

为使监理人员顺利完成监理任务，招标人所能提供的配合事项。如现场监理人员必要的生活、工作设施，监理所需的项目技术资料(包括技术文件、图样等)等。

3. 评标标准与方法

评标标准就是中标条件，由招标人关注的各要素及其权重组成，一般分为技术标标准和商务标标准。

评标方法就是如何评出中标人的方法，包括评标委员会的组建、评标程序、评标细则、中标人的确定办法等。

(1) 技术标和商务标标准。

(2) 评标委员会组成说明，包括专家人数、专业要求、职业道德要求和其他有关说明。

(3) 评标程序一般包括评标前准备工作、初评、澄清投标文件、中标人(或中标候选人)的确定、提交书面评标报告。

(4) 评标细则指评标标准和评审方法。

(5) 中标人的确定方法。

4. 主要合同条件

典型的设备监理合同包括协议书、通用条件和专用条件三部分。

2.2.6 工程招标的要求

招标项目按照国家有关规定需要履行项目审批手续的，应先履行手续，取得批准。建设项目的实施必须符合国家制定的基本建设管理程序，按照有关建设法规的规定，工程项目的初步设计完成后，才可以进行施工招标。向有关建设行政主管部门申请施工招标时，应满足建设法规规定的业主单位的资质能力条件和项目的施工准备条件。

2.2.7 工程招标的法律责任

1.《招标投标法》及其配套法规介绍

《招标投标法》于1999年8月30日经九届全国人大常委会第十一次会议通过，并于2000年1月1日起实施。《招标投标法》是规范招标投标行为的基本法，也是规范市场行为的重要法律。它的颁布和实施，是我国公共领域交易方式的改革，是深化投融资体制改革的一项重要的举措。

《招标投标法》颁布实施后，国务院有关部门陆续颁布了一系列招投标配套法规，如《自行招标试行办法》、《评标委员会和评标办法的暂行规定》、《招标公告发布暂行办法》等，2009年又进行了《中华人民共和国招标投标法实施条例(征求意见稿)》进行公开征求意见，上述法规共同构成了我国招标投标法律体系最重要的部分。

《招标投标法》及其配套法规对我国招投标工作作出了重大变革，主要表现在以下几个方面。

(1) 规定了强制招标制度及其范围和规模标准。

《招标投标法》规定了强制招标制度及其范围，直接体现了立法的目的，这是重大的法律进步。强制招标的范围不仅涵盖面宽，而且着眼于“工程建设项目”，是包括勘察、设计、施工、监理到重要设备、材料采购在内的项目建设全过程招标。

《工程建设项目招标范围和规模标准规定》明确了强制招标项目的具体规模标准，使得工程招投标工作更加有法可依。

(2) 规定了项目稽查制度。

(3) 大力强调招标投标活动应当遵循“三公和诚信”原则。

《招标投标法》强调招标投标活动应当遵循公开、公平、公正的原则，是保证择优选择承包单位、保障工程建设顺利完成的前提和基础，也是我国建筑市场与国际惯例接轨必不可少的要求。诚实信用原则被誉为债法的最高原则，是所有市场行为均应遵守的准则，其在招投标领域内的推行将大大促进招投标市场的健康、良性发展。

(4) 招标人独立自主招标，但必须接受行政监督。

(5) 确立了公开招标和邀请招标两种招标方式，把议标招标排除在外。

公开招标和邀请招标这两种招标方式比较规范，符合国际惯例，已为人们广泛接受。

议标至今仍有很大争议，实践中存在的问题比较多，“暗箱操作”现象严重。因此，《招标投标法》没有规定议标。

(6) 确立了招标人自行招标和招标代理机构代理招标两种制度，明确了招标代理机构的性质、条件，认定办法和行为规范。

(7) 确立了招标投标一般规则。

我国招标投标环节存在的问题，除应当招标而不招标或者以不正当手段规避招标外，比较突出的问题有：假招标，走形式，走过场；有关行政部门对招标投标过程乱干涉；招标人对投标人提出不合理的要求，限制公平竞争；招标人泄露有关招投标情况；投标人的串标行为；评委会评标过程不公正等。针对这些问题，招投标相关法规均作出了较为明确的规定，例如，先履行审批手续，取得批准，并落实资金来源；招标人不得以不合理的条件限制或者掩护潜在的投标人，不得对潜在投标人实行歧视待遇；招标文件不得要求或者标明特定的生产供应者以及含有倾向或者排斥潜在投标人的其他内容；招标不得向他人透露已获得招标文件的潜在投标人的名称、数量以及可能影响公平竞争的有关招标投标的其他情况，招标人设有标底的，标底必须保密等。

(8) 投标人不得以低于成本的报价竞标。

(9) 明确规定开标、评标、中标的原则。

为了防止有人利用投标截止后至开标前的时间对已提交的投标文件作弊，按照国际上通行的做法，法律规定开标时间和招标文件中确定的提交投标文件截止时间是同一时间，开标地点应在招标文件中预先确定，并规定由投标人或者其推选的代表或委托的公正机构对投标文件的密封情况进行检查。

为规范中标工作，明确了两种中标原则：综合评价最佳原则和最低价中标原则，并作出了一定限制。为了促使中标人履行合同，《招标投标法》借鉴国际上通行的做法，规定中标人提交履约保证金以作为履行合同的担保，中标人若不提交，投标人可没收其投标保证金。

(10) 明确规定了招标人确定中标人的方法。

招标人只能选择排名第一的中标候选人作为中标人。对于使用国有资金投资和国际融资的项目，如排名第一的投标人因不可抗力不能履行合同，自行放弃中标或没按要求提交保证金的，招标人可以选取排名第二的中标候选人作为中标人，依次类推。

(11) 未对标底作强制性规定，标底的作用得以淡化。

(12) 重申了中标的项目不得转包和违法分包。

《招标投标法》明确规定中标人应当按照合同约定履行义务，完成中标项目，不得向他人转让中标项目，也不得将中标项目分解后分别向他人转让。中标人按照合同约定或者经招标人同意，可以将中标项目的部分非主体、非关键工作分包给他人完成。接受分包的人应当具备相应的资格条件，并不得再次分包。

2. 招标投标交易主体的一般权利和义务

招标投标作为当事人之间达成一致协议的一种交易方式，必然包括交易主体，即招标人和投标人。某些情况下，还可能包括他们的代理人，即招标投标的代理机构。这三者共同构成了招标投标活动的参加人和招标投标法律关系的基本主体。

1) 招标人的权利和义务

招标人是采用招标方式进行工程招标的法人和其他社会组织。招标人享有的权利一般包括：依法自行组织招标或者委托招标代理机构进行招标；自由选定招标代理机构；委托招标代理机构招标时，可以参与整个招标过程，其代表可以进入评标委员会；要求投标人提供有关资质情况的资料。与此同时，招标人应该履行下列义务：不得侵犯投标人的合法权益；委托招标代理机构进行招标时，应当向其提供招标所需的有关资料并支付委托费；对接受招标投标管理机构的监督管理等。下列既是招标人的权利同时又是招标人的义务：核验招标代理机构和投标人的资质证明情况资料；根据评标委员会推荐的候选人确定中标人；与中标人签订并履行合同等。

2）投标人的权利和义务

投标人是按照招标文件的规定参加投标竞争的承包商。投标人参加投标，必须首先具备履行合同的能力和条件，包括与招标文件要求相适用的人力、物力和财力，以及招标文件要求的资质、工作经验和业绩等。

投标人享有的权利一般包括：平等地获得招标信息；要求招标人或者招标代理机构对招标文件的有关问题进行答疑；招投标过程中的合法知情权；平等地享有依法中标地权利等。与此同时，投标人应该履行下列义务：保证所提供投标文件的真实性；按招标人或招标代理机构的要求对投标文件的有关问题进行答疑；提供投标保证金或其他形式的担保；履行配合业主要求进行符合性投标的义务；不得违法转让或分包合同等。下列既是投标人的权利同时又是投标人的义务：根据招标文件的规定做现场踏勘工作；对投标文件的合法解析权；中标后与招标人签订并履行合同；控告、检举招标过程中的违法行为等。

3）招标代理机构的权利和义务

招标代理机构，在我国是独立核算、自负盈亏的从事招标代理业务的社会中介组织。招标代理机构必须具备依法取得法定的招标代理资质等级证书，并依据其招标投标代理资质等级从事相应的招标代理业务。招标投标代理机构受招标人或投标人的委托开展招标投标代理活动，其行为对招标人或投标人产生效力。作为一种民事代理人，招标投标代理机构享有的权利包括：组织和参与招标投标活动；依据招标文件规定，审查投标人的资质；按照规定标准收取招标代理费用；招标人或投标人授予的其他权利等。招标代理机构也应该履行相应的义务：维护招标人和投标人的合法权益；组织编制、解析招标文件或投标文件；接受招标投标管理机构和招标投标协会的指导、监督等。

3. 招标投标过程和有关合同法律制度

招投标过程是招标投标双方相互选择和确定，最后依法签订承发包合同的过程，因此必须接受相关合同法律法规的制约。民法学理论认为，合同成立的一般程序从法律上可以分为要约和承诺两个阶段，而招标投标是当事人双方经过要约和承诺两阶段订立合同的一种竞争性程序。

分析招标投标过程中的要约邀请、要约和承诺的目的，是为了让招标投标双方进一步明确其在招标投标过程中所承担的权利、义务关系，明确自己在招标投标过程中承担的法律责任，尽量不要违反法律规定以有利于招标投标的健康、有序进行。

招标是订立合同的一方当事人(招标人)通过一定方式，公布一定的标准和条件，向公众发出的以订立合同为目的的意思表示。招标人可以向相对的几个潜在投标人发出招标的意思表示，通过投标邀请书的方式将自己的意思表示给相对的人；也可以向不特定的潜在投标人发出招标的意思，通过招标公告的方式完成这种意思表示。前者为邀请招标，招标人的选择范围有限；后者为公开招标，招标人的选择范围较大。

关于招标的法律性质，通常认为，由于招标只提出招标条件和要求，并不包括合同的全部主要内容，标底不能公开，因而招标一般属于要约引诱的性质，即要约邀请，不具有要约的效力。因为从合同法律制度的角度来看，承诺生效时合同成立，对当事人双方均具有法律约束力。而实际上投标人的投标行为对招标人是没有法律约束力的，它只是限制投标人在投标有效期内遵守招标投标的有关规定，招标人并不负有一定要与投标人签订合同的义务，即使要签订合同也只能与其中一个即中标人签订合同，由此可见，招标并不具有要约的效力。

投标是投标人按照招标人提出的要求，在规定期间内向招标人发出的以订立合同为目的的意思表示。就法律性质而言，投标属于要约，因此应具备要约的条件并发生要约的效力(行为人需要为自己的行为承担一定的法律后果)，就出现了要约的生效和要约有效期(投标有效期)的概念。投标文件送达招标人后，到招标文件内载明的投标人密封报送标书的截止日期起生效，同时使招标人取得承诺的资格。但招标人没有必须与某一个投标人订约的义务，招标人在投标不符合要求时可以废除全部投标，不与投标人中的任何一个订约。发生这种情况的主要原因有：最低评标价大大超过标底或者合同估价，招标人无力接受投标；所有的投标人在实质性上均未响应招标文件的要求；投标人少于三家，没有达到预期的竞争性。

对于投标人的生效，有人认为与要约生效一样采取到达主义。我们不认同这个观点，因为根据有关规定，投标人在投标截止日期之前，可以通过书面形式向招标人提出修改或者撤销已提交的投标文件，而且不须承担任何责任，只有在投标截止日至投标有效期终止日之间，投标人撤回或者撤销投标文件，招标人才能没收其投标保证金。由此可见投标书这种特殊形式的要约不是到达招标人时开始生效，而是到招标文件内确定的投标人密封报送标书的截止日期起开始生效。

如何确定投标的有效期，一直存在争议。由于我国有关法律无明文规定，因此在实践中便出现多种情况：有的到中标通知日止，这种规定的问题在于，若中标人不履行与招标人签订合同的义务，则招标人无法用没收投标保证金的方式来限制投标人，使得合同按约签订的比率大大减小；有的到合同签订日止，这样的规定会给招标人很大的随意活动的区间，不会抓紧时间尽快与中标人签订合同；有的到投标截止日后多少日止等。一般来说，为了明确招标投标各方当事人的权利义务，应明确规定投标有效期应从招标文件内规定的招标人接受投标人密封报送标书的截止日期起至招标文件规定的一个有效期止。这样的规定，有利于约束招标人在投标有效期内，抓紧时间，认真评标，择优选定中标人，尽快订立合同，防止在评标和审批中举棋不定，无休止地争论和拖延，以保护投标人的利益，也有利于约束投标人在投标有效期内，保证不随意变更或撤销投标。

投标有效期的长短由招标人确定，基本要求是要能保证在开标后有足够的时间进行评标、上报审批、中标人收到中标通知。一般少则几天，多则几十天不等。投标生效后，遇到下列情形之一，投标失效，投标人不再受其约束：投标人不符合招标文件的要求；投标有效期届满；投标人终止，如死亡、解散、被撤销或宣告破产等。

关于定标，通常认为，定标是招标人从投标人中确定中标人。从法律性质上看，中标通知书即招标人对投标人的承诺，它是一种法律行为，行为人要承担一定的法律后果。但是，招标人的定标也可以是不完全同意投标人的条件，需要与中标人就合同的主要内容进一步谈判、协商。此时，招标只是选定合同相对人的方式，定标不能视为承诺。一般认为，为了保证竞争的公平性，中标人的选定意味着招标人对该投标人的条件完全同意，双方当事人的意思表示完全一致，合同即告成立(承诺生效之日起合同即告成立)。

关于中标通知书的生效，与合同法律制度所确定的承诺生效不太一样，合同法律制度规定承诺生效采取“到达主义”，即承诺通知到达原要约人时生效。而根据招投标法律规范的规定，中标通知书的生效采取的是“发送主义”，即中标通知书发出即生效。

2.3 工程招标材料的编制

进行工程招标，需要按照有关要求，编写相关文本材料，包括：招标公告、招标文件的编制等。

2.3.1 工程招标公告的编制

我国规定，依法应当公开招标的工程，必须在主管部门指定的媒介上发布招标公告。

招标公告的发布应当充分公开，任何单位和个人不得非法限制招标公告的发布地点和发布范围。指定媒介发布依法必须发布的招标公告，不得收取费用，但发布国际招标公告的除外。招标公告应当载明招标人的名称和地址、招标工程项目的性质、数量、实施地点和时间、投标截止日期以及获取招标文件的办法等事项。招标人或其委托的招标代理机构应当保证招标广告的真实、准确和完整。拟发布的招标公告文本应当由招标人或其委托的招标代理机构的主要负责人签名并加盖公章。招标人或其委托的招标代理机构发布招标公告，应当向指定的媒体提供营业执照(或法人证书)、项目批准文件的复印件等证明文件。

我国国家计委指定发布招标公告的媒介为《中国日报》、《中国经济导报》、《中国建设报》和中国采购与招标网。国际招标项目的招标公告应在《中国日报》发布。地方的有形建筑市场也可以在自己的网络发布招标公告。在两个以上媒介发布的同一招标项目的招标公告，其内容应当相同。

建设部推荐采用的招标公告范本如下。

招 标 公 告

(采用资格预审方式)

招标工程项目编号：________________

1. (招标人名称)的(招标工程项目名称)，已由(项目批准机关名称)批准建设。现决定对该项目的工程施工进行公开招标，选定承包人。

2. 本次招标工程项目的概况如下：

(1) (说明招标工程项目的性质、规模、结构类型、招标范围、标段及资金来源和落实情况等)。

(2) 工程建设地点为：________________________。

(3) 计划开工日期为：________年____月____日，计划竣工日期为：________年____月____日，工期为____日历天。

(4) 工程质量要求符合(《工程施工质量验收规范》)标准。

3. 凡具备承担招标工程项目的能力并具备规定的资格条件的施工企业，均可对上述(一个或者多个)招标项目(标段)向招标人提出资格预审申请，只有资格预审合格的投标申请人才能参加投标。

4. 投标申请人须是具备建设行政主管部门核发的(建筑业企业资质类别、资质等级)级以上的资质或者其他组织。自愿组成联合体的各方均应具备承担招标工程项目的相应资质条件；相同专业的施工企业组成的联合体，按照资质等级低的施工企业的业务许可范围承担工程。

5. 投标申请人可从(地点和单位名称)处获得资格预审文件，时间为____年____月____日至________年____月____日，每天上午____时____分至____时____分，下午____时____分至____时____分(公休日、节假日除外)。

6. 资格预审文件每套售价为(币种，金额，单位)，售后不退。如需邮购，可以书面形式通知招标人，并另加邮费每套(币种，金额，单位)。招标人在收到邮购款后____日内，以快递方式向投标申请人寄送资格预审文件。

7. 资格预审申请书封面上应该清楚地注明“(招标工程项目名称和标段名称)投标申请人资格预审申请书”字样。

8. 资格预审申请书须密封后，于________年____月____日____时____分以前送至________处，逾期送达的或不符合规定的资格预审申请书将被拒绝。

9. 资格预审结果将及时告知投标申请人，并预计于________年____月____日发出资格预审通知书。

10. 凡资格预审合格的投标申请人，请按照资格预审合格通知书中确定的时间、地点和方式获取招标文件及有关资料。

招标人：________________________________

办公地址：________________________________

邮政编码：__________联系电话：__________

传真：______________联系人：__________

招标代理机构：________________________

办公地址：________________________________

邮政编码：__________联系电话：__________

传真：______________联系人：__________

日期：________年____月____日

《招标投标法》规定：招标人采用邀请招标方式的，应由招标人或其委托的招标代理机构向三个以上具备承担招标项目的能力、资信良好的特定的法人或者其他组织发出投标邀请书。邀请书的内容与招标公告大同小异。

投标邀请书应当载明招标人的名称和地址、招标项目的性质、数量、实施地点和时间以及获取招标文件的办法等事项。

建设部推荐采用的投标邀请书范本如下。

投标邀请书

(采用资格预审方式)

招标工程项目编号：

致：(投标人名称)

1. (招标人名称)的(招标工程项目名称)，已由(项目批准机关名称)批准建设。现决定对该项目的工程施工进行公开招标，选定承包人。

2. 本次招标工程项目的概况如下：

(1)(说明招标工程项目的性质、规模、结构类型、招标范围、标段及资金来源和落实情况等)。

(2)工程建设地点为：________________。

(3)计划开工日期为：____年__月__日，计划竣工日期为：____年__月__日，工期为__日历天。

(4)工程质量要求符合(《工程施工质量验收规范》)标准。

3. 如你方对本工程上述(一个或者多个)招标项目(标段)感兴趣，可向招标人提出资格预审申请，只有资格预审合格的投标申请人才有可能被邀请参加投标。

4. 请你方从(地点和单位名称)处获得资格预审文件，时间为____年__月__日至____年__月__日，每天上午__时__分至__时__分，下午__时__分至__时__分(公休日、节假日除外)。

5. 资格预审文件每套售价为(币种，金额，单位)，售后不退。如需邮购，可以书面形式通知招标人，并另加邮费每套(币种，金额，单位)。招标人在收到邮购款后__日内，以快递方式向投标申请人寄送资格预审文件。

6. 资格预审申请书封面上应该清楚地注明“(招标工程项目名称和标段名称)投标申请人资格预审申请书”字样。

7. 资格预审申请书须密封后，于____年__月__日__时__分以前送至________处，逾期送达的或不符合规定的资格预审申请书将被拒绝。

8. 资格预审结果将及时告知投标申请人，并预计于____年__月__日发出资格预审通知书。

9. 凡资格预审合格的投标申请人，请按照资格预审合格通知书中确定的时间、地点和方式获取招标文件及有关资料。

招标人：
办公地址：
邮政编码：　　　　　　联系电话：
传真：　　　　　　　　联系人：
招标代理机构：
办公地址：
邮政编码：　　　　　　联系电话：
传真：　　　　　　　　联系人：
日期：____年__月__日

2.3.2 工程招标文件的编制

《招标投标法》规定：招标人应当根据招标项目的特点和需要编制招标文件。招标文件应当包括招标项目的技术要求、对投标人资格审查的标准、投标报价要求和评标标准等所有实质性要求和条件以及拟签订合同的主要条款。国家对招标项目的技术、标准有规定的，招标人应当按照其规定在招标文件中提出相应的要求。

招标项目需要划分标段、确定工期的，招标人应当合理划分标段、确定工期，并在招标文件中载明。

《招标投标法》规定：招标文件不得要求或者标明特定的生产供应者以及含有倾向或者排斥潜在投标人的其他内容。

1. 对招标人拟定招标文件的原则和要求

招标人在拟订建设工程项目的招标文件时必须遵循相关的法规及国际惯例，本着尽力维护自身经济利益和本国主权的基本原则，力求按照内容全面、条件合理、标准明确、文字规范简练等基本要求做好招标文件的拟定工作。

1）内容全面

编制建设工程招标文件，首先必须注意文件内容的系统和完整，应当根据国际惯例和现行的政策规定，对工程项目招标投标工作中需涉及的所有问题都予以细致、周密的规定，最大限度地为投标人提供编制该项工程投标报价所需的全部资料和要求。招标文件只有内容全面，才能确保该项工程招标投标各项工作的进行有据可依。

2）条件合理

条件合理主要是指招标文件中的合同条件应当具有合理性，符合国际惯例，有利于比较公正地维护各方的经济利益。

合同条件是对业主、承包商、工程师的权利、责任、义务的具体规定。一般包括通用条件和专业条件两大部分。

通用条件，是指对某一类工程都是用的条件，如FIDIC《土木施工合同条件》第一部分“通用条件”适用于各种类型的土木工程(像一般的工业与民用房屋建筑、公路、桥梁、港口、铁路等)施工。它对于合同中使用的有关名词的定义和解释、工程师及工程师代表、转让与分包、合同条件、一般义务、劳务、材料、工程设备和工艺、暂停施工、开工和延误、缺陷责任、变更、增添与省略、索赔程序、承包商的设备、临时工程和材料、计量、暂定金额、指定分包商、证书和支付、补救措施、特殊风险、解除合同、争端的解决、通知、业主的违约、费用和法规的变更、货币、汇率等问题进行规定。

专用条件是指考虑各个国家和地区的法律法规的不同，根据某项目的特点和业主的具体要求，对通用条件中不符合本项目要求的或未包括本项目要求的条件进行修改、补充，形成适用于某一项目的特殊条件。其作用在于使通用条件中的某些条款具体化。

总之，合同条件是工程承发包双方监理经济关系的法律基础，是承包人计算工程投标报价的根本依据，招标人在制定合同条件时不能过于苛刻，不能造成对人和有资格投标的承包商的歧视，既应力求做到最大限度地采用国际通用的标准合同条件(如FIDIC合同条件)，并保证合同条件在应用和解释中的一致性，又应实事求是、因项目制宜、比较公正地规定承发包双方的权利和义务，合理地处理承发包双方的经济利益关系。

3）标准明确

标准明确是要求招标人在编制招标文件时，对下列事项或问题的标准必须予以明确地规定。

(1) 投标人应具备的资格标准。

(2) 工程的地点、内容、规模、费用项目划分、分部分项工程划分及其工程量计算标准。

(3) 工程的主要材料、设备的技术规格和质量及工程施工技术的质量标准、工程验收标准。

(4) 投标人投标报价的价格形成及标书使用的标准语言。

(5) 投标有效期及可以参加开标的完整、合格的投标书标准。

(6) 投标保证金、履约保证金等标准。

(7) 合同签订及履行过程中承发包双方有关奖惩标准。

(8) 有关优惠标准。

(9) 各种货币支付的百分比标准。

(10) 投标文件文本应包括的内容、资料及其具体格式，报送投标文件的时间、份数等有关标准。

(11) 招标人评标及授予合同的基本标准等。

以上事项和问题都是关系到招标投标工作成败，影响工程承发包双方经济利益的根本性问题。招标人对这些重要问题的标准规定绝不能有含混不清、模棱两可之处，而应努力使之明白、正确，以便投标人一目了然，据以顺利提出合理的投标报价。

4) 文字规范简练

根据国际惯例，国际工程承发包市场上的建设工程招标文件所使用的语言应为国际商业通用语言，即英文、法文、西班牙文三者之一，并以该种文字为准。若根据世界银行1985年底发出的一项规定，招标人可以在以英文、法文、西班牙文发出招标文件以外，同时发出本国文字的招标文件，但只有本国的投标人才能够选择使用本国文字投标。

由于建设工程招标文件设计的内容很广、条款繁多、篇幅较长，稍有疏漏就会出现时间、人力、经济等方面不同程度的浪费，因此，编制建设工程招标文件对文字方面的要求很高，一定要注意字斟句酌、言简意赅、文字准确而不含糊，并且高度简练。这样才可以最大限度地减少工程招标投标全部工作中承发包双方地矛盾、争议、纠纷，保障合同文件顺利地付诸实施。

5) 内容统一

招标文件所包括的众多内容应力求统一，尽量减少和避免相互矛盾，招标文件的矛盾会为承包人创造索赔的机会。

2. 招标文件的编制和发售

招标文件一方面作为建筑产品需求者的建设单位(招标人)向潜在的生产者——承包商详细阐明其购买意图的一系列文件，也是投标人对招标人的意图作出响应、编制投标书的客观依据。另一方面，招标文件是签订工程合同的基础。很多招标文件的内容会成为合同文件的组成部分。尽管在招标过程中招标人也有可能对招标文件进行补充和修改，但基本内容不会改变。

1) 招标文件的组成和编制

招标文件由招标人或其委托的招标代理机构编制，依照国际惯例，结合中国实际，住建部制定的《房屋建筑和市政基础设施工程施工招标文件范本》规定包括下列几部分内容。

第一章　投标须知前附表及投标须知：1)总则；2)招标文件；3)投标文件的编制；4)投标文件的递交；5)开标；6)评标；7)合同的授予。

第二章　合同条款：1)通用条款；2)专用条款。

第三章　合同文件格式：1)合同协议书；2)房屋建筑工程质量保修书；3)承包人银行履约保函；4)承包人履约担保书；5)承包人预付款银行保函；6)发包人工程款支付担保书。

第四章 工程建设标准。

第五章 图样。

第六章 工程量清单。

第七章 投标文件投标函部分格式。

第八章 投标文件商务部分格式。

第九章 投标文件技术部分格式。

第十章 资格审查申请书格式。

具体内容如下。

(1) 投标须知。投标须知前附表是以表格形式表现的投标须知内容的简要概览，用以帮助投标人对招标人要求其在投标过程中必须履行的手续和应遵守的规则，同时，也是了解投标须知详细内容的索引，见表 2-2。

表 2-2 投标须知前附表

项号	条款号	内容	说明与要求
1	1.1	工程名称	
2	1.1	建设地点	
3	1.1	建设规模	
4	1.1	承包方式	
5	1.1	质量标准	
6	2.1	招标范围	
7	2.2	工期要求	____年___月___日计划开工，____年___月___日计划竣工 施工总工期：___日历天
8	3.1	资金来源	
9	4.1	投标人资质等级要求	
10	4.2	资格审查方式	
11	13.1	工程报价方式	
12	15.1	投标有效期	为___日历天(从投标截止之日算起)
13	16.1	投标担保金额	不少于投标总价的___%或___(币种，金额，单位)
14	5.1	踏勘现场	集合时间：____年___月___日___时___分集合地点：
15	17.1	投标人的替代方案	
16	18.1	投标文件份数	一份正本，___份副本
17	21.1	投标文件提交地点及截止时间	收件人：____地点：____ 时间：____年___月___日___时___分
18	25.1	开标	地点：___ 开始时间：____年___月___日___时___分

续表

项号	条款号	内　　容	说明与要求
19	33.4	评标方法及标准	
20	38.3	履约担保金额	投标人提供的履约担保金额为________ (合同价款的____%或____币种，____金额，____单位) 招标人提供的支付担保金额为____ (合同价款的____%或____币种，____金额，____单位)

投标须知正文，包括下列详细内容。

(一) 总　　则

1. 工程说明

1.1　本招标工程项目说明详见须知前附表第1项至第5项。

1.2　本招标工程项目按照《招标投标法》等有关法律、行政法规和部门规章，通过招标方式选定承包人。

2. 招标范围及工期

2.1　本招标工程项目的范围详见须知前附表第6项。

2.2　本招标工程项目工期要求详见须知前附表第7项。

3. 资金来源

3.1　本招标工程项目资金来源详见投标须知前附表第8项，其中部分资金用于本工程项目施工合同项下的合格支付。

4. 合格的投标人

4.1　投标人资质等级要求详见投标须知前附表第9项。

4.2　投标人合格条件详见本招标工程施工招标公告或投标邀请书。

4.3　本招标工程项目采用投标须知前附表第10项所述的资格审查方式确定合格投标人。

4.4　当采用资格后审方式时，投标人在提交的投标文件中须包括资格后审资料。

4.5　由两个以上施工企业组成一个联合体以一个投标人身份共同投标时，除要符合4.1、4.2的要求外，还应符合下列要求：

4.5.1　投标人的投标文件及中标后签署的合同协议书对联合体各方均具有法律约束力。

4.5.2　联合体各方应签订共同投标协议，明确约定各方拟承担的工作和责任，并将该共同投标协议与投标文件一并提交招标人。

4.5.3　联合体各方不得再以自己的名义单独投标，也不得同时参加两个或两个以上的联合体投标，出现上述情况者，其投标和与此有关的联合体的投标将被拒绝。

4.5.4　联合体中标后，联合体各方应当共同与招标人签订合同，为履行合同向招标人承担连带责任。

4.5.5　联合体各方应共同推荐一名联合体主办人，由联合体各方提交一份授权书，证明其主办人资格，该授权书作为投标文件的组成部分一并提交招标人。

4.5.6 联合体的主办人应被授权作为联合体各方代表，承担责任和接受指令，并负责整个合同的全面履行和接受本工程款的支付。

4.5.7 除非另有规定说明，本投标须知中"投标人"一词也指联合体各方。

5. 踏勘现场

5.1 招标人将按本须知前附表第14项所述的时间，组织投标人对工程现场和周围环境进行踏勘，以便投标人获取有关编制投标文件和签署合同所涉及现场的资料，投标人承担踏勘现场所发生的自身费用。

5.2 招标人向投标人提供的有关现场的数据资料，是招标人现有的能被投标人利用的资料，招标人对投标人作出的任何推论、理解和结论均不负责任。

5.3 经招标人允许，投标人可为踏勘目的进入招标人的项目现场，但是投标人不得因此使招标人承担有关责任和蒙受损失。投标人应承担踏勘现场的责任和风险。

6. 投标费用

6.1 投标人应承担其参加本招标活动自身发生的费用。

(二) 招标文件

7. 招标文件组成

7.1 招标文件包括下列内容

7.1.1 投标须知前附表及投标须知。

7.1.2 合同条款。

7.1.3 合同文件格式。

7.1.4 工程建设标准。

7.1.5 图样。

7.1.6 工程量清单。

7.1.7 投标文件投标函部分格式。

7.1.8 投标文件商务部分格式。

7.1.9 投标文件技术部分格式。

7.1.10 资格审查申请书格式(用于资格后审)。

7.2 除7.1内容外，招标人在提交投标文件截止时间____天前，以书面形式发出的对招标文件的澄清或修改内容，均为招标文件的组成部分，对招标人和投标人起约束作用。

7.3 投标人获取招标文件后，应仔细检查招标文件的所有内容，如有残缺等问题应在获得招标文件三日内向招标人提出，否则，由此引起的损失由投标人自己承担。投标人同时应该认真审阅招标文件中所有的事项、格式、条款和规范要求等，若投标人的投标文件没有按招标文件要求提交全部资料，或投标文件没有对招标文件做出实质性响应，其风险由投标人自行承担，并根据有关条款规定，该投标有可能被拒绝。

7.4 当投标人退回图样时，图样押金将同时退还给投标人(不计利息)。

8. 招标文件的澄清

8.1 投标人若对招标文件有任何疑问，应于投标截止日期前____日以书面形式向招标人提出澄清要求，送至(地点和单位名称)无论是招标人根据需要主动对招标文件进行必要的澄清，或者是根据投标人要求对招标文件做出澄清，招标人都将于投标截止日期前____日以书面形式予以澄清，同时将书面澄清文件向所有投标人发送。投标人在收到该澄清文件后应于____日内，以书面形式给予确认，该答复作为招标文件的组成部分，具有约束作用。

9. 招标文件的修改

9.1　招标文件发出后，在提交招标文件截止时间____日前，招标人可对招标文件进行必要的澄清和修改。

9.2　招标文件的修改将以书面形式发送给所有的投标人，投标人应于收到该修改文件后____日内以书面形式给予确认。招标文件的修改内容作为招标文件的组成部分，具有约束作用。

9.3　招标文件的澄清、修改、补充等内容均以书面形式明确的内容为准。当招标文件、招标文件的澄清、修改、补充等在同一内容表述上不一致时，以最后发出的书面文件为准。

9.4　为使投标人在编制投标文件时有充分的时间对招标文件的澄清、修改、补充等内容进行研究，招标人将酌情延长提交投标文件的截止时间，具体时间将在招标文件的修改、补充通知中予以明确。

(三) 投标文件的编制

10. 投标文件的语言及度量衡单位

10.1　投标文件和与投标有关的所有文件均应使用(语言文字)。

10.2　除工程规范另有规定外，投标文件使用的度量衡单位，均采用中华人民共和国法定计量单位。

11. 投标文件的组成

11.1　投标文件由投标函部分、商务部分和技术部分三部分组成，采用资格后审的还应包括资格审查文件。

11.2　投标函部分主要包括下列内容。

11.2.1　法定代表人身份证明书。

11.2.2　投标文件签署授权委托书。

11.2.3　投标函。

11.2.4　投标函附录。

11.2.5　投标担保银行保函。

11.2.6　投标担保书。

11.2.7　招标文件要求投标人提交的其他投标资料。

11.3　商务部分主要包括下列内容。

11.3.1　采用综合单价形式的包括：

(1) 投标报价说明。

(2) 投标报价汇总表。

(3) 主要材料清单报价表。

(4) 设备清单报价表。
(5) 工程量清单报价表。
(6) 措施项目报价表。
(7) 其他项目报价表。
(8) 工程量清单项目价格计算表。
(9) 投标报价需要的其他资料。
11.3.2　采用工料单价形式的包括：
(1) 投标报价的要求。
(2) 投标报价汇总表。
(3) 主要材料清单报价表。
(4) 设备清单报价表。
(5) 分部工程工料价格计算表。
(6) 分部工程费用计算表。
(7) 投标报价需要的其他资料。
11.4　技术部分主要包括下列内容。
11.4.1　施工组织设计或施工方案。
(1) 各分部分项工程的主要施工方法。
(2) 工程投入的主要施工机械设备情况、主要施工机械进场计划。
(3) 劳动力安排计划。
(4) 确保工程质量的技术组织措施。
(5) 确保安全生产的技术组织措施。
(6) 确保文明施工的技术组织措施。
(7) 确保工期的技术组织措施。
(8) 施工总平面图。
(9) 有必要说明的其他内容。
11.4.2　项目管理机构配备
(1) 项目管理机构配备情况表。
(2) 项目经理简历表。
(3) 项目技术负责人简历表。
(4) 其他辅助说明资料。
(5) 拟分包项目名称和分包人情况。
11.5　资格预审更新资料或资格审查申请书(如系资格后审)。
11.5.1　资格审查申请书包括：
(1) 投标人一般情况。
(2) 年营业额数据表。
(3) 近三年竣工的工程一览表。
(4) 目前在建工程一览表。
(5) 近三年财务状况表。
(6) 联合体状况表。

(7) 类似工程经验。

(8) 现场条件类似的施工经验。

(9) 招标人要求提交的其他资料。

12. 投标文件格式

12.1　投标文件必须包括本须知第 11 条中规定的内容，投标人提交的投标文件应当使用招标文件所提供的投标文件全部格式(表格可以按同样格式扩展)。

13. 投标报价

13.1　本工程的投标报价采用本须知前附表第 11 项所规定的方式。

13.2　投标报价为投标人在投标文件中提出的各项支付金额的总和。

13.3　投标人的投标报价，应是完成本须知第 2 条和合同条款上所列招标工程范围及工期的全部，不得以任何理由予以重复，作为投标人计算单价或总价的依据。

13.4　采用综合单价报价的，除非招标人对招标文件进行修改，投标人应按招标人提供的工程量清单中列出的工程项目和工程量填报单价和合价。每一项目只允许有一个报价。任何有选择的报价将不予接受。投标人未填单价或合价的工程项目，在实施后，招标人将不予以支付，并视为该项费用已包括在其他有价款的单价或合价内。

13.5　采用工料单价报价的，应按招标文件的要求，依据相应的工程量计算规则和定额等计价依据计算报价。

13.6　本招标工程的施工地点为本须知前附表第 2 项所述，除非合同中另有规定，投标人在报价中所报的单价和合价，以及投标报价汇总表中的价格均包括完成该项目的成本、利润、税金、开办费、技术措施费、大型机械进出场费、风险费、政策文件规定费用等所有费用。

13.7　投标人可先到工地踏勘以充分了解工地位置、情况、道路、储存空间、装卸限制及任何其他足以影响承包价的情况，任何因忽视或误解工地情况而导致的索赔或工期延长申请将不被批准。

14. 投标货币

14.1　本工程投标报价采用的币种为：________________。

15. 投标有效期

15.1　投标有效期见本须知前附表第 12 项所规定的期限，在此期限内，凡符合本招标文件要求的投标文件均保持有效。

15.2　在特殊情况下，招标人在原定的投标有效期内，可以根据需要以书面形式向投标人提出延长投标有效期的要求，对此要求投标人须以书面形式予以答复。投标人可以拒绝招标人这种要求，而不被没收投标保证金。同意延长投标有效期的投标人既不能要求也不允许修改其投标文件，但需要相应的延长投标担保的有效期，在延长的投标有效期内，本须知第 16 条关于投标担保的退还与没收的规定依然适用。

16. 投标担保

16.1　投标人应在提交投标文件的同时，按有关规定提交本须知前附表第 13 项所规定数额的投标担保，并作为其投标文件的组成部分。

16.2　投标人应按要求提交投标担保，并采用下列任何一种形式。

16.2.1　投标保函应为在中国境内注册并经招标人认可的银行出具的银行保函，或具有担保资格和能力的担保机构出具的担保书。银行保函的格式，应按照担保银行提供的格式提供；担保书的格式，应按照招标文件中所附格式提供。银行保函或担保书的有效期应在投标有效期满后 28 天内继续有效。

16.2.2 投标保证金，包括以下几种。

(1) 银行汇票。

(2) 支票。

(3) 现金。

16.3 对于未能按要求提交投标担保的投标，招标人将视为不响应招标文件而予以拒绝。

16.4 未中标的投标人担保将按照本须知第 15 条招标人规定的投标有效期或经投标人同意延长的投标有效期期满后________日内予以退还(不计利息)。

16.5 中标人的投标担保，在中标人按本须知第 36 条规定签订合同并按本须知第 37 条规定提交履约担保后三日内予以退还(不计利息)。

16.6 如投标人发生下列情况之一时，投标担保将被没收。

(1) 投标人拒绝按本须知第 32 条规定修正标价。

(2) 中标人未能在规定的期限内提交履约担保或签订合同协议。

17. 投标人的替代方案

17.1 投标人所提交的投标文件应满足招标文件的要求，除非本须知前附表第 15 项中允许投标人提交替代方案，否则替代方案将不予考虑。如果允许投标人提交替代方案，则执行本须知第 17.2 款的规定。

17.2 如果本须知前附表第 15 项中允许投标人提交替代方案，则投标人除提交正式投标文件外，还应按照招标文件要求提交替代方案。替代方案应包括设计计算书、技术规范、单价分析表、替代方案报价书、所建议的施工方案等满足评审需要的全部资料。

18. 投标文件的份数和签署

18.1 投标人应按本须知前附表第 16 项规定的份数提交投标文件。

18.2 投标文件的正本和副本均须打印或使用不退色的蓝、黑墨水笔书写，字迹应清晰易于辨认，并应在投标文件封面的右上角清楚地注明“正本”或“副本”。正本和副本如有不一致之处，以正本为准。

18.3 投标文件封面、投标函均应加盖投标人印章并经法定代表人或其委托代理人签字或盖章。由委托代理人签字或盖章的投标文件中须同时提交投标文件签署授权委托书。投标文件签署授权委托书格式、签字、盖章及内容均应符合要求，否则投标文件签署授权委托书无效。

18.4 除投标人对错误之处须修改外，全套投标文件应无涂改或行间插字和增删。如有修改，修改处应由投标人加盖投标人的印章或由投标文件签字人签字或盖章。

(四) 投标文件的提交

19. 投标文件的装订、密封和标记

19.1 投标文件的装订要求：______________________________。

19.2 投标人应将所有投标文件的正本和所有副本分别密封，并在密封袋上清楚地标明“正本”或“副本”。

19.3 在内层和外层投标文件密封袋上均应：

19.3.1 写明招标人名称和地址。

19.3.2 注明下列识别标志：

(1) 招标工程编号。

(2) 工程名称。

(3) ________年____月____日____时____分开标，此时间以前不得开封。

19.4 除了按本须知第19.2款和第19.3款所要求的识别字样外，在内层投标文件密封袋上还应写明投标人的名称与地址、邮政编码，以便本须知第22条规定情况发生时，招标人可按内层密封袋上标明的投标人地址将投标文件原封退回。

19.5 如果投标文件没有按本投标须知第19.1款、第19.2款和第19.3款规定装订和加写标记及密封，招标人将不承担投标文件提前开封的责任。对由此造成的提前开封的投标文件将予以拒绝，并退还给投标人。

19.6 所有投标文件的内层密封袋的封口处应加盖投标人印章，所有投标文件的外层密封袋的封口处应加盖密封章。

20. 投标文件的提交

20.1 投标人应按本须知前附表第17项所规定的地点，于截止时间前提交投标文件。

21. 投标文件提交的截止时间

21.1 投标文件的截止时间见本须知前附表第17项规定。

21.2 招标人可按本须知第9条规定以修改补充通知的方式，酌情延长提交投标文件的截止时间。在此情况下，投标人的所有权利和义务以及投标人受制约的截止时间，均以延长后新的投标截止时间为准。

21.3 到投标截止时间止，招标人收到的投标文件少于三个的，招标人将依法重新组织招标。

22. 迟交的投标文件

22.1 招标人在本须知第21条规定的投标截止时间以后收到的投标文件，将被拒绝并退回给投标人。

23. 投标文件的补充、修改与撤回

23.1 投标人在提交投标文件后，在规定的投标截止时间之前，可以以书面形式补充修改或撤回已提交的投标文件，并以书面形式通知招标人。补充、修改的内容为投标文件的组成部分。

23.2 投标人对投标文件的修改、补充，应按本须知第19条有关规定密封、标记和提交，并在内外层投标文件密封袋上清楚标明“补充、修改”或“撤回”字样。

23.3 在投标截止时间之后，投标人不得补充或修改投标文件。

24. 资格预审申请书材料的更新

24.1 投标人在提交投标文件时，如资格预审申请书中的内容发生重大变化，投标人须对其更新，以证明其仍能满足资格预审评审标准，并且所提供的材料是经过确认的。如果在评标时投标人已经不能达到资格评审标准，其投标将被拒绝。

(五) 开　　标

25. 开标

25.1 招标人按本须知前附表第18项所规定的时间和地点公开开标，并邀请所有投标人参加。

25.2 按规定提交合格的撤回通知的投标文件不予开封，并退回给投标人；按本须知第26条规定确定为无效的投标文件，不予送交评审。

25.3 开标程序包括以下几个方面。

(1) 开标由招标人主持。

(2) 由投标人或其推选的代表检查投标文件的密封情况，也可以由招标人委托公证机构检查并公证。

(3) 经确认无误后，由有关工作人员当众拆封，宣读投标人名称、投标价格和投标文件的其他主要内容。

25.4 招标人在招标文件要求提交投标文件的截止时间前收到的投标文件，开标时都应当众予以拆封、宣读。

25.5 招标人对开标过程进行记录，并存档备查。

26. 投标文件的有效性

26.1 开标时，投标文件出现下列情形之一的，应当作为无效投标文件，不得进入评标。

(1) 投标文件未按照本须知第19条的要求装订、密封和标记的。

(2) 本须知第11条规定的投标文件有关内容未按本须知第18.3款规定加盖投标人印章或未经法定代表人或其委托代理人签字或盖章的，由委托代理人签字或盖章的，但未与投标文件一起提交有效的“授权委托书”原件的。

(3) 投标文件的关键内容字迹模糊、无法辨认的。

(4) 投标人未按照招标文件的要求提供投标保证金或者投标保函的。

(5) 组成联合体投标的，投标文件未附联合体各方共同投标协议的。

26.2 招标人将有效投标文件，交评标委员会进行评审、比较。

(六) 评　　标

27. 评标委员会与评标

27.1 评标委员会由招标人依法组建，负责评标活动。

27.2 开标结束后，开始评标，评标采用保密方式进行。

28. 评标过程的保密

28.1 开标后，直至授予中标人合同为止，凡属于对投标文件的审查、澄清、评价和比较有关的资料以及中标候选人的推荐情况，与评标有关的其他任何情况均严格保密。

28.2 在投标文件的评审和比较、中标候选人推荐以及授予合同的过程中，投标人向招标人和评标委员会施加影响的任何行为，都将会导致其投标被拒绝。

28.3 中标人确定后，招标人不对未中标人就评标过程以及未能中标原因作出任何解释。未中标人不得向评标委员会组成人员或其他有关人员询问评标过程的情况和材料。

29. 资格后审(如采用时)

29.1 根据招标公告或投标邀请书的要求采取资格后审的，在评标前对投标人进行资格审查，审查其是否有能力和条件有效地履行合同义务。如投标人未达到招标文件规定的能力和条件，其投标将被拒绝，不进行评审。

30. 投标文件的澄清

30.1 为有助于投标文件的审查、评价和比较，评标委员会可以以书面形式要求投标人对投标文件含义不明确的内容作必要的澄清或说明，投标人应采用书面形式进行澄清或说明，但不得超出投标文件的范围或改变投标文件的实质性内容。根据本须知第32条规定，凡属于评标委员会在评标中发现的计算错误并进行核实的修改不在此列。

31. 投标文件的初步评审

31.1 开标后，经招标人审查符合本须知第26条有关规定的投标文件，才能提交评审委员会进行评审。

31.2 评标时，评标委员会将首先评定每份投标文件是否在实质上响应了招标文件的要求。所谓实质上响应，是指投标文件应与招标文件的所有实质性条款、条件和要求相符，无显著差异或保留，或者对合同中约定的招标人的权利和投标人的义务方面造成重大的限制，纠正这些显著差异或保留将会对其他实质上响应招标文件要求的投标文件的投标人的竞争地位产生不公正的影响。

31.3 如果投标文件实质上不响应招标文件的各项要求，评标委员会将予以拒绝，并且不允许投标人通过修改或撤销其不符合要求的差异或保留，使之成为具有响应性的投标。

32. 投标文件计算错误的修正

32.1 评标委员会将对确定为实质上响应招标文件要求的投标文件进行校核，看其是否有计算或表达上的错误，修正错误的原则如下：

(1) 如果数字表示的金额和用文字表示的金额不一致时，应以文字表示的金额为准；

(2) 当单价与数量的乘积与合价不一致时，以单价为准，除非评标委员会认为单价有明显的小数点错误，此时应以标出的合价为准，并修改单价。

32.2 按上述修正错误的原则及方法调整或修正投标文件的投标报价，投标人同意后，调整后的投标报价对投标人起约束作用。如果投标人不接受修正后的报价，则其投标将被拒绝并且其投标担保也将被没收，并不影响评标工作。

33. 投标文件的评审、比较和否决

33.1 评标委员会将按照本须知第31条规定，仅对在实质上响应招标文件要求的投标文件进行评估和比较。

33.2 在评审过程中，评标委员会可以以书面形式要求投标人就投标文件中含义不明确的内容进行书面说明并提供相关资料。

33.3 评标委员会依据本须知前附表第19项规定的评标标准和方法，对投标文件进行评审和比较，向招标人提出书面评标报告，并推荐合格的中标候选人。招标人根据评标委员会提出的书面评标报告和推荐的中标候选人确定中标人，也可以授权评标委员会直接确定中标人。

33.4 评标方法和标准主要有以下几种。

(1) 综合评估法，即最大限度地满足招标文件中规定的各项综合评价标准，将报价、施工组织设计、质量保证、工期保证、业绩与信誉等赋予不同的权重，用打分或折算货币的方法，评出中标人。

(2) 经评审的最低投标价法，即能满足招标文件的实质性要求，选择经评审的最低投标价格(投标价格低于成本的除外)的投标人为中标人。

(3) 其他方法。

33.5 评标委员会经评审，认为所有投标都不符合招标文件要求的，可以否决所有的投标。所有投标被否决后，招标人应当依法重新招标。

(七) 合同的授予

34. 合同授予标准

34.1 本招标工程的施工合同将授予按本须知第 33.3 款所确定的中标人。

35. 招标人拒绝投标的权利

35.1 招标人不承诺将合同授予报价最低的投标人。招标人在发出中标通知书前，有权依据评标委员会的评标报告拒绝不合格的投标。

36. 中标通知书

36.1 中标人确定后，招标人将于 15 日内向工程所在地的县级以上地方人民政府建设行政主管部门提交施工招标情况的书面报告。

36.2 建设行政主管部门自收到书面报告之日起 5 日内，未通知招标人在招标投标过程中有违法行为的，招标人将向中标人发出中标通知书。

36.3 招标人将在发出中标通知书的同时，将中标结果以书面形式通知所有未中标的投标人。

37. 合同协议书的签订

37.1 招标人与中标人将于中标通知书发出之日起 30 日内，按照招标文件和中标人的投标文件订立书面工程施工合同，招标人和中标人不得再行订立背离合同实质性内容的其他协议。

37.2 招标人如不按本投标须知第 37.1 款的规定与中标人订立合同，或者招标人、中标人订立背离合同实质性内容的协议，应改正并处以合同金额的____的罚款。

37.3 中标人如不按本投标须知第 37.1 款的规定与招标人订立合同，则招标人将废除授标，投标担保不予退还，给招标人造成的损失超过投标担保数额的，还应当对超过部分予以赔偿，同时依法承担相应的法律责任。

37.4 中标人应当按照合同约定履行义务，完成中标项目施工，不得将中标项目施工转让(转包)给他人。

38. 履约担保

38.1 合同协议书签署后____天内，中标人应按本投标须知前附表第 20 项规定的金额向招标人提交履约担保，履约担保可使用本招标文件第 3 章中提供的格式。

38.2 若中标人不能按本须知第 38.1 款的规定执行，招标人将有充分的理由解除合同，并没收其投标保证金，给招标人造成的损失超过投标担保数额的，还应当对超过部分予以赔偿。

38.3　招标人要求中标人提交履约担保时，招标人也将在中标人提交履约担保的同时，按本须知前附表第20项规定的金额向中标人提供同等数额的工程款支付担保。支付担保须使用本招标文件第3章中提供的格式。

2）招标文件的发售

资格预审合格的投标单位(采用资格后审方式时所有申请投标的单位)可按招标公告规定的时间和地址从招标人处获取招标文件。招标人对发出的招标文件依法可酌收工本费。对设计文件可收取押金；开标后退还设计文件，再将押金退还。投标人要求邮寄招标文件的，应交纳邮寄费用；招标单位应以最快捷和安全的方式将招标文件寄送给投标人。

3）招标文件范本的利用

招标文件的范本在推进我国招投标工作中起到重要作用，在使用“范本”编制具体工程项目的招标文件时，通用文件和标准条款不需做任何改动，只须根据招标文件的具体情况，对投标须知前附表、协议条款以及技术规范、工程量清单、投标书附录等部分重新进行编写，加上招标图纸即构成一套完整的招标文件。

全部使用国有资金投资或国有资金投资为主的建设工程项目必须采用工程量清单计价方式进行招标用其他资金投资的建设工程项目提倡采用工程量清单计价方式进行招标，在编写招标文件时就必须编制工程量清单。工程量清单是根据招标文件中包括的、有合同约束力的图纸以及有关工程量清单的国家标准、行业标准、合同条款中约定的工程量计算规则编制。

工程量清单应依据以下内容编制。

(1) GB 50500—2008《建设工程工程量清单计价规范》。

(2) 国家或省级、行业建设主管部门颁发的计价依据和办法。

(3) 建设工程设计文件。

(4) 建设工程项目有关的标准、规范、技术资料。

(5) 招标文件及其补充通知、答疑纪要。

(6) 施工现场情况、工程特点及常规施工方案。

(7) 其他相关资料。

工程量清单应由分部分项工程量清单、措施项目清单、其他项目清单、规费项目清单、税金项目清单组成。

工程量清单中的每一个子目须填入单价或价格，且只允许有一个报价。

工程量清单中标价的单价或金额，应包括所需人工费、施工机械使用费、材料费、其他(运杂费、质检费、安装费、缺陷修复费、保险费，以及合同明示或暗示的风险、责任和义务等)，以及管理费、利润等。

工程量清单中投标人没有填入单价或价格的子目，其费用视为已分摊在工程量清单中其他相关子目的单价或价格之中。

3. 工程招标中涉及的主要表单

1）工程量清单表

工程量清单表见表2-3。

表 2-3 工程量清单表

序号	编码	子目名称	内容描述	单位	数量	单价	合价
本页报价合计：							

2）计日工表

（1）劳务表见表 2-4。

表 2-4 劳　　务

编号	子目名称	单位	暂定数量	单价	合价

劳务小计金额：________________

（计入“计日工汇总表”）

（2）材料表见表 2-5。

表 2-5 材　　料

编号	子目名称	单位	暂定数量	单价	合价

材料小计金额：________________

（计入“计日工汇总表”）

（3）施工机械见表 2-6。

表 2-6 施 工 机 械

编号	子目名称	单位	暂定数量	单价	合价

施工机械小计金额：________________

（计入“计日工汇总表”）

(4) 计日工汇总表见表2-7。

表2-7　计日工汇总表

名称	金额	备注
劳务		
材料		
施工机械		

计日工总计：______________

(计入“投标报价汇总表”)

3) 暂估价表

(1) 材料暂估价表见表2-8。

表2-8　材料暂估评表

序号	名称	单位	数量	单价	合价	备注

(2) 工程设备暂估价表见表2-9。

表2-9　工程设备暂估价表

序号	名称	单位	数量	单价	合价	备注

(3) 专业工程暂估价表见表2-10。

表2-10　专业工程暂估价表

序号	专业工程名称	工程内容	金额
小计：			

4）投标报价汇总表

投标报价汇总表见表2-11。

表2-11 投标报价汇总表

__________（项目名称）__________标段

汇总内容	金额	备注
……		
……		
……		
……		
……		
……		
……		
……		
……		
……		
汇总		
……		
……		
清单小计 A		
包含在清单小计中的材料、工程设备暂估价 B		
专业工程暂估价 C		
暂列金额 E		
包含在暂列金额中的计日工 D		
暂估价 F＝B＋C		
规费 G		
税金 H		
投标报价　P＝A＋C＋E＋G＋H		

进行工程量清单计价方式招标的工程要依据规范编制招标控制价，招标控制价应根据下列依据编制：

(1) GB 50500—2008《建设工程工程量清单计价规范》。

(2) 国家或省级、行业建设主管部门颁发的计价定额和计价办法。

(3) 建设工程设计文件及相关资料。

(4) 招标文件中的工程量清单及有关要求。

(5) 与建设项目相关的标准、规范、技术资料。

(6) 工程造价管理机构发布的工程造价信息；工程造价信息没有发布的参照市场价。

(7) 相关资料。

在清单计价招标中，中标人通常由招标控制价和成本价来确定，一般要求不能超过控制价且不能低于成本价。

本章小结

招标投标的程序大致可以分为招标阶段、投标阶段、评标与决标阶段、签约及履约阶段。而招标过程可粗略划分为招标准备阶段、招标投标阶段和决标成交阶段。

招标工作机构通常由决策人、专业技术人员、助理人员三类人员组成，我国招标工作机构主要有业主单位负责有关招标的全部工作、由政府主管部门设立“招标领导小组”或“招标办公室”之类的机构统一处理招标工作、专业化的招标代理机构受建设(业主)单位的委托承办招标的技术性和事务性工作这三种形式。

工程招标投标的分类多种多样，按照不同的标准可以进行不同的分类。《工程建设项目招标范围和规模标准规定》中对必须招标的范围作出了进一步细化的规定。

工程招标有公开招标、邀请招标、议标、综合性招标和国际竞争性招标等不同种方式，但是《招标投标法》中明确的只有两种招标方式，即公开招标和邀请招标。招标方法分为两种，即传统的招标方法和工程经理分阶段管理的招标方法，传统的招标方法又分为一阶段招标法和两阶段招标法两种。

招标人具有编制招标文件和组织评标的能力的，可以自行办理招标事宜，向有关行政监督部门进行备案即可。如果招标单位不具备上述要求，则需委托具有相应资质的中介结构代理招标。

招标人应当根据招标项目的特点和需要编制招标文件。招标文件应当包括招标项目的技术要求、对投标人资格审查的标准、投标报价要求和评标标准等所有实质性要求和条件以及拟签订合同的主要条款。国家对招标项目的技术、标准有规定的，招标人应当按照其规定在招标文件中提出相应的要求。

习　　题

一、名词解释

公开招标　邀请招标　自行招标　招标代理

二、填空题

1. 招标投标程序中，招标过程按阶段可以粗略分为________、________和________。

2.《招标投标法》中明确的两种招标方式是________和________。

3. 招标公告包括________和________两种形式，

4. 招标单位自行办理招标事宜的，应当建立________________。

5. 按照行业业务性质，可以将建设工程招标为________、________、________和________。

三、单项选择题

1. 建设工程招标是指招标人在发包建设项目之前，(　　)人，根据招标人的意图和要求提出报价，择日当场开标，以便从中择优选定得标人的一种经济活动。

A. 公开招标　　B. 邀请投标

C. 邀请议标　　D. 公开招标和邀请投标

2. 关于施工招标的范围，下列说法正确的是(　　)。

A. 可以是单位工程的分部、分项工程招标

B. 只能是单项工程招标

C. 可以是全部工程、单位工程、特殊专业工程招标

D. 只能是单位工程招标

3. 工程施工招标的标底可由(　　)编制。

A. 招标单位　　B. 施工单位

C. 招标管理机构　　D. 定额管理单位

4. 设备、材料采购可通过邀请招标方式选定设备、材料供应商。这种方式一般适用于(　　)。

A. 采购额在100万美元以上

B. 合同金额小，工程地点分散且施工时间长

C. 不宜进行公开采购的事项

D. 现货采购或价值较小的标准规格产品

5. 设备材料采购中，在国际上通过公开的广泛征集投标者，引起投标者之间的充分竞争，从而使项目法人能以较低的价格和较高的质量获得设备或材料，这种招标方式称为(　　)。

A. 国际竞争性招标　　B. 有限国际竞争性招标

C. 询价采购　　D. 直接订购

四、多项选择题

1. 我国施工招标文件部分内容的编写应遵循的规定有(　　)。

A. 明确投标有效时间不超过18天

B. 明确评标原则和评标方法

C. 招标文件的修改，可用各种形式通知所有招标文件接收人

D. 明确提前工期奖的计算办法

E. 明确投标保证金数量

2. 建设项目招标投标的意义主要有(　　)。

A. 基本形成了由市场定价的价格机制

B. 能够不断降低社会平均劳动消耗水平

C. 节约选择施工单位的时间

D. 便于供求双方更好地相互选择

E. 有利于规范价格行为

3. 施工招标文件应包括(　　)内容。

A. 投标须知　　B. 投标函

C. 拟签订合同的主要条款
D. 投标函的格式及附录
E. 施工组织设计

4. 编制标底应遵循的原则有(　　)。
A. 工程项目划分、计量单位、计算规则统一
B. 按工程项目类别计价
C. 应包括不可预见费、赶工措施费等
D. 应考虑市场变化

5. 采用工料单价法编制标底时，各分项工程的单价中应包括(　　)。
A. 人工费
B. 材料费
C. 机械使用费
D. 其他直接费
E. 间接费

五、问答题

1. 招标人招标应具备哪些条件？如不具备相关条件，应怎样处理？
2. 简述我国施工招标中编制标底的主要依据。
3. 说明在建筑工程施工公开招标中，资格预审的程序。
4. 简述设备、材料采购中的公开招标方式的具体内容。
5. 简述建设监理招标的方式。

六、案例分析

某建设单位准备建一座图书馆，建筑面积5 000平方米，预算投资400万元，建设工期为10个月。工程采用公开招标的方式确定承包商。按照《招标投标法》和《建筑法》的规定，建设单位编制了招标文件，并向当地的建设行政管理部门提交招标申请书，得到了批准。但是在招标之前，该建设单位就已经与甲施工公司进行了工程招标沟通，对投标价格、投标方案等实质性内容达成了一致的意向。招标公告发布后，来参加投标的公司有甲、乙、丙三家。按照招标文件规定的时间、地点及投标程序，三家公司向建设单位投递了标书。在公开开标的过程中，甲和乙承包单位在施工技术、施工方案、施工力量及投标报价上相差不大，乙公司在总体技术和实力上比甲公司略好。但是，定标的结果确定是甲公司。乙公司虽不满意，但最终接受了该竞标结果。一段时间后，一个偶然的机会，乙公司接触到甲公司的一名中层管理人员，在谈到该建设单位的工程招标问题时，甲公司的这名员工透露说，在招标之前，该建设单位和甲公司已经进行了多次接触，中标条件和标底是双方议定的。对此情节，乙公司认为该建设单位严重违反了法律的有关规定，遂向当地建设行政管理部门举报，要求建设行政管理部门依照职权宣布该招标结果无效。经建设行政管理部门审查，乙公司所陈述的事实属实，遂宣布本次招标结果无效。甲公司认为，建设行政管理部门的行为侵犯了甲公司的合法权益，遂起诉至法院，请求法院依法判定被告承担侵权的民事责任，并确认招标结果有效。

问题：

(1) 简述建设单位进行施工招标的程序。
(2) 通常情况下，招标人和投标人串通投标的行为有哪些表现形式？
(3) 按照《招标投标法》的规定，该建设单位应对本次招标承担什么法律责任？

第3章 工程投标

教学提示

工程投标是指投标人根据项目的招标文件，研究投标策略，分析投标技巧，确定投标报价，并编制投标文件参与竞标的过程。按照科学的投标程序，做好投标准备和现场考察调研工作、编制施工规划、正确计算投标报价、科学地编制投标文件是投标获胜的关键。

学习要点

知识要点	能力要求	参考资料
工程投标程序	(1) 了解工程投标与招标的关系 (2) 掌握工程投标的程序及步骤	招标投标有关教材，《招标投标法》
投标工作准备	(1) 了解投标前投标人必须做的调查工作 (2) 熟悉如何寻找合作伙伴 (3) 熟悉如何办理异地投标的注册手续	招标投标有关教材
参与资格预审	(1) 了解资格预审文件的主要内容 (2) 掌握资格预审文件的编写和递交	招标投标有关教材
现场勘察	(1) 了解投标前详细调查的内容 (2) 熟悉现场勘察的内容	招标投标有关教材
计算和复核工程量	(1) 了解工程量复核的内容 (2) 掌握工程量复核的方法	工程造价相关教材
施工规划	(1) 了解施工规划的内容 (2) 掌握施工规划的方法	施工组织设计与管理相关教材
投标报价	(1) 了解投标报价费用构成 (2) 掌握投标报价的计算方法	工程造价相关教材
投标文件的编制	(1) 了解投标文件的主要内容 (2) 熟悉投标文件编制的关键问题	招标投标有关教材
投标文件的递送	掌握投标文件递送的注意要点	招标投标有关教材

导入案例

2010年9月1日，武汉市某工程施工企业在湖北省工程建设信息网上查阅到一则工程招标信息：某科学研究院拟建设体育馆，建筑面积2 500平方米，采取公开招标方式进行，报名时间为2010年9月9日8：30至2010年9月15日17：00，要求施工企业资质为房屋建筑工程施工总承包二级及以上。那么，该施工企业应该怎样做才能获得该体育馆的施工任务呢？

在市场经济条件下，在工程建设中，材料供应商、工程设计企业、工程施工企业和工程监理公司一场赛事竞争。在这场赛事中，投标者之间不仅是一场报价、技术、经验、实力和信誉的较量，而且也是一场投标技巧的较量。尤其是在2003年7月1日开始实施《建设工程工程量清单计价规范》(现已发行2008年版)以后，工程产品的价格通过市场竞争形成，各工程承包商的竞争更加激烈。此外，投标还是一种法律行为，投标人一旦提交了投标文件，就必须在招标文件规定的期限内信守诺言，不得随意退出投标竞争，否则必须承担相应的经济和法律责任。因此，对投标者来说，投标应该是一项严肃认真的工作，必须慎重考虑。为此，了解工程投标的程序、掌握投标工作内容、做好投标准备工作、编制具有竞争实力的投标文件是投标成功的关键。

3.1 工程投标程序

投标既是一项严肃认真的工作，又是一项决策工作，必须按照当地规定的程序和做法，满足招标文件的各项要求，遵守有关法律法规的规定，在规定的招标时间内进行公平、公正的竞争。为了获得投标的成功，投标必须按照一定的程序进行，才能保证投标的公正合理性与中标的可能性。目前，我国国内工程投标程序各地基本相同，如图3.1所示。图中列出了投标工作的程序及其各个步骤。由于施工投标具有很强的代表性，因此，投标程序和后续的学习中均以施工投标为例。

3.2 投标前期准备

在正式投标前积极做好各项投标准备工作，有助于中标。投标的前期准备工作包括获取并查证招标信息、调查业主、投标前期决策、成立投标工作机构、寻求合作伙伴、办理注册手续等内容。

3.2.1 获取并查证招标信息

随着信息技术的发展，获取招标信息的渠道越来越多，这为招标投标提供了便捷的服务。我国各地都开辟了建设网或招标投标网，从网络获取招标信息已成为获取招标信息的

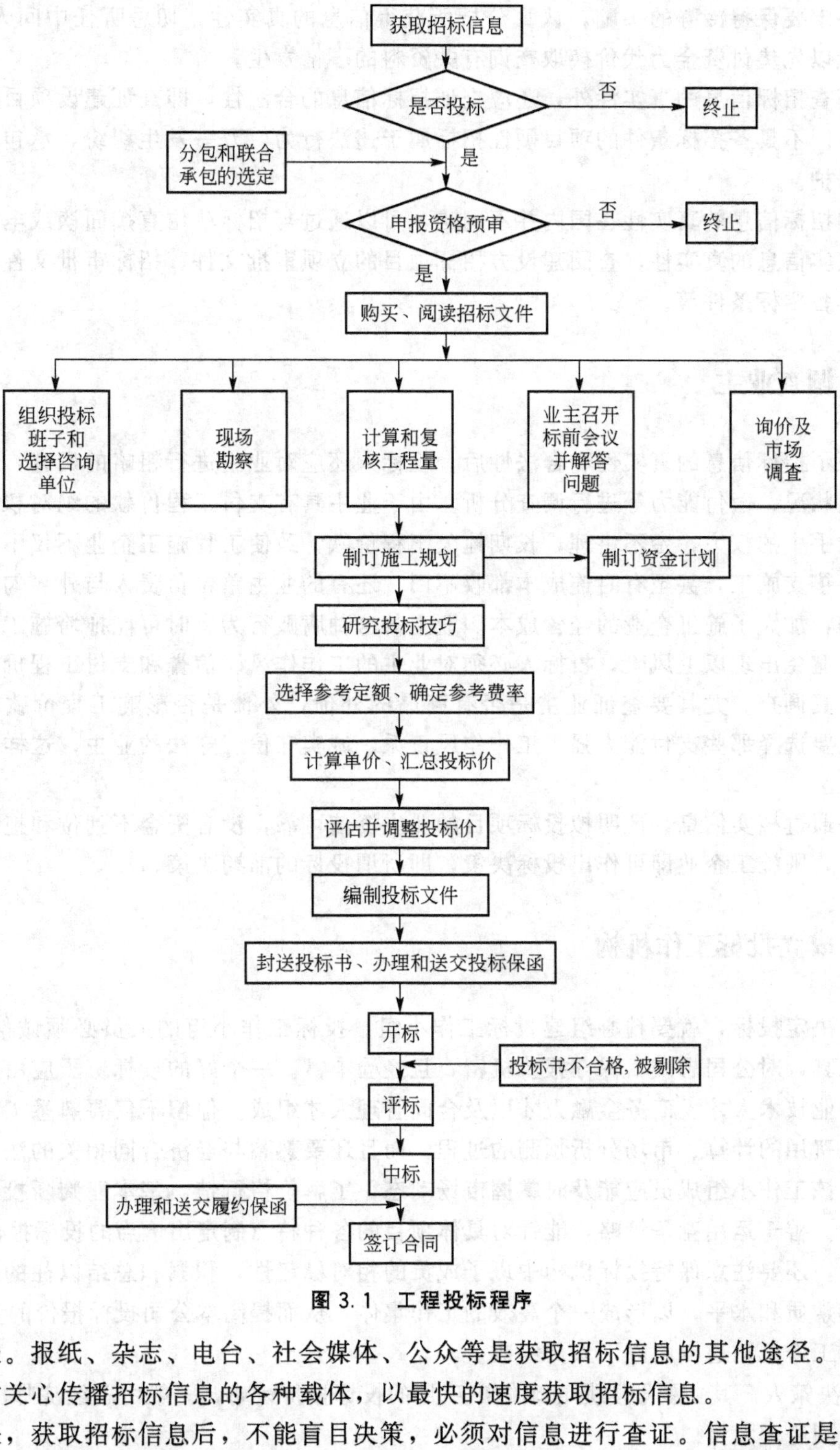

图 3.1 工程投标程序

主要途径。报纸、杂志、电台、社会媒体、公众等是获取招标信息的其他途径。作为投标人要经常关心传播招标信息的各种载体，以最快的速度获取招标信息。

但是，获取招标信息后，不能盲目决策，必须对信息进行查证。信息查证是保证投标顺利进行和达到预期目的的前提条件。我国自改革开放以来，许多方面都由原来的封闭状态变得开放、灵活，从事中介服务的人员不断增多，极少数人的败德行为也伴随而来。坑蒙拐骗、敲诈勒索、贩卖假信息、搞假分包的现象时有发生。作为投标人，在获取了投标信息后一定要保持冷静的头脑，认真分析所获得信息的真实性，切忌听任中间人的摆布，更不能让以先垫付资金为代价换取查询有关资料的事情发生。

除调查招标信息的真实性外，还应查证招标信息的合法性，即查证建设项目是否具备招标条件。不具备招标条件的项目硬性招标属于违法行为，万一发生纠纷，承包商得不到法律的保护。

查询招标信息的真实性在国内并不困难，可以通过与招标单位直接面谈或电话联系的方法，核实信息的真实性，查阅建设方招标项目的立项审批文件、招标审批文件，核查项目是否具备招标条件等。

3.2.2 调查业主

查证了招标信息的真实性和合法性后，投标人还应对业主进行粗略的调查，包括对业主的资信状况、偿付能力等进行调查分析。由于业主具有支付工程价款的绝对权力，有的业主倚仗手中的权力，蛮不讲理，长期拖欠工程价款，致使工程施工企业不仅不能获取利润，还要垫支施工，甚至有时连成本都收不回。还有的业主单位负责人与外界勾结，索要巨额回扣，加大了施工企业的经营成本。业主的这种腐败行为有时可能拖垮施工企业。因此，为了避免出现以上风险，投标人必须对业主的工作作风、信誉和支付工程价款的能力等进行认真调查。尤其要查证业主是否有高昂的外债，外债是否影响工程价款的支付能力。一定要选择那些支付能力强、工作作风正派、诚实守信、守法的业主，这样才有助于投标。

如果通过核实信息，证明拟投标项目的业主资信可靠，没有资金不到位和拖欠工程价款的风险，则施工企业即可作出投标决策，即所谓投标的前期决策。

3.2.3 成立投标工作机构

一旦决定投标，就要精心组建投标工作小组。投标工作小组的人员必须诚信、精干、积极、认真，对公司忠诚，保守报价机密，且经验丰富。一个好的投标班子应由经济管理人才、专业技术人才、商务金融人才以及合同管理人才组成。他们不仅要熟悉工程技术知识、熟悉费用的计算、市场分析预测的过程，而且还要熟悉与经济合同相关的法律、法规等知识。该工作小组成员应能及时掌握市场动态，了解价格行情，基本能判断投标项目的竞争态势，善于运用竞争策略，能针对具体项目的各种特点制定出恰当的投标报价策略。

此外，还要注意保持投标机构中班子成员的相对稳定性，积累和总结以往的经验，不断提高其素质和水平，以形成一个高效的工作集体，从而提高本公司投标报价的竞争力。

投标工作机构通常由以下人员组成。

(1) 决策人。其主要职责是正确做出项目的投标报价策略，一般由总经济师、部门经理或副经理负责。

(2) 技术负责人。其主要职责是制定各种施工方案和施工技术措施，一般由总工程师、技术部长或主任工程师负责。

(3) 投标报价人。其主要职责是根据投标工作机构确定的项目报价策略、项目施工方案和各种技术组织措施，按照招标文件的要求，合理计算并确定项目的投标报价。一般由造价工程师或预算员担任。

投标小组的成员也不可能是万能人才，在工作中还需要公司内部其他各部门，如物资供应部门、财务计划部门等的大力配合，特别是在提供价格行情、工资标准、费用开支等方面给予大力协助，才能正确报价，增加中标的概率。

3.2.4 寻求合作伙伴

为了能顺利地投标或者在投标中获胜，遇下列情形需要寻找合作伙伴。

(1) 实力不强或考虑竞争的因素。如果认为自己实力不强或竞争优势不明显，常常考虑寻找合作伙伴，采取联合承包的方式投标。选择的合作伙伴，应能与自己优势互补，且信誉好。但是，由同一专业的单位组成的联合体，按照资质等级较低的单位确定资质等级。

(2) 招标项目要求“统包”。即建设方要求承包商从项目的勘察设计开始到施工完工的全过程进行承包，即所谓的“交钥匙”工程。对这种承包方式，就我国目前的管理体制和机构设置(设计与施工分离)而言，一家企业是很难胜任的，必须寻找合作伙伴，组成联合承包体进行投标。

(3) 招标项目为世界银行贷款的项目。凡是在世界银行贷款的项目，世界银行规定：项目所在地的借款国的人均收入低于一定水平，其承包商和制造商在评标时可以享受7.5%的优惠。所以，如果投标世界银行贷款的项目，最好在借款国寻找合作伙伴，组成联合体投标，这样在评标时可能享受一定的优惠。

(4) 招标项目所在国有保护本国产品和企业的政策。世界上许多国家都专门制定了保护本国产品和企业的相关政策。如美国的《购买美国产品法》规定：十万美元以上的招标采购，必须购买相当比例的美国产品。欧盟法律也规定：招标采购给予欧盟成员国的投标人一定的优惠。因此，投标人如果去美国、欧盟等这样有保护本国产品和企业政策的国家投标时，最好选择该国家、地区的企业为自己的合作伙伴，对投标成功有一定的促进作用。

但是，在选择合作伙伴时，不能盲目行事，必须就合作伙伴的资信、财务、技术、经验、声誉、地位和社会背景等进行深入细致的调查研究，选择的合作伙伴必须满足以下条件。

① 符合招标项目所在国和招标文件对投标人的资格条件要求。

② 具备承担招标项目的相应能力和经验要求，在某一方面有一定的优势，与自己形成互补。

③诚实守信，有威望，在当地有一定的社会关系。

选好合作伙伴后，应与合作伙伴签订联合投标的相关协议，在协议中应明确规定合作各方的权利、义务和责任，并将共同协议连同投标文件一并提交给招标人。联合体若中标，联合体各方也应共同与招标人签订合同，就中标项目向招标人承担连带责任。此外，联合体各方不得再以自己的名义单独或加入其他联合体在同一标段中参加投标。

3.2.5 办理注册手续

如果是去外地承揽工程，还必须到工程所在地建设行政管理部门办理注册登记手续。如果是去外国投标，必须按招标工程所在国的相关规定办理注册登记手续，取得合法地位，才能从事工程建设的投标。国内和国外投标注册程序及要求是不同的，下面分别予以介绍。

1. 国内登记注册手续办理

我国各地对外来企业到本地承揽工程的勘察设计或施工都规定必须进行注册登记，但承揽设计与承揽施工登记注册程序不相同。

1）工程施工投标注册登记

我国大部分地区对本地以外的工程施工企业进入本地承揽工程施工任务，一般都要求具有建设部或各省、自治区、直辖市建设行政主管部门颁发的二级及以上建筑业企业资质证书，且近两年来未发生过以下行为：企业之间相互串通投标；以行贿等不正当手段谋取中标；未取得施工许可证擅自施工；将承包的工程转包或者违法分包；严重违反国家工程建设强制性标准；发生过三级以上工程建设重大质量安全事故或者发生过两起以上四级工程建设质量安全事故；隐瞒或谎报、拖延报告工程质量安全事故或破坏事故现场、阻碍对事故调查；按照国家规定需要持证上岗的技术工种的作业人员未经培训、考核，未取得证书上岗，情节严重；未履行保修义务，造成严重后果；违反国家有关安全生产规定和安全生产技术规程，情节严重；其他违反法律、法规的行为。

各地的注册登记程序不完全相同，但基本内容是相同的。其注册登记程序如下。

(1) 向拟注册地(工程所在地)的地级以上市建委(建设局)或省直主管厅、局提出申请。

(2) 同意受理后，企业领取并填写“外来施工企业工程承揽注册登记表”，同时提交以下材料：企业法人注册地省级建设行政主管部门出具的外出承包工程介绍信；招标公告或邀请投标函、预审合格通知书；资质证书；企业法人营业执照、企业在本地工商、税务登记证明复印件；在本地固定办公场所的证明资料及联系电话；法人所在地或工程所在地银行出具的流动资金证明；法人授权委托书或拟进入本地承包的项目经理、技术负责人、财务负责人任职通知及其职称证书；拟进入本地区承包工程的“七大员”(造价员、施工员、安全员、质量员、监理员、试验员、合同管理员)的职称证件或上岗证书；无拖欠工程款及民工工资行为证明等。

(3) 由地级以上市建委(建设局)或省直主管厅局核对提交资料原件并加盖确认章，初审提交资料；初审合格，报省建设厅建管处审核。省建设厅建管处审查合格，颁发“外来施工企业承包工程许可证”。

(4) 项目备案。中标后施工单位还必须到建设行政主管部门办理工程备案，备案时须带中标通知书、施工合同和进入本地计划生育责任状。

2）工程勘察设计注册登记

与工程施工承揽不同，我国大多数地区对本地以外的工程勘察设计单位进入本地从事工程勘察设计活动，只实行登记备案管理。本地以外工程勘察设计单位不在本地进行工商注册登记的，办理单项工程勘察设计登记备案时一般须提供下列资料。

(1) 已填写的“本地以外工程勘察设计单位进入本地承揽工程勘察设计项目登记备案表”。

(2) 工商注册地省级建设行政主管部门同意出省承揽工程勘察设计的证明。

(3) 工程勘察设计资质证书正本和复印件。

(4) 所承揽工程勘察设计项目的中标通知书或项目委托书。

(5) 承担在本地工程项目的总院工程技术人员名单，以及工程主持人各专业负责人、身份证、职称证书、执业资格证书和执业资格印章印模(原件和复印件)。

经过工程所在地建设行政主管部门对上述资料进行审核，资料齐全，符合登记备案条件的，予以办理“外地工程勘察设计单位进入本地承揽工程勘察设计登记证”，该证有效期一般为1年。

只有取得了“外来施工企业承包工程许可证”和“外省工程勘察设计单位进入本地承揽工程勘察设计登记证”才能在本地从事工程施工或勘察设计工作，否则属于违规行为。

2. 国外登记注册手续办理

我国施工企业到国外承揽工程办理注册登记时必须提交以下资料。

(1) 由工商行政管理部门颁发的企业营业执照。

(2) 承包商在世界各地的分支机构的名单。

(3) 申请注册的分支机构名称和地址。

(4) 企业主要成员(公司董事会)名单。

(5) 企业章程，包括公司的性质、合伙人的情况、资本状况、业务范围、组织机构、总管理机构所在地等。

(6) 企业总管理机构负责人签署的分支机构负责人的委任状。

(7) 近几年承担过的国内重大工程或国外工程施工情况。

(8) 拟进入本国承包工程的项目经理、工程技术、财务管理人员情况。

(9) 企业的资金证明。

(10) 企业施工机械清单。

(11) 资格预审通过文件。

有的国家还要求提供承包商所在国与工程所在国的互惠证明，还有的国家或地区要求中标后再登记注册，遇到这种情况，在注册时还必须提交中标通知书和工程承包合同或协议。

3.3 资格预审

一旦投标人决定去投标，就要立刻参与招标人组织的资格预审，在规定的时间内编制并递送投标文件。投标人的资格预审程序如下。

3.3.1 物色投标代理人

代理制已成为工程项目承包建设中一种普遍采用的制度，是指投标人聘请投标中介机构作为其代理人，参与项目的资格预审书编制、项目调查研究、项目投标书编制及参与投标全过程的工作行为。代理人能力的高低、工作的好坏将直接影响投标的结果。尤其到外地或国外投标，一个在当地有社会关系和影响力的代理人将极大地促进项目的中投。因此，如果投标人确实需要聘请投标代理人帮助其投标的，应毫不犹豫地聘请能力强、社会关系广泛、诚信可靠的投标代理人。

代理人可以是个人，也可以是公司或集团。无论哪种代理人，投标人在选择时都必须注意：①投标代理人必须具备满足投标项目要求的条件，且有助于中标；②应与代理人签订代理协议，明确规定代理工作范围和代理人及委托人双方的权利、义务。签订协议不仅有利于投标工作的顺利开展，而且也使双方行为规范化，严守条约，减少纠纷的产生。

1. 投标代理人应具备的条件

投标代理人应具备的条件包括以下几点。

(1) 投标代理人必须具有从业资质。

(2) 有投标项目的专业知识和丰富的投标代理经验。

(3) 有较强的社会活动能力，信息灵通。

(4) 在本行业有较高的威望和影响力，在当地有一定的社会背景。

(5) 诚实守信，一定要忠实服务于委托人，时刻维护委托人的利益。

2. 代理协议书的内容

代理协议书的内容有以下几点。

(1) 双方当事人的姓名、单位或地址。

(2) 代理的业务范围和活动地区。

(3) 双方当事人的权利、责任和义务。

(4) 代理活动的有效期限。

(5) 代理费用及其支付方式。

(6) 特别酬金的规定。

(7) 双方当事人亲笔签名，并盖公章。

代理协议书签订完成后，委托方还应向代理人颁发委托书，以确认委托人给予代理人的授权。委托书实质上就是委托人签发给代理人的授权书。代理人必须在委托人的授权范围内工作，不许越权。

投标人也不是完全不参与投标，投标人还须与代理人紧密配合，按照业主的要求参与投标。

3.3.2 购买资格预审文件

投标人应按照招标单位发布的资格预审公告(或代招标公告)的要求，在规定的时间和地点去购买资格预审文件。如果招标单位要求提供必要的证件，如企业资质证书、营业执照、工作经历等，则投标单位应提前做好准备，在购买资格预审文件时如实提供相关资料。与此同时，投标单位也可以顺便考察项目的真实性和招标单位或业主的信誉、经济支付能力等。

3.3.3 研究资格预审文件

世界银行采购指南中的资格预审文件包括资格预审通告、资格预审须知及有关附件、各种资格预审申请表格等。国内的工程项目并不都采用世界银行贷款，所以其招标时不一定完全按照世界银行的规定编制资格预审文件。但不管有哪些内容，投标人购买了资格预审文件后应仔细阅读和检查资格预审文件的全部内容。如有疑问，应在申请人须知 前附表规定的时间前以书面形式(包括信函、电报、传真等可以有形表现所载内容的形式)，要求招标人对资格预审文件进行澄清。尤其要认真阅读以下内容。

(1) 对申请预审人的要求。如资格预审文件中规定的对投标人以往的经验和设备、人员、资金等方面完成该项目工作能力的要求，资格预审通过的强制性标准等。如果是国际工程项目投标，还应注意对资格预审申请人在政治上的要求。

(2) 要求申请人应提供的资料和有关的证明材料。如招标人要求投标人提供申请人的详细履历、联营体的基本情况、分包商的基本情况等。

(3) 资格预审申请递交的截止日期、地址和负责人姓名。

同时，在资格预审申请递交的截止日期前，招标人也可以修改资格预审文件，但必须以书面形式通知申请人，并顺延资格预审申请截止时间。

3.3.4 填写资格预审文件

申请人在填写资格预审申请书前，要按照资格预审文件的要求，认真准备资料，如以往的经验、近几年财务状况等。为了节约时间，提高效率，申请人应在每个工程完工后，做好资料的积累工作，将资料存入计算机内，并予以整理，以备随时调用。最好请有一定声望的专家或部门对每个完工工程进行质量鉴定，给予书面的优良工程证明，并作为资料保存。一些获奖证书也应复印保存，千万不要临时拼凑。

准备的资料既要能满足资格预审文件的要求，又要对自己有利。根据准备的资料，认真填写资格预审申请书。填写时要注意以下几点。

(1) 看清资格审查方法。目前资格审查方法有合格制和有限数量制两种。采用合格制审查，只要申请企业满足资格预审文件要求，就可以成为合格的投标人。但采用有限数量制审查却不然，即使申请企业满足资格预审文件要求，也不一定就能成为合格的投标人，也可能被淘汰。如果拟投标的项目资格预审文件采用合格制审查，只要按要求提供相关资料即可。但如果采用有限数量制审查，就应多提供一些对自己有竞争帮助的资料。而且，在填写资格预审申请书时一定要突出重点，突出自己在某方面的优势，如技术管理上的优势、财务能力上的优势、信誉上的优势或经验方面的优势均可。

(2) 实事求是。填写时一定要实事求是，不得隐瞒，也不得弄虚作假。

(3) 分析利弊，采取措施。在对资格预审文件进行认真分析的基础上，同时要分析自己的实力。当发现本企业某些方面难以满足投标要求时，应考虑与适当的其他企业联合，组成联营企业来参与资格预审。

3.3.5 提交资格预审文件

填写完资格预审申请书后，应按照招标人的要求签字盖章和打印装订。资格预审申请文件由正副本组成，正本只有一份，副本份数按招标人的要求提交。正副本必须一致，当正本和副本不一致时，以正本为准。

申请人必须在规定的时间内，将资格预审申请书递交到指定的地点和人员手中。资格预审申请书呈递后，还应注意信息的跟踪，发现有不足之处时，应及时补送资料，以争取通过资格预审，成为有资格的投标人。

3.4 调查研究与现场勘察

当通过资格预审成为有资格的投标人后，投标人就应进行投标前的调查研究和现场勘察，这是投标前极其重要的准备工作。如在前述的投标决策阶段对拟投标的项目进行了深入的调查，则拿到招标文件后只须进行有针对性的补充调查即可，否则，应进行全面的调查研究。如果是去国外投标，则调查研究应更早些，最好在购买资格预审文件时就进行调查研究，以免时间紧张。

3.4.1 投标前的调查研究

投标前的调查研究主要是指与本工程项目相关的承包市场和生产要素市场等方面的调查。包括对以下几个方面的调查。

1. 对招标人情况的调查

调查招标人对本工程提供的资金来源、资金额度、资金的落实情况。调查本工程的各项审批手续是否齐全。调查招标人员在招标评标过程中的习惯做法和对承包人的态度。调查招标人能否秉公办事，是否惯于挑剔刁难。调查招标人的诚信度、支付工程款的能力以及支付工程款的及时性。调查招标人是否能够合理对待承包人的索赔要求等。

如果是勘察设计项目招标，还要调查招标项目所需的设计基础资料是否已经搜集完成。

2. 对监理工程师的调查

由于监理工程师是受业主的委托，代表业主对工程承包人进行监督管理。因此，监理工程师的工作作风将直接影响到承包商的工作效率和经济效益，所以，投标人还需对监理工程师的情况进行调查。主要调查监理工程师承担过的工程监理任务、工作方式、工作习惯、工作作风以及对承包人的态度。调查监理工程师处理问题时是否公正，是否能提出合理的解决问题的办法。

3. 对竞争对手的调查

知己知彼，百战不殆。投标前应详细了解获得本工程投标资格的公司数量，有多少家承包商购买了招标文件，有多少家承包商参加了标前会议和现场勘察。分析确认可能参与投标的公司，调查这些公司的技术特长、管理水平、以往的工作经验、经营状况等并分析对手的优势和弱势。

4. 生产要素的市场调查

为了使投标时报价合理，且具有竞争力，必须对工程所需的物资品种、价格等做好认真调查，并做好询价工作。调查时不仅要了解物资当时的价格，还要了解过去的价格变化情况，预测未来施工期间可能发生的价格变化，以便在报价时加以考虑。此外，还要了解物资的种类、品种，购买物资时的支付方式、运输方式、供货计划等问题。如果工程施工中需要雇佣当地劳务，则还应了解可能雇佣到的工人的工种、数量、素质、基本工资和各种补助费及有关社会福利、社会保险等方面的规定等。如果施工企业需要在当地贷款和使用外汇的，还需要了解当地的信贷利率和外汇汇率。

5. 政治、经济、社会、法律等方面的调查

在政治方面，要调查项目所在地的政治制度、社会制度和政局状况等。如果是国际工程，还要调查项目所在国与周边国家、地区及投标人所在国的关系。

在经济方面，要调查项目所在地的经济发展状况、科学技术发展水平、自然资源状况和交通、运输、通信等基础设施条件等。

在社会方面，要调查项目所在地的社会治安、民俗、民风、民族关系、宗教信仰和工会组织及活动等。

在法律方面，要调查项目所在地的法律法规，尤其要调查与工程项目建设有关的法律法规，如经济法、税法、合同法、工商企业法、劳动法、建筑法、招标投标法、金融法、仲裁法、环境保护法、城市规划法等。如果是国际工程，还要调查项目所在国的宪法、民法、民事诉讼法、移民法、外国人管理法等。

3.4.2 现场勘察

现场勘察就是到工地现场进行考察，一般是标前会议的一部分。招标单位一般在招标文件中要注明现场考察的时间和地点，在招标文件发出后就应安排投标者进行现场考察的准备工作。在考察中，招标人应组织所有投标人进行现场参观和说明。

施工现场勘察是投标者必须经过的投标程序，也是投标人的权利和职责。因此，投标人在报价前必须认真地进行施工现场勘察，全面、仔细地调查了解工地及其周围的政治、经济、地理等情况。按照国际惯例，投标人提出的报价单一般认为是在现场考察的基础上编制的。一旦报价单提出之后，投标者就无权因为现场考察不周、情况了解不细或因素考虑不全面而提出修改投标、调整报价或提出补偿等要求。

投标人在去现场考察之前，应事先研究招标文件的内容，特别是文中的工作范围、合同专用条款，以及设计图样、说明和技术文件。然后拟定出调查研究的提纲，确定重点要解决的问题，做到事先有准备。

国内外工程招标中，现场考察基本都是由投标者自费进行。考察的内容有以下几个方面。

(1) 工地的性质以及与其他工程之间的关系。

(2) 投标者投标的那段工程与其他分包段工程的关系。

(3) 工地的地理位置、用地范围、地形、地貌、地质、气候等情况。

(4) 工地附近有无住宿条件、料场开采条件、材料加工条件、设备维修条件等。

(5) 工地的施工条件。如工地现场布置临时设施、生活营地的可能性，工地周围的水电、交通、运输的情况，附近现有建筑物情况，环境对工程施工的限制因素等。

(6) 工地附近的治安情况。

在现场勘察中，投标人应根据本工程的专业技术特点有重点地结合专业要求进行勘察，同时认真做好现场记录，勘察完后进行总结。

3.5 计算和复核工程量

工程量是指以自然计量单位(如个、台、件等)或物理单位(如吨、米等)表示的各分部分项工程和结构构件的实物数量。分部分项工程和结构构件的数量是影响投标报价的主要因素之一。

通常在招标文件中都附有工程量表，投标人在报价时应根据图样和招标文件的规定，仔细核算工程量，如发现漏项、错误或相差较大时，应通知招标单位并要求其更正。一般规定，工程量未经招标业主允许，不得修改或变动工程量，否则后果自负。如果业主在投标前未予以更正，而且是对投标者不利的情况，投标者可以在投标时附上声明函件，指出工程量表中的漏项或某项工程量有错误，施工结算应按实际完成量计算，也可以按不平衡报价的思路报价，待以后再解决。如果招标文件中没有列出工程量表，仅有招标图样，需要投标者根据设计图样自行计算，按照自己的习惯或按照给定的有关工程量编制方法分项目列出工程量。在计算时应注意以下内容。

(1) 正确划分分部分项工程项目，与当地现行定额一致。

(2) 按照一定的计算顺序进行，避免漏算或重算。

(3) 严格按照图样标明的尺寸、数据和招标文件中的说明计算。

(4) 在计算中一定要结合已定的施工方案或施工方法进行。

复核工程量要尽量的准确无误，因为工程量的大小直接影响投标报价的高低。对于总价合同，由于工程量错误而导致的风险是由承包商承担，工程量的漏算或错算有可能给承包商带来无法弥补的经济损失。因此，对总价合同，按图样核算工程量就显得更为重要了。

如果招标的工程是一个大型项目，而投标时间又比较短，要在短时间里核算全部工程数量，将是十分困难的。对于这类工程，由于时间紧迫，承包商就应当在报价前核算那些工程数量较大和造价较高的项目，以确保工程量的正确性。

核算工程量一般是按分部分项工程来核算的，这就要求在核算工程量之前，必须先划分或核准分部分项工程项目。分部分项工程的划分既不宜过多过繁，也不宜过少过简。一般情况下，一个民用房屋建筑工程的分部分项工程为40项左右为宜，比预算项目少，比概算项目多。工业项目的分部分项工程会多些，项数不定，要根据工业项目的规模大小而定。具体划分时可以参照当地的预算定额，或参照我国建设部和质量监督检验检疫总局2008年12月颁布实施的新版《建设工程工程量清单计价规范》中分部分项工程的划分。对于国际工程，一般都标明了工程量的计算方法，若无工程量清单时，则应采用国际上通用的计算工程量的方法。国际上通用的计算工程量的方法有《建筑工程量计算原则(国际通用)》和英国的《建筑工程量标准计算方法》(SMM6)。

对于一般房屋建筑的土建工程项目主要分部分项工程量的计算如下。

(1) 建筑面积。国外通常不用建筑面积作为计价单位，这一项目可以按照国内规定计算。

(2) 土石方工程。土石方工程包括总挖方量、填方量、土方支撑面积和余土、缺土方量；如有可能还应列出石方量、一般土方量、软土量和淤泥量。另外，还要注意在土方工程中业主付款时的丈量方法。

(3) 桩与地基基础工程。此项包括混凝土桩工程量、其他桩工程量、地基工程量、边坡处理工程量等。

(4) 砌筑工程。包括墙体(内墙、外墙)砌筑工程量、基础砌筑工程量、构筑物砌筑工程量、零星工程砌筑量、散水砌筑工程量、地坪砌筑工程量、地沟砌筑工程量等。还可以进一步细分成石砌筑工程量、空心砖砌筑工程量、黏土砖砌筑工程量、蒸压灰砂砖砌筑工程量、水泥砖砌筑工程量、大型砌块砌筑工程量等。

(5) 混凝土及钢筋混凝土工程量。包括现浇素混凝土、现浇钢筋混凝土和预制混凝土、预制钢筋混凝土的各种构件、模板、钢筋数量等。

(6) 厂房大门、特种门和木结构工程。包括各种木板大门工程量、钢门工程量、特种门工程量、木屋架工程量、木构件工程量等。

(7) 金属结构工程。包括钢屋架、钢网架、钢托架、钢桁架、钢柱、钢梁、钢构件、和金属网等工程量。

(8) 屋面及防水工程。包括瓦材屋面、型材屋面、屋面防水、墙地面防潮防水等工程量。

(9) 防腐、隔热、保温工程。包括防腐面层、其他防腐、隔热、保温等工程量。

(10) 楼地面工程。包括整体面层、块料面层、橡塑面层、其他材料面层、楼梯装饰、零星装饰等工程量。

(11) 墙、柱面工程。包括墙面抹灰、柱面抹灰、零星抹灰、墙面镶贴块料、柱面镶贴块料、零星镶贴块料、墙饰面、幕墙等工程量。

(12) 天棚工程。包括天棚抹灰、天棚吊顶和天棚装饰工程量。

(13) 门窗工程。包括金属门、木门、卷帘门、木窗、金属窗等工程量。

(14) 油漆、涂料、裱糊工程。包括门窗油漆、木构件油漆、金属面油漆、裱糊等工程量等。

(15) 设备及安装工程。包括电梯、自动扶梯、各类工艺设备等工程量。以台、套、件和安装总吨位计。

(16) 管道安装工程。包括各类给排水、通风、空调调节及工业管道工程量。以延长米计。

(17) 电器安装工程。包括各类电缆、电线及安装工程量。

(18) 室外工程。包括围墙、绿化等工程量。

此外，在划分分部分项工程，计算和核对工程量时还须注意，有些国际招标工程据以计算工程量的图样达不到施工图的深度，而日后又按施工图施工。因此，实际工程量和用料标准及做法要求会与作为报价依据的工程量清单所列的数据有出入。实践中遇到这种情况，务必随时核对做出记录，根据合同中的条款提出索赔要求，以避免损失。

3.6 制定施工规划

一般情况，业主在招标文件中都要求投标者在报价的同时附上施工规划，即初步的施工组织设计，它一般包括工程进度计划和施工方案。业主将根据施工规划判断投标人是否采取了充分和合理的施工措施，是否能按时完成施工任务，以此作为评标的依据。另外，施工规划对投标人也是十分重要的。制定施工规划的依据是设计图样、复核了的工程量、现场施工条件、开工及竣工的日期要求，机械设备来源、劳动力来源等。这些与工程成本直接相关，决定着工程质量、施工进度，因而直接影响着工程成本及报价的高低。因此，在报价以前，必须精心安排施工方案，使施工方案最充分地利用机械设备，最合理地组织劳动力和各种建筑材料，最有效地减少资金的占用，以利于最大限度地降低成本，提高报价的竞争力。施工规划的内容包括以下内容。

1. 工程进度计划

在投标阶段编制的工程进度计划不是施工计划，可以粗略些，一般可用线性图(时间——工作量图)和横道图来编制即可。招标文件专门规定必须用网络计划图时，才采用网络计划技术编制。但编制时必须注意以下六个方面。

(1) 总工期与招标文件中规定的一致。如果合同要求分期分批竣工交付使用，那么，应注明分期交付工程的时间和数量。

(2) 标明各主要分部分项工程的开始和结束时间。例如，土石方工程、桩与地基基础工程、混凝土和钢筋混凝土工程、屋面工程、装修工程、水电安装工程等的开始和结束时间。

(3) 体现各主要工序的相互衔接的合理安排。例如，基础工程与砌筑工程的衔接、主体工程与装修工程的衔接、土建工程与设备管道安装工程的衔接。

(4) 劳动力安排要均衡，尽量避免现场劳动力数量急剧大起大落。

(5) 充分有效利用设备，减少设备的占用周期和闲置时间。

(6) 便于编制资金流动计划，有利于降低流动资金占用量，节省资金利息。

2. 施工方案

制定施工规划要服从工期要求、质量要求、成本要求、安全要求，并满足技术可能性，其主要内容如下。

1) 施工总体部署和场地总平面布置

施工部署是对整个工程项目进行的全面安排，并对工程施工中的重大战略问题进行决策，包括项目组织安排、任务分工、施工准备的规划等工作。

场地总平面布置是用来正确处理全工地在施工期间所需要各项设施和永久建筑物之间

的空间关系，包括合理规划场地进出口、材料仓库、场地运输、附属生产设施、生活设施、临时房屋建筑和临时水、电、管线等的布置。

2）选择和确定施工方法

投标者应根据拟投标工程的类型、企业已有的施工机械设备和人员的技术力量来选定主要的单项工程或主要的单位工程及特殊的分项工程的施工方案。再计算这些单项或单位工程的工程量，确定其工艺流程，选定其施工方法。施工方法影响施工机械设备的选用，最终将影响工程施工周期和施工成本。例如，桩基工程既可以用预制桩，也可以用灌注桩，但两种桩的施工方法完全不同。预制桩需要事先制作桩，然后打桩。打桩又可用锤击，也可用静力压桩。灌注桩需要先挖桩孔，再灌注。灌注桩有钻孔灌注桩、人工挖孔灌注桩和沉管灌注桩三种。三种桩的施工方法也不相同。钻孔灌注桩需要经过钻孔机成孔、泥浆护壁、清渣、水下灌注混凝土等工艺过程完成。人工挖孔灌注桩需要经过人工挖孔、泥浆护壁、清渣、水下灌注混凝土等工艺过程完成。沉管灌注桩是将钢管套在预制混凝土桩尖顶部，用柴油锤或振动锤击钢管，待桩尖进入设计标高后，再在管内灌注混凝土，边灌边拔，直至成桩。以上每种方法的施工周期和施工成本都不尽相同，因此，对于大型复杂项目应考虑几种施工方法，进行综合比选。

3）选择施工机械设备和施工设施

根据已定的施工方法选择施工设备。从上面的例子可以看出，不同的施工方法，所用的施工设备是不同的。例如，预制桩若采用锤击，则需要击锤；若采用静力压桩，则需要液压机。又如人工挖孔灌注桩需要铲、镐、电钻等。此外，每种设备又有各种规格、型号。不同的设备，不同的规格型号，其工作效率和成本均不相同。所以，还要根据生产技术的发展状况，考虑经济性、可能性，认真选择施工机械设备和施工设施。

4）确定劳动力数量、来源及其配置

根据施工方法和选用的施工机械设备，用概算指标估算直接生产劳务数量。然后根据直接生产劳务数量，结合以往经验估算所需的间接劳务和管理人员数量。在估算劳动力数量的同时，分析劳动力的来源。

5）安排主要材料需用量、来源及分批进场的时间

用概算指标估算主要的和大宗的建筑材料的需用量，考虑其来源和分批进场的时间安排，从而可以估算现场用于储存、加工的临时设施。

6）选定自采砂石、自制构配件的生产工艺及机械设备

对需要自行开采的建筑材料，如砂石等应估计采砂石场的设备、人员，并计算自采砂石的单位成本价格。例如，有些构件拟在现场自制的，应确定相应的设备、人员，并计算自制构件的成本价格。

7）选择主要材料和大型机械设备的运输方式

根据工程的规模和材料的用量及类型，考虑外部和内部材料供应的运输方式，估计运输和交通车辆的需要和来源。

8）确定现场水电的需要量、来源及供应设施

根据工程的规模和劳动力的需要量，估算现场水电的需要量、来源及供应设施。

9）确定临时设施的数量和标准

根据工程的规模和劳动力的需要量，估算生产、生活临时设施的数量和标准。

10）提出某些特殊条件下保证正常施工的措施

为了保证工程进度，投标人还必须提出某些特殊条件下保证正常施工的措施，如降低地下水位以保证基础或地下工程施工的措施，冬雨季施工措施等。

3.7 投标报价

投标报价是承包商采取投标方式承揽工程项目时，计算和确定承包该工程的投标总价格。报价是进行工程投标的核心，是招标人选择中标者的主要依据，也是业主和投标人进行合同谈判的基础。投标报价是影响投标人投标成败的关键，因此，正确合理地计算和确定投标报价非常重要。

3.7.1 投标报价的依据

施工工程项目投标报价的主要依据如下。

(1) 设计图样及说明。

(2) 工程量表。

(3) 招标文件。

(4) 有关的法律法规。

(5) 拟采用的施工方案和进度计划。

(6) 施工规范。

(7) 物价水平，尤其是劳动工资水平、材料价格、设备价格等。

(8) 运输条件。

招标文件是投标的主要依据，承包商在动手计算标价之前和整个投标报价之间，都应组织参加投标报价的人员认真阅读招标文件，仔细分析研究。具体包括以下内容。

1. 工程特点、工程量范围和报价要求

(1) 投标人应弄清拟投标工程的概况、工程的性质、工程的质量标准、建设范围、建设条件、使用的技术规范、图样、工程数量、计量方法及现场情况等。

(2) 研究永久性工程之外的项目有何报价要求。

(3) 了解分包项目的报价、供应材料和设备的计价方法。

(4) 了解建设期间涨价预备费的规定及调价计算公式。

(5) 分清不同种类的合同，对不同种类的合同采取不同的计价方法。投标者在总价合同中承担着工程量方面的风险，所以应当准确计算工程量。在单价合同中，承包商承担着单价不确定的风险，因此投标人应对每一个子项工程的单价作出详细准确的分析。

2. 投标书附件及合同条件

投标书附件的重点是投标者须知，投标者须知是投标人进行工程项目投标的指南。此文件主要是告诉投标者投标时应注意的事项。它包括工程的资金来源、资格要求、投标费用规定、标前会议规定、投标语言规定、投标价格计算规定、投标货币规定、投标有效期、投标保函的规定、投标文件递交日期及地点、开标时间、评标方法、付款方式、提前竣工或误工的奖惩规定等内容，这些规定直接影响投标人的报价，因此必须认真阅读和研究。

合同条件也称为合同条款，是工程项目承发包合同的重要组成部分，是整个投标过程及后期工作中必须严格遵循的准则。合同条件规定的在合同执行过程中，当事人双方的职责范围、权利、义务、维修条款、工期条款、分包条款、材料供应条款、保险条款、验收条款、质量条款、奖惩条款、监理工程师的职责和授权范围、遇到各类问题的处理条款等，都直接关系着日后工程承发包双方利益的分配比例，关系着投标人的报价和将来的工程成本。因此，合同条件是影响投标人投标策略和投标价格的重要因素，必须慎之又慎地反复推敲研究。

3. 施工技术、材料和设备要求

研究招标文件中是否有规定的施工方法和施工验收规范，研究有无特殊的施工技术要求，有无特殊的材料设备技术要求，有无材料设备的供应要求。

此外，在研究招标文件的过程中，尤其要整理出招标文件中含混不清的问题，留待以后用于向招标人质疑或索赔用。

3.7.2 投标报价的方法

1. 按照概算编制

按照概算编制就是指按照工程概算定额来计算投标报价。概算定额是确定一定计量单位扩大分项工程的人工、材料和机械台班消耗量的标准。它是按照常用主体结构工程列项，以主要工程内容为主，适当合并相关预算定额的分项内容，进行综合扩大，较之预算定额更为综合扩大的性质。这种投标报价准确性不高，只适合招标单位还没有提供施工图样，只提供了初步设计图样的情况。

2. 按照预算编制

按照预算编制就是指按照建筑工程预算定额来划分分部分项工程，计算各分部分项工程的价格，从而确定投标报价。预算定额是确定一定计量单位的分项工程或结构构件的人工、材料和机械台班消耗量的标准以及用货币来表现建筑安装工程预算成本的额度。这种投标报价准确性较高，适合招标单位已经提供了施工图样的工程。报价的主要根据是施工图样。

3. 按照工程量清单编制

我国政府规定，从 2003 年 7 月 1 日起正式实施《建设工程工程量清单计价规范》，要求全部使用国有资金投资或以国有资金投资为主的建设工程项目要按照工程量清单来招标投标，即要求按照工程量清单来投标报价。这种报价方式是，招标单位提供工程量清单，投标人在报价时以工程量清单为准，参照预算定额或企业定额，结合企业的施工技术组织措施和物价水平，计算工程的价格。这种投标报价有利于竞争，有利于促进施工生产技术的发展，也是与国际接轨的做法。按照工程量清单编制投标报价已经在我国全面推广。例如，湖北省在 2006 年已发文通知，从 2006 年 4 月 1 日起，凡在省建设工程招投标交易管理中心进行招标，要求全部使用国有资金投资或以国有资金投资为主的建设工程项目必须采用工程量清单计价方式进行，使用其他资金投资的建设工程项目提倡采用工程量清单计价方式进行。

3.7.3 投标费用的组成

国内建设工程投标报价与国际投标报价基本相同，但费用项目分解与内容则有所不同。

1. 国内工程投标费用的组成

根据我国建设部2003年6月颁发的《关于印发〈建筑安装工程费用项目组成〉的通知》(建标［2003］206号)精神，建设工程项目的投标费用由直接费、间接费、利润和税金组成，如图3.2所示。

- 建筑安装工程费用
  - 直接费
    - 直接工程费
      - (1) 人工费
      - (2) 材料费
      - (3) 施工机械使用费
    - 措施费
      - (1) 环境保护费
      - (2) 文明施工费
      - (3) 安全施工费
      - (4) 临时设施费
      - (5) 夜间施工增加费
      - (6) 二次搬运费
      - (7) 大型机械设备进出场及安拆费
      - (8) 混凝土、钢筋混凝土模板及支架费
      - (9) 脚手架费
      - (10) 已完工程及设备保护费
      - (11) 施工排水、降水费
  - 间接费
    - 规费
      - (1) 工程排污费
      - (2) 工程定额测定费
      - (3) 社会保障费：养老保险费、失业保费险、医疗保险费
      - (4) 住房公积金
      - (5) 危险作业意外伤害保险
    - 企业管理费
      - (1) 管理人员工资
      - (2) 办公费
      - (3) 差旅交通费
      - (4) 固定资产使用费
      - (5) 工具用具使用费
      - (6) 劳动保险费
      - (7) 工会经费
      - (8) 职工教育经费
      - (9) 财产保险费
      - (10) 财务费
      - (11) 税金
      - (12) 其他
  - 利润
  - 税金

图3.2 建筑安装工程费用组成

1）直接费

直接费由直接工程费和措施费组成。

(1) 直接工程费。直接工程费是指施工过程中耗费的构成工程实体的各项费用，包括人工费、材料费、施工机械使用费和构件增值税。

① 人工费。人工费是指直接从事建筑安装工程施工的生产工人开支的各项费用，内容包括以下几项。

a）基本工资，是指发放给生产工人的基本工资。

b）工资性补贴，是指按规定标准发放给生产工人的物价补贴，煤、燃气补贴，交通补贴，住房补贴，流动施工津贴等。

c）生产工人辅助工资，是指生产工人年有效施工天数以外非作业天数的工资，包括职工学习、培训期间的工资，调动工作、探亲、休假期间的工资，因气候影响的停工工资，女工哺乳时间的工资，病假在六个月以内的工资及产、婚、丧假期的工资。

d）职工福利费，是指按规定标准计提的职工福利费。

e）生产工人劳动保护费，是指按规定标准发放的劳动保护用品的购置费及修理费，徒工服装补贴，防暑降温费，在有碍身体健康环境中施工的保健费用等。

② 材料费。材料费是指施工过程中耗费的构成工程实体的原材料、辅助材料、构配件、零件、半成品的费用。内容包括以下几项。

a）材料原价(或供应价格)。

b）材料运杂费，是指材料自来源地运至工地仓库或指定堆放地点所发生的全部费用。

c）运输损耗费，是指材料在运输装卸过程中不可避免的损耗。

d）采购及保管费，是指为组织采购、供应和保管材料过程中所需要的各项费用。

e）检验试验费，是指对建筑材料、构件和建筑安装物进行一般鉴定、检查所发生的费用，包括自设试验室进行试验所耗用的材料和化学药品等费用。不包括新结构、新材料的试验费和建设单位对具有出厂合格证明的材料进行检验，对构件做破坏性试验及其他特殊要求检验试验的费用。

③ 施工机械使用费。施工机械使用费是指施工机械作业所发生的机械使用费以及机械安拆费和场外运费。

施工机械台班单价应由下列七项费用组成。

a）折旧费，指施工机械在规定的使用年限内，陆续收回其原值及购置资金的时间价值。

b）大修理费，指施工机械按规定的大修理间隔台班进行必要的大修理，以恢复其正常功能所需的费用。

c）经常修理费，指施工机械除大修理以外的各级保养和临时故障排除所需的费用，包括为保障机械正常运转所需替换设备与随机配备工具附具的摊销和维护费用，机械运转中日常保养所需润滑与擦拭的材料费用及机械停滞期间的维护和保养费用等。

d）安拆费及场外运费，安拆费指施工机械在现场进行安装与拆卸所需的人工、材料、机械和试运转费用以及机械辅助设施的折旧、搭设、拆除等费用；场外运费指施工机械整体或分体自停放地点运至施工现场或由一个施工地点运至另一个施工地点的运输、装卸、辅助材料及架线等费用。

e) 人工费，指机上司机(司炉)和其他操作人员的工作日人工费及上述人员在施工机械规定的年工作台班以外的人工费。

f) 燃料动力费，指施工机械在运转作业中所消耗的固体燃料(煤、木柴)、液体燃料(汽油、柴油)及水、电等。

g) 养路费及车船使用税，指施工机械按照国家规定和有关部门规定应缴纳的养路费、车船使用税、保险费及年检费等。

(2) 措施费。措施费是指为完成工程项目施工，发生于该工程施工准备和施工过程中非工程实体项目的费用。措施费包括施工技术措施费和施工组织措施费。其中，施工技术措施费包括大型机械进出场及安拆费，混凝土、钢筋混凝土模板及支架费，脚手架费和已完工程及设备保护费。施工组织措施费包括环境保护费，文明施工费，安全施工费，临时设施费，夜间施工费，二次搬运费，冬雨季施工费，生产工具用具使用费，工程交点费，场地清理费，施工排水、降水费等。

施工技术措施费根据实际发生的施工技术措施估算，施工组织措施费一般是在直接工程费和施工技术措施费的基础上，按一定的费率估算。估算方法参见工程造价有关教材。

(1) 环境保护费，是指施工现场为达到环保部门要求采取措施所需要的各项费用。

(2) 文明施工费，是指施工现场为达到现场文明施工生产，采取措施所需要的各项费用。

(3) 安全施工费，是指施工企业为保证现场施工安全而采取相应措施所需要的各项费用。

(4) 临时设施费，是指施工企业为进行建筑工程施工所必须搭设的生活和生产用的临时建筑物、构筑物和其他临时设施费用等。

(5) 夜间施工增加费，是指因夜间施工所发生的夜班补助费、夜间施工降效、夜间施工照明设备摊销及照明用电等费用。

(6) 二次搬运费，是指因施工场地狭小等特殊情况而发生的二次搬运费用。

(7) 冬雨季施工费，是指在冬天和雨季施工所发生的施工补助费、施工措施增加费等。

(8) 生产工具用具使用费，是指施工企业在采取施工技术和组织措施时使用的各种生产工具、用具而发生的费用。

(9) 大型机械设备进出场及安拆费，是指机械整体或分体自停放场地运至施工现场或由一个施工地点运至另一个施工地点，所发生的机械进出场运输及转移费用及机械在施工现场进行安装、拆卸所需的人工费、材料费、机械费、试运转费和安装所需的辅助设施的费用。

(10) 混凝土、钢筋混凝土模板及支架费，是指混凝土施工过程中需要的各种钢模板、木模板、支架等的支、拆、运输费用及模板、支架的摊销(或租赁)费用。

(11) 脚手架费，是指施工中需要的各种脚手架搭、拆、运输费用及脚手架的摊销(或租赁)费用。

(12) 已完工程及设备保护费，是指在工程竣工验收前，对已完工程及设备进行保护所需的费用。

(13) 施工排水、降水费，是指为确保工程在正常条件下施工，采取各种排水、降水措施所发生的各种费用。

(14) 场地清理费，是指施工企业为保证施工顺利进行而对场地进行清理而发生的费用。

(15) 地上、地下设施、建筑物的临时保护设施费。是指在工程竣工验收前，对已完成的地上、地下设施和建筑物的进行临时保护所需的费用。

(16) 工程交点费，是指施工企业与监理工程师或工程咨询公司进行工程定位点，如水准点、坐标点的交接而发生的各项费用。

2) 间接费

间接费由规费和企业管理费组成。

(1) 规费。规费是指政府和有关权力部门规定必须缴纳的费用，包括工程排污费、工程定额测定费、社会保障费、住房公积金、危险作业意外伤害保险等。

① 工程排污费，是指企业在施工现场排放废渣、废气、废水等按规定应上缴给有关管理部门的费用。

② 工程定额测定费，是指按规定每年应支付给工程造价(定额)管理部门的定额测定费。

③ 社会保障费，是指施工企业按规定标准为职工缴纳的各种社会保险费。包括养老保险费、失业保险费和医疗保险费。

④ 住房公积金，是指企业按规定标准为职工缴纳的住房公积金。

⑤ 危险作业意外伤害保险，是指按照建筑法规定，企业为从事危险作业的建筑安装施工人员支付的意外伤害保险费。

(2) 企业管理费。企业管理费是指建筑安装企业组织施工生产和经营管理所需的费用，包括管理人员工资、办公费、交通差旅费、固定资产使用费、工具用具使用费、劳动保险费、工会经费、职工教育经费、财产保险费、财务费、税金等

① 管理人员工资，是指施工企业管理人员的基本工资、工资性补贴、职工福利费、劳动保护费等。

② 办公费，是指施工企业内管理办公用的文具、纸张、账表、印刷、邮电、书报、会议、水电、烧水和集体取暖(包括现场临时宿舍取暖)用煤等费用。

③ 交通差旅费，是指施工企业职工因公出差、调动工作的差旅费，住勤补助费，市内交通费和误餐补助费，职工探亲路费，劳动力招募费，职工离退休、退职一次性路费，工伤人员就医路费，工地转移费以及管理部门使用的交通工具的油料、燃料、养路费及牌照费。

④ 固定资产使用费，是指施工企业的管理和试验部门及附属生产单位使用的属于固定资产的房屋、设备仪器等的折旧、大修、维修或租赁费。

⑤ 工具用具使用费，是指施工企业管理使用的不属于固定资产的生产工具、器具、家具、交通工具和检验、试验、测绘、消防用具等的购置、维修和摊销费。

⑥ 劳动保险费，是指由施工企业支付离退休职工的易地安家补助费、职工退职金、六个月以上的病假人员工资、职工死亡丧葬补助费、抚恤费以及按规定支付给离休干部的各项经费。

⑦ 工会经费，是指施工企业按职工工资总额计提的工会经费。

⑧ 职工教育经费，是指企业为职工学习先进技术和提高文化水平，按职工工资总额计提的费用。

⑨ 财产保险费，是指施工管理用财产、车辆的保险费。

⑩ 财务费，是指企业为筹集资金而发生的各种费用。

⑪ 税金，是指企业按规定缴纳的房产税、车船使用税、土地使用税、印花税等。

⑫ 其他费用，包括技术转让费、技术开发费、业务招待费、绿化费、广告费、公证费、法律顾问费、审计费、咨询费等。

3）利润

利润是指施工企业完成所承包工程而获得的盈利。

4）税金

税金是指国家税法规定的应计入建筑安装工程造价内的营业税、城市维护建设税及教育费附加等。

2. 国际工程投标费用的组成

国际工程承包的投标报价与国内工程相比，不仅组成项目多，并且各个承包商的分类和计算方法也各不相同。国际工程投标报价费用包括工程总成本、盈余、暂定金额和上级企业管理费。

1）工程总成本

工程总成本由直接费和间接费组成。

(1) 直接费。工程直接费一般由人工费，材料、设备费，施工机械费和分包工程费组成。

① 人工费。国际工程承包的人工费比国内工程承包复杂，其单价计算要考虑工人的来源情况，不同来源的工人，其人工费是不同的。我国到国外承包工程，劳动力来源主要有两方面，一是国内派出的工人，二是在国外雇用的工人。因此，人工费就由国外雇佣工人工资和出国工人工资两部分组成，那么人工费单价就是指国内派出工人和当地雇佣工人的平均工资单价。计算平均工资单价时，先分别计算两类工资水平单价，再考虑工效和其他一些因素，就可以确定在工程总用工量中这两类工人完成工日所占的比重，进而加权平均算出平均工资单价即可，即

平均工资单价＝国内派出工人工资单价×国内派出工人工日占总工日的百分比
＋当地雇用工人工资单价×当地雇工人工日占总工日的百分比/工效比

式中的工效比是指当地雇工人的工效与国内派出工人的工效之比。

国内派出工人的工资费用与国内工程承包还不一样，费用项目更多些。具体包括国内的工资、国内管理费、国内置装费、国内差旅费、国内劳保及生活用品费和国外的入境签证费、工作证费、居住证费、健康证费、国际旅费、国外医疗费、国外生活费、国外加班工资奖金、国外人身意外事故保险费、个人所得税、国外住宿费等。

当地雇佣工人工资费用包括外国工人的日标准工资(国外一般以小时计工资)、带薪假日工资、夜间施工或加班增加的工资、按规定承包商应支付的所得税、福利费、保险费、招聘工人和解聘工人的费用、工人交通费及各种补贴费等。计算报价时一般直接按工程所在地各类工人的日工资标准的平均值计算。

但是，如果计算出的国内派出工人工资单价与当地雇佣工人工资单价相差悬殊的话，还应当进行综合考虑和调整。当国内派出的工人工资单价低于当地雇用的工人工资单价

时，报价有竞争力，但若采用较低的工资单价，会减少收益，难以规避风险的冲击，从企业角度讲不利，应适当上调。调整后的工资单价以略低于当地工资单价5%～10%为宜。当国内派出的工人工资单价高于当地雇佣的工人工资单价时，当地工人的工效比又不大，就应适当下调。若调整后的工资单价仍不理想，就得考虑少派或不派国内工人，以减少工资成本。

② 材料、设备费。材料、设备的采购渠道不同，其费用不同。我国许多对外承包公司都根据对外承包的经验，依据材料、设备的来源不同，制订出两种不同的计算表格。一是当地市场材料、设备优选价格统计表，另一种是国内和第三国采购材料、设备价格比较表，并每隔一定时期对这两个表格进行修正。在计算报价时，通过这两种表格的比较，进行材料和设备的选购。

a）国内和第三国采购材料、设备单价计算。

$$材料费=\sum(各种材料单价\times相应的材料总用量)$$

$$\begin{aligned}材料单价=&材料采购原价+税金+运杂费+运输保险费+运储损耗费\\&+采购保管费+材料预备涨价费\end{aligned}$$

$$设备费=\sum(各种设备单价\times相应的设备数量)$$

$$\begin{aligned}设备单价=&设备采购原价+税金+运杂费+运输保险费+采购保管费\\&+设备安装与调试费\end{aligned}$$

b）当地采购材料、设备单价计算。一般按当地材料、设备供应商报价，由供应商运至工地。有些材料也可以自己组织运输。另外，一些大宗型材料如砂、石等，也可以自己组织开采加工，其单价可按实际消耗费用计算。材料消耗定额可根据招标文件中有关技术规范要求，结合工程条件、机械化施工程度，参照国内定额确定。材料的运输损耗和加工损耗计入材料用量，不另外增加单价。

③ 施工机械费。施工机械费是指为完成投标工程使用施工机械所需要的费用。国外承包工程施工机械有两种来源：一是自购，二是租赁。如果是租赁，施工机械的台班单价就可以根据事先调查的市场租赁价格来确定。自购机械费用包括折旧费、运载费、安装拆卸费、维修保养费、机械保险费、燃料动力费、操作人工费等。

国外工程承包施工机械的折旧费与国内工程承包的计算处理有些不同。国外承包工程施工机械的折旧年限一般按机械需要大修的时间来确定。如果是新购设备，还应考虑拟在本工程中摊销的折旧比率。大型施工机械通常按五年折旧完，折旧方法可采用直线折旧法或余额递减法。中小型机械、价值较低而又易损的机械、二手机械和在施工中使用台班较多的机械，可以一次性折旧，即按运抵工地的基价的100%摊入。

此外，在国际工程投标报价中，机械费有三种计列方式：一是在“开办费”项下列一笔机械总费用；二是在每一单项(或单位)工程的报价单内列出一笔总费用；三是将机械费用计入分部分项工程单价内，不单独出现机械费用。具体怎样处理，须由投标人根据招标文件对报价项目的要求而定。

④ 分包工程费。工程承包中的分包一般有专业工程分包、土建分包和劳务分包三种。常用的分包形式有以下三种。

第一种是业主直接将工程划分成若干部分，由业主将这些工程分别分包给若干个承包商。采用这种方式分包，一般在工地有一家主要的承包商负责向其他承包商提供必要的施工条件，如供水、供电及施工协调等，这时主要的承包商的分包费就是向其他承包商收取的管理费。在报价时，只须列出分包商的管理费就可以了。

第二种是由一家承包商总承包整个工程，其他分包商不与业主发生关系，只对承包商负责。采用这种方式分包，总承包就应在报价中单独列出分包费。分包费不仅包括对分包商的管理费，还包括分包工程的各项费用。承包商应认真确定分包内容、分包工程范围、图纸资料及分包合同条件，选定若干个分包商，规定分包报价要求，同时计算分包费用。

第三种是指定分包商，这是由业主或工程师指定或在签订合同时规定的分包商，他们将来负责某一部分工程的实施，并提供材料、设备、其他货物或服务等。这类分包商的费用可与业主或工程师商定计算，在报价中单独列出；也可以经过工程师批准，在“暂定金额”中支付。

(2) 间接费。国际工程承包中的间接费名目繁多，费率变化也大，分类方法也没有统一标准。在计算报价时，应根据实际可能发生的费用项目计算。这里介绍几种常见的费用。

① 投标费。投标费包括招标文件购买费、投标期间差旅费、投标文件的编制费。

② 保函手续费。它包括投标保函费、履约保函费、预付款保函费和维修保函费等。

银行在出具保函时均要按保函金额的一定比例收取手续费。确定投保银行后，按照业主要求的保函金额和保函期，与银行保函费率三者相乘，就可以算出保函手续费了。

③ 保险费。在国外承包工程中，一般都要求办理工程保险(国内现在也要求)。它包括工程保险、第三方责任险、人身意外保险、材料设备运输保险、施工机械保险等。其中后三项已计入工、料、机单价，不重复计算。工程保险是招标文件中规定的，以保证工程建设和保修期间，因自然灾害和意外事故对工程造成的损失能够得到补偿，按总标价乘以保险费率计算。第三方责任险是保证工程在建设过程中对第三方，如行人等造成的损害或损伤进行的补偿。其保险费等于投保额度乘以保险费率，而投保额度一般在招标文件中作出规定。人身意外保险是保证施工企业人员在施工建设期间，因意外伤害而得到的补偿。人身意外保险一般没有明确的额度规定，由投标单位自行办理，但至少应保证施工建设人员在施工建设期间发生人身意外事故时能得到必要的补偿。

④ 税金。各个国家的税法和税收政策不同，对外国承包商课税的项目和税率也不相同。常见的税金有合同税、营业税、所得税、产业税、社会福利税、社会安全税、养路及车辆牌照税、地方政府开征的特种税金、关税、转口税等。关税和转口税直接列入相关的材料、施工机械价格中，不另外计算。其他税按当地的有关规定计算。

⑤ 业务费。业务费包括监理工程师费、代理人佣金和法律顾问费等。

⑥ 施工管理费。施工管理费是指除了直接用于工程项目施工所需的人工、材料和施工机械等开支以外的，但又是为了实施工程所需要的各项开支项目。施工管理费一般包括施工管理人员工资、福利及各种补贴、办公费、差旅费、当地调遣费、医疗费、业务经营费、劳动报酬费、国外生活用品购置费、固定资本使用费、工具用具使用费和检验实验费等。施工管理费是一项数额较大的费用，一般要占总价的10%～15%，因此，在报价时应该根据工程的规模、类型以及实际所需费用逐项计算确定，以准确计算其数值。

⑦ 临时设施工程费。临时设施工程费包括全部生产、生活和办公所需要的临时设施，施工区内的道路、围墙及水电、通信设施等。具体项目和数量应在施工规划中提出。也有的招标文件要求把临时设施作为一个独立的工程项目计入总价，这种情况对承包商是有利

的，因为施工完毕后，还可以收回部分临时设施费用。

⑧ 贷款利息。承包商支付贷款利息有两种情况：一种是自身资金不足，需要从银行贷款组织施工，这些贷款的利息应全部计入工程成本；另一种是业主在招标文件中提出由承包商贷款先垫付部分或全部工程款项，在工程完工投入使用后由业主逐年偿还贷款，并支付承包商一定的利息。但业主支付给承包商的利息往往都低于承包商在银行的贷款利息，因而应将这部分利息差额计入工程成本中。

2）暂定金额

暂定金额是业主在招标文件中规定的用于尚未定量或详细确定的工程而提供的一种备用金。暂定金额可用于工程施工，提供物资、材料、设备、技术服务、分包项目以及其他开支。但只有当尚未确定的项目发生时，才能使用暂定金额，且只有工程师才有权利决定其是否使用和使用额度，承包商是无权做主使用此备用金的。在投标报价时，承包商应将此金额计入工程总成本中。

3）上级管理费

上级管理费是指上级管理公司对所属现场施工企业收取的管理费，但不包括工地现场的管理费，据统计约为工程总成本的3%～5%。

4）风险费与盈余

为了防范工程施工中的风险损失，承包商在报价时一般都考虑一定风险费。在国外承包工程中，可能遇到的风险有合同期限，支付条件和纳税要求，担保协议，进口税退还，工程规范，现场自然条件，当地劳工、设备、材料的供应，货币的波动、通货膨胀、违约和延误的罚款等。风险费对承包商来说是一项很难预测的费用，据资料统计，风险费约占工程总成本的4%～6%。如果预计的风险没有全部发生，那么节余的风险费就是承包商的盈余。风险费列支太高，报价没有竞争力；风险费列支不足，可能发生亏损，只能由利润来弥补风险费。

盈余包括风险费节余和利润。国际工程承包不像国内工程承包有利润规定，国际工程承包一般由承包公司综合考虑各种因素后自行确定一个利润目标，并以此目标作为计算利润的依据。国际工程承包市场竞争激烈，变化也比较大，在70年代和80年代利润可达10%～15%，但现在利润下降较大。为了提高竞争力，一般利润率可考虑在5%～10%。

最后，根据以上各项数据，就可以计算工程总价。工程总价就是投标报价的依据，即

工程总价＝直接费＋间接费＋暂定金额＋上级管理费＋风险费＋盈余(或利润)

3.8 投标文件的编制与报送

投标文件是投标活动的一个书面成果，它是投标人能否通过评标、决标、中标，进而签订合同的依据。因此，投标人应对投标文件的编制和报送给以高度重视。

3.8.1 投标报价单的编制

投标报价单是投标书的主要内容，也是业主评标时重点考核的对象，它在很大程度上

决定着投标的成功与否。填写投标报价单时，必须以严格的科学分析和计算为基础，经过多种报价方案的分析、比较，合理地确定最终投标报价，才可能中标。

投标报价的计算程序

计算报价时，一般应根据招标人要求的承包方式和拟签订的合同类型，采用相应的计算方法来确定。根据建设部 2001 年 11 月发布的第 107 号部令《建筑工程施工发包与承包计价管理办法》的规定，发包与承包价的计算方法分为工料单价法和综合单价法。两种计价方法的程序如下。

1）工料单价法计算程序

工料单价法是以分部分项工程量乘以单价后的合计为直接工程费，直接工程费以人工、材料、机械的消耗量及其相应价格确定。直接工程费汇总后另加间接费、利润、税金生成工程承包价，其计算程序分为三种。

(1) 以直接费为计算基础，见表 3-1。

表 3-1　以直接费为计算基础的计算程序

序号	费用项目	计算方法
1	直接工程费	按预算定额计算
2	措施费	按规定标准计算
3	小计	(1)+(2)
4	间接费	(3)×间接费费率
5	利润	[(3)+(4)]×相应利润率
6	合计	(3)+(4)+(5)
7	含税造价	(6)×(1+相应税率)

(2) 以人工费和机械费为计算基础，见表 3-2。

表 3-2　以人工费和机械费为计算基础的计算程序

序号	费用项目	计算方法
1	直接工程费	按预算定额计算
2	其中：人工费和机械费	按预算定额计算
3	措施费	按规定标准计算
4	其中：人工费和机械费	按规定标准计算
5	小计	(1)+(3)
6	人工费和机械费小计	(2)+(4)
7	间接费	(6)×间接费费率
7	利润	(6)×相应利润率
9	合计	(5)+(7)+(8)
10	含税造价	(9)×(1+相应税率)

(3) 以人工费为计算基础，见表3-3。

表3-3 以人工费为计算基础的计算程序

序号	费用项目	计算方法
1	直接工程费	按预算定额计算
2	其中：人工费	按预算定额计算
3	措施费	按规定标准计算
4	其中：人工费	按规定标准计算
5	小计	(1)+(3)
6	人工费小计	(2)+(4)
7	间接费	(6)×间接费费率
8	利润	(6)×相应利润率
9	合计	(5)+(7)+(8)
10	含税造价	(9)×(1+相应税率)

2) 综合单价法计算程序

综合单价法是分部分项工程单价为全费用单价，全费用单价经综合计算后生成，其内容包括直接工程费、间接费、利润和税金(措施费也可按此方法生成全费用价格)。

各分项工程量乘以综合单价的合价汇总后，生成工程报价。

由于各分部分项工程中的人工、材料、机械含量的比例不同，各分项工程可根据其材料费占人工费、材料费、机械费合计的比例(以字母“C”代表该项比值)在以下三种计算程序中选择一种计算其综合单价。

(1) 当$C>C_0$(C_0为本地区原费用定额测算所选典型工程材料费占人工费、材料费和机械费合计的比例)时，可采用以人工费、材料费、机械费合计(也称直接费)为基数计算该分项的间接费和利润，见表3-4。

表3-4 以直接费为计算基础的计算程序

序号	费用项目	计算方法
1	分项直接工程费	人工费+材料费+机械费
2	间接费	(1)×间接费费率
3	利润	[(1)+(2)]×相应利润率
4	合计	(1)+(2)+(3)
5	含税造价	(4)×(1+相应税率)

(2) 当$C<C_0$值的下限时，可采用以人工费和机械费合计为基数计算该分项的间接费和利润，见表3-5。

表3-5　以人工费和机械费为计算基础的计算程序

序号	费用项目	计算方法
1	分项直接工程费	人工费＋材料费＋机械费
2	其中：人工费和机械费	人工费＋机械费
3	间接费	(2)×间接费费率
4	利润	(2)×相应利润率
5	合计	(1)＋(3)＋(4)
6	含税造价	(5)×(1＋相应税率)

(3) 如该分项的直接费仅为人工费，无材料费和机械费时，可采用以人工费为基数计算该分项的间接费和利润，见表3-6。

表3-6　以人工费为计算基础的计算程序

序号	费用项目	计算方法
1	分项直接工程费	人工费＋材料费＋机械费
2	其中：人工费	人工费
3	间接费	(2)×间接费费率
4	利润	(2)×相应利润率
5	合计	(1)＋(3)＋(4)
6	含税造价	(5)×(1＋相应税率)

3.8.2　投标报价的计算方法

1. 直接费

1) 直接工程费

$$直接工程费=人工费+材料费+施工机械使用费$$

(1) 人工费。

$$人工费=\sum(工日消耗量\times日工资单价)$$

而

$$日工资单价=基本工资+工资性补贴+生产工人辅助工资+职工福利费+生产工人劳动保护费$$

其中

$$基本工资=\frac{生产工人平均月工资}{年平均法定工作日}$$

$$工资性补贴=\frac{\sum 年发放标准}{全年日历日-法定假日}+\frac{\sum 月发放标准}{年平均法定工作日}+每工作日发放标准$$

$$生产工人辅助工资=\frac{全年无效工作日\times(基本工资+工资性补贴)}{全年日历日-法定假日}$$

$$职工福利费=(基本工资+工资性补贴+生产工人辅助工资)\times福利费计提比例(\%)$$

$$生产工人劳动保护费=\frac{生产工人年平均支出劳动保护费}{全年日历日-法定假日}$$

(2) 材料费。

$$材料费=\Sigma(材料消耗量\times材料基价)+材料检验试验费$$

其中

$$材料基价=\{(材料供应价格+运杂费)\times[1+运输损耗率(\%)]\}\times[1+采购保管费率(\%)]$$

$$材料检验试验费=\Sigma(单位材料量检验实验费\times材料消耗量)$$

(3) 施工机械使用费。

$$施工机械使用费=\Sigma(施工机械台班消耗量\times机械台班单价)$$

其中

$$机械台班单价=台班折旧费+台班大修费+台班经常修理费+台班安拆费及场外运输费+台班人工费+台班燃料动力费+车船使用税$$

2) 措施费

措施费中的施工技术措施费是按施工中实际需要发生的技术措施来计算，如脚手架费和垂直运输费按建筑面积计算。

施工组织措施费收费标准是按工程量清单计价模式和定额计价模式分类计算的，且计算基数不同，取费标准也不同，具体收费规定由各地区或国务院有关专业主管部门的工程造价管理机构自行规定，如湖北省建筑工程的施工组织措施费的计算，按工程量清单计价，计算基数为直接工程费加施工技术措施费时，12 层以下的建筑工程安全防护费费率为 1.8%，而按定额计价时费率为 2.25%。

这里介绍一些通用措施费项目的计算方法，各专业工程的专用措施费项目的计算方法由各地区或国务院有关专业主管部门的工程造价管理机构自行制定。

(1) 环境保护费。

$$环境保护费=直接工程费\times环境保护费费率(\%)$$

其中

$$环境保护费费率(\%)=\frac{本项费用年度平均支出}{全年建安产值\times直接工程费占总造价比例(\%)}$$

(2) 文明施工费。

$$文明施工费=直接工程费\times文明施工费费率(\%)$$

其中

$$文明施工费费率(\%)=\frac{本项费用年平均支出}{全年建安产值\times直接工程费占工程总造价比例(\%)}$$

(3) 安全施工费。

$$安全施工费=直接工程费\times安全施工费费率(\%)$$

其中

$$安全施工费费率(\%)=\frac{本项费用年平均支出}{全年建安产值\times直接工程费占工程总造价比例(\%)}$$

(4) 临时设施费

临时设施费由周转使用临时建筑(如活动房屋)、一次性使用临时建筑(如简易建筑)和其他临时设施(如临时管线)三部分组成。

$$临时设施费=(周转使用临建费+一次性使用临建费)\times[1+其他临时设施所占比例(\%)]$$

其中

$$周转使用临建费=\sum\left[\frac{临建面积\times每平方米造价}{使用年限\times365\times利用率(\%)}\times工期(天)\right]+一次性拆除费$$

$$一次性使用临建费=\sum临建面积\times每平方米造价\times[1-残值率(\%)]+一次性拆除费$$

其他临时设施在临时设施费中所占比例，可由各地区造价管理部门依据典型施工企业的成本资料经分析后综合测定，计算标价时参考即可。

(5) 夜间施工增加费。

$$夜间施工增加费=\left(1-\frac{合同工期}{定额工期}\right)\times\frac{直接工程费中的人工费合计}{平均日工资单价}\times每工日夜间施工费开支$$

(6) 二次搬运费。

$$二次搬运费=直接工程费\times二次搬运费费率(\%)$$

其中

$$二次搬运费费率(\%)=\frac{年平均二次搬运费开支额}{全年建安产值\times直接工程费占总造价的比例(\%)}$$

(7) 大型机械进出场及安拆费。

$$大型机械进出场及安拆费=\frac{一次进出场及安拆费\times年平均安拆次数}{年工作台班}$$

(8) 混凝土、钢筋混凝土模板及支架费。

$$模板及支架费=模板摊销量\times模板价格+支、拆、运输费$$

其中

$$模板摊销量=一次使用量\times(1+施工损耗率)\times\left[1+\frac{(周转次数-1)\times补损率(\%)}{周转次数}-\frac{1-补损率(\%)}{2\times周转次数}\right]$$

$$租赁费=模板使用量\times使用日期\times租赁价格+支、拆、运输费$$

(9) 脚手架费。

$$脚手架费=脚手架摊销量\times脚手架价格+搭、拆、运输费$$

其中

$$脚手架摊销量=\frac{\{单位一次使用量\times[1-残值率(\%)]\}\times一次使用期}{耐用期}$$

$$租赁费=脚手架每日租金\times搭设周期+搭、拆、运输费$$

(10) 已完工程及设备保护费。

$$已完工程及设备保护费=成品保护所需机械费+材料费+人工费$$

(11) 施工排水、降水费

$$施工排水、降水费=\sum 排水降水机械台班费\times 排水降水周期+排水降水使用材料费、人工费$$

2. 间接费

间接费的计算方法按取费基数的不同分为以下三种。

第一种，以直接费为计算基础，即

$$间接费=直接费合计\times 间接费费率(\%)$$

第二种，以直接费和机械费合计为计算基础，

$$间接费=\sum(直接费+机械费)\times 间接费费率(\%)$$

第三种，以人工费为计算基础，即

$$间接费=人工费合计\times 间接费费率(\%)$$

其中，间接费费率由规费费率和企业管理费费率两部分组成。

1) 规费费率

一般由造价管理部门根据本地区典型工程承发包价的分析资料综合取定规费计算中所需数据，如每万元承发包价中人工费含量和机械费含量，人工费占直接费的比例及每万元承发包价中所含规费缴纳标准的各项基数。规费费率的计算公式如下。

(1) 以直接费为计算基础。

$$规费费率(\%)=\frac{\sum 规费缴纳标准\times 每万元发承包价计算基数}{每万元发承包价中的人工费含量}\times 人工费占直接费的比例(\%)$$

(2) 以人工费和机械费合计为计算基础。

$$规费费率(\%)=\frac{\sum 规费缴纳标准\times 每万元发承包价计算基数}{每万元发承包价中的人工费含量和机械费含量}\times 100\%$$

(3) 以人工费为计算基础。

$$规费费率(\%)=\frac{\sum 规费缴纳标准\times 每万元发承包价计算基数}{每万元发承包价中的人工费含量}\times 100\%$$

计算时，多数情况都参照国家或地区的有关取费标准，取综合费率。采用工程量清单计价和定额计价的规费费率是不相同的，不同的计费基数也不同。例如，湖北省 2008 年费用定额中规定，采用工程量清单计价，以直接工程费和技术措施直接工程费为计费基数的工程，规费费率取 6.35%，以人工费与机械费之和为计费基数的工程，规费费率取 17.8%。

2) 企业管理费费率

企业管理费费率计算公式如下。

(1) 以直接费为计算基础。

$$企业管理费费率(\%)=\frac{生产工人年平均管理费}{年有效施工天数\times 人工单价}\times 人工费占直接费比例(\%)$$

(2) 以人工费和机械费合计为计算基础。

$$企业管理费费率(\%)=\frac{生产工人年平均管理费}{年有效施工天数\times(人工单价+每一工日机械使用费)}\times 100\%$$

(3) 以人工费为计算基础。

$$企业管理费费率(\%)=\frac{生产工人年平均管理费}{年有效施工天数\times人工单价}\times100\%$$

企业管理费费率也按工程量清单计价模式和定额计价模式分类计算，且计算基数不同，取费标准也不同。例如，湖北省 2008 年费用定额中规定，采用工程量清单计价，以直接工程费和措施项目直接工程费为计费基数的工程，企业管理费费率取 4.95%，而按定额计价模式的工程，企业管理费费率取 5.45%。

3. 利润

利润计算公式见表 3-1～表 3-6。

利润率也可以参照国家或地区的有关利润标准计算，一般随计算基数不同而不同。企业也可以自行确定利润率，但最好不要高于本地区造价管理部门制定的利润率标准，否则报价没有竞争力。例如，湖北省 2008 年费用定额中规定，以直接费(直接工程费)为计费基数的工程，利润率为 5.35%，以人工费与机械费之和为计费基数的工程，利润率为 5.15%。

4. 税金

税金是上缴给国家或地区的法定资金，必须按照规定计算。只要是直接费、间接费和利润已经确定，税金就不能更改。

税金计算公式为

$$税金=不含税工程造价\times综合税率(\%)$$

其中，综合税率又有以下三种情形。

(1) 纳税地点在市区的企业，综合税率为 3.41%。

(2) 纳税地点在县城、镇的企业，综合税率为 3.35%。

(3) 纳税地点不在市区、县城、镇的企业，综合税率为 3.22%。

按照以上方法计算出的报价只是初步的报价，投标人还应综合考虑各种风险因素，对各主要分项工程的单价进行分析比较，并将自己计算的报价与先进合理的同类型工程进行比较，看看是否偏高、偏低或不合理。通过比较，若发现有不合理的因素，应及时进行调整，该升则升，该降则降。然后将调整后的标价作为内部标价。根据以上的计算，投标人就可以编制投标报价单了。如果招标人是按工程量清单招标的，那么直接将分项工程单价填写在工程量清单上，同时编制费用总表和报价汇总表一同作为报价单。如果招标人是按传统的定额报价方式招标的，则需要按预算书的格式编写投标预算书，并编制报价汇总表一同作为报价单。

此外，在报价时，还应该采取不同的投标策略，对工程项目的风险和盈余进行分析，分别计算高、中、低三档标价，作为投标报价策略。这部分内容将在第 4 章的有关投标策略的小节中介绍。

3.9 投标书的制作

1. 投标书的内容

投标书的内容包括以下几项。

(1) 投标函及投标函附录。

(2) 法定代表人身份证明或附有法定代表人身份证明的授权委托书。

(3) 联合体协议书。

(4) 投标保证金。

(5) 已标价工程量清单。

(6) 施工组织设计(施工规划)。

(7) 项目管理机构。

(8) 拟分包项目情况表。

(9) 资格审查资料。

(10) 投标人须知前附表规定的其他材料。

综合归类，投标书一般由商务标和综合标两部分组成(也有的分商务标、技术标和综合标)。

1) 商务标

商务标主要包括投标函及投标函附表、银行出具的投标保函、法定代表人资格证书、法定代表人委托书、对招标文件的合同协议条款的确定和响应、投标单位及个人的有关的资格证明材料、分项工程量价格表或投标预算书等。

(1) 投标函及投标函附表。招标文件中通常有规定的投标函格式，投标人只须按规定的格式填写必要的数据和签字即可，以表明投标人对各项基本保证的确认。确认的内容包括工期和开工日期、工程质量标准、总报价金额、接受投标后提供履约保证等。下面是一个投标函的格式案例。

投 标 函

(招标单位名称)：

一、根据已收到的＿＿＿＿＿＿＿＿工程的招标文件，遵循《中华人民共和国招标投标法》等有关法律、法规的规定，经考察现场和研究招标文件后，我方愿意以人民币(大写)＿＿＿＿＿＿元整(RMB：＿＿＿＿万元)的投标报价，按招标文件的要求承包上述工程的施工、竣工并修补其任何缺陷。

二、一旦我方中标，我方将保证合同专用条款中规定的开工日期开始施工，并在合同专用条款中规定的预计竣工日期完成和交付全部工程，即在＿＿＿年＿＿月＿＿日开工，共计＿＿＿＿个日历天内竣工并移交全部工程。

三、如果我方中标，我方将按照招标文件的规定提交上述合同价＿＿%的银行保函或上述总价＿＿%的由具有独立法人资格的经济实体出具的履约担保，共同和分别地承担责任。

四、我方保证本工程质量达到＿＿＿＿＿＿＿标准。

五、你方的招标文件、中标通知书和本投标文件将构成约束我们双方的合同。

六、我方将以金额为人民币(大写)＿＿＿＿＿＿＿＿元整(RMB：＿＿＿＿＿万元)的投标担保与本投标函同时递交。

投标人(盖章)：＿＿＿＿＿＿＿＿＿＿＿＿＿＿＿

法定代表人或其委托的代理人(签字或盖章)：＿＿＿＿＿＿＿＿＿

单位地址：

邮政编码：　　　　电话：　　　　传真：

年　月　日

投标函后面可能还附有附表，说明履约保证金额、第三方责任保险的最低金额、开工与竣工日期、误期损害赔偿费、提前竣工奖金、保留金的百分比及额度、每次进度付款的最低限额、每次支付进度款的期限等。表3-7是某工程的一个投标函附表的格式。

表3-7　投标函附表

序号	项目内容	约定内容	备注
1	履约担保：银行保函金额	合同价的10%	
2	发出开工通知时间	签署合同协议书之日	
3	完工时间	300天	
4	误期赔偿费金额	3 000元/天	
5	误期赔偿费限额	合同价的3%	
6	提前工期奖	2 000元/天	
7	工程质量达到优良标准补偿金	10 000元	
8	工程质量未达到优良标准赔偿金	合同价的3%	
9	保修期		按建设工程质量管理条理办理
10	保修金限额	合同价的5%	
11	优惠条件	按中标价下浮1%	
12	动员预付款金额	合同价的10%	
13	保留金额	月付款的10%	
14	保留金限额	合同价的5%	
15	投标单位为本合同提供流动资金的数量	30万元	

有时招标文件还要求投标人递交其他的表格，如报价汇总表、开办费明细表、工程进度表、支付现金流量表、主要材料汇总表、主要施工机械表、临时设施布置及用地表等，对这些表格投标人也应该认真填写，并一同递交。

(2) 投标保函。投标保函须按招标文件中所附的格式由业主同意的银行开出。

(3) 法定代表人资格证书。法定代表人资格证书包括法定代表人的法人资格证书和身份证复印件。这是证明法人身份证明，是必须向招标人提供的。

(4) 法定代表人委托书。法定代表人委托书是法定代表人授权委托代理人代理其投标的依据。下面是某工程的法定代表人委托书格式。

法定代表人授权委托书

本授权委托书申明：我(投标单位法定代表人名)系(投标单位名称)的法定代表人，现委托(代理单位名称)的(代理人名)为我的代理人，以本公司的名义参加(招标单位名称)的(招标工程名称)工程的投标。授权委托人在开标、评标、合同谈判过程中所签署的一切文件和处理与之有关的一切事务，我均予以承认。

代理人无转委托权，特此委托。

投标人(盖章)：______________________________

法定代表人(盖章)：______________________________

代理人：______________ 性别：__________ 年龄：__________

代理人身份证号码：__________________ 代理人职务：__________

委托授权日期：________年________月________日

(5) 对招标文件的合同协议条款的确定和响应。这是对招标人及招标文件的一种承诺。下面是某工程的“招标文件的合同协议条款的确定和响应”的例子。

招标文件的合同协议条款的确定和响应

(招标单位名称)：

我公司对本招标文件的内容积极响应，对合同协议条款予以接受，并作为我公司投标文件的组成部分。若我公司有幸中标，招标文件将作为合同条款的组成部分，按与合同具有同等法律效力，严格执行。若有违招标文件，贵公司可给予相应处罚。

若我公司有幸中标承建本工程，我方愿与贵公司精诚合作，履行承诺，以优良的质量、合理的造价、真诚的服务圆满地完成该项施工任务，为贵公司建设发展作出贡献。

投标单位(盖章)：

法定代表人或其委托的代理人(签字或盖章)：

年 月 日

(6) 投标单位及个人的有关资格证明材料。投标单位必须如实提供这些证明材料，内容包括企业营业执照、企业资质证书、行业安全资格证书、外来驻本地企业注册登记证、安全生产许可证及其他如建设网会员证、协会会员证等。

(7) 分项工程量价格表或投标预算书。一般要求在招标文件所附的工程量表原件上填写单价和总价，每页均有小计，并有最后的汇总价。工程量表的每一个数字均须认真校核，并签字确认。投标预算书基本按照施工图预算书的格式编写，但不必那么详细。

2) 综合标

综合标主要包括施工项目组织机构的设置、项目班子的配备及人员情况、投标承诺及对招标文件的确认和响应措施(初步的施工组织设计)和企业近几年的业绩等。

(1) 项目班子的配备及人员情况。此项内容包括对投标工程将配备的项目班子的基本情况介绍、项目组织机构图、项目经理职责、项目经理资质、项目经理的工作经历与业绩、项目技术负责人的资质和简历、主要施工人员业绩一览表、项目质检员的资质和简历、项目安全员的资质和简历、项目材料员的资质和简历、项目预算员的资质和简历等。

(2) 投标承诺及对招标文件的确认和响应措施。此项内容包括工期承诺及处罚措施、施工进度计划图(以横道图居多)、工程质量承诺及处罚措施、工程质量保修承诺及处罚措施等。

(3) 企业近几年的业绩。此项内容包括投标企业近几年合同的履约情况、企业近几年业绩一览表、企业质量管理体系认证情况、企业采用新技术新工艺的情况、企业近几年获得的荣誉证书、企业近几年整体形象评价、企业法人荣誉证书等。

制作标书时，一般商务标在前，综合标在后，编制完后按顺序装订成册。

2. 编制投标书时应注意的问题

编制投标书时应注意以下方面。

(1) 投标文件中的各种表格必须严格按照招标文件提供的格式编制。填写表格时应按照招标文件的要求填写，绝不能随心所欲。所有表格不能有空，应全部填满。而且，重要的项目或数字，如质量等级、价格、工期等不能漏填，否则就会被认作是废标或无效标。

(2) 投标文件的内容必须按招标文件的要求来编写，切勿对招标文件的要求进行修改或提出保留意见。如果投标人确实发现招标文件中有问题的，应采取相应的处理办法。如存在的问题对投标人有利，则可以在投标时加以利用或在以后建设过程中提出索赔，对这类问题暂时不提出来；如存在有明显的错误且对投标人不利，投标人对这类问题应及时向业主提出质疑，要求更正；如招标文件的内容存在不科学、不合理的地方，改进后对双方都有利的，投标人对这类问题可以留待合同谈判时根据业主当时的兴趣提出来，以争取投标的主动权。无论是哪类问题，投标人都应该做好备忘录。

(3) 投标文件的副本应与正本一致，副本与正本不一致时以正本为准。正本只有一本，副本必须按照招标文件附表要求的份数提供。

(4) 投标文件应打印清楚、整洁、美观。补充的设计图纸也应美观，给业主留下好的印象。所有投标文件均应由投标人的法定代表人签字，并加盖印章及法人公章。所有投标文件都要装订成册，小型工程可装订一册，大、中型工程可分册装订。

(5) 编制投标文件时，应对计算过程反复核对、认真检查，保证分项和汇总计算一致。投标文件中不能有计算和文字错误。全套投标文件应当没有涂改和行间插字，如有个别涂改和行间插字，必须在有涂改和行间插字的地方由投标负责人签字并加盖印章。

(6) 如招标文件规定投标保证金为合同总价的某一百分比，投标人不宜过早开具投标保函，以防泄漏自己的投标报价。

(7) 要注意投标文件的语言组织，必须考虑开标后如果进入评标对象，在评标中采用的对策。如替代方案的优点的阐明，向业主致函，都应该有利于中标。

(8)注意暂估价的报价。暂估价(包括材料暂估单价、设备暂估价、专业工程暂估金额)是指招标人在工程量清单中给定的用于支付必然发生但暂时不能确定价格的材料、设备的单价以及专业工程的金额。一般暂估价都将构成工程总造价，所以报价时不宜报价太高，也不要漏项，以免影响中标。

3.10 投标文件的递送

投标文件的递送也称递标，是指投标人在规定的投标截止日期之前，将准备妥善的所有投标文件密封递送到招标单位的行为。

对于招标单位，在收到投标人的投标文件后，应签收或通知投标人已经收到其投标文件，并记录收到的日期和时间。同时，在收到投标文件到开标之前，所有投标文件不得启封，并应采取相应的保证措施，保证投标文件的安全。

递标时必须注意以下三点。

(1) 投标文件的递送应在招标文件规定的截止日期之前，否则拒不接受，或算作废标。但也不宜过早投递，以免泄露信息。

(2) 所有投标文件的正、副本都应用内、外两层信封包装，外层封面应写明招标单位的名称、地址、邮政编码、合同名称、工程名称和招标编号，并注明“开标前不得拆封”。内层封面应填写投标人的名称、地址、邮政编码等，以便投标文件送达时间超出截止日期时，招标单位能原封不动退回其标书。

(3) 注意信息跟踪。投标书递送后应时刻注意信息跟踪，一旦发现不足，要及时提供补充说明。如有必要，可以给业主致函，表明递送投标文件后考虑到与业主长期合作的诚意，决定降低报价一定的百分比。但信函要写得简明扼要，措词要委婉有说服力。

本章小结

在市场经济条件下，投标是材料供应商、工程设计企业、工程施工企业和工程监理公司等获得工程项目建设合同的主要途径。但是，在激烈的市场竞争中，要想中标，就必须遵循客观规律，严格按照投标程序办事。掌握投标工作内容、做好投标准备工作、编制具有竞争实力的投标文件是投标成功的关键。工程项目的投标程序是：获取招标信息→参加资格预审→购买和阅读招标文件→现场勘察、计算和复核工程量、参加标前会议、市场询价→编制施工规划→研究投标技巧→计算投标报价→编制投标文件→递送投标文件。

在正式投标前积极做好各项投标准备工作，有助于投标的成功。投标准备工作包括获取并查证投标信息、调查业主投标前期决策、成立投标工作机构、寻求合作伙伴、办理注册手续等内容。必须进行投标前的调查研究和现场勘察，认真研究招标文件，计算和复核工程量，做好初步的施工组织设计，它一般包括工程进度计划和施工方案，严谨计算和确定承包工程的投标报价。根据公司特点和竞争形势确定投标策略和技巧。

习　　题

一、名词解释

履约保证　暂定金额　投标文件　工料单价法　综合单价法

二、单项选择题

1. 国内工程项目建筑安装工程总造价中的税金是指(　　)。

A. 房产税和土地增值税　　B. 车船使用税和营业税

C. 营业税和城市维护税　　D. 营业税、城市维护税和教育费附加

2. 我国各地的外来施工企业和勘察设计企业到本地从事工程施工或勘察设计任务，

都必须到建设行政主管部门办理如下手续(　　)。

A. 办理营业执照　　B. 办理税务登记手续

C. 办理注册登记手续　　D. 办理定额审批手续

3. 我国政府规定，从(　　)年7月1日起正式实施《建设工程工程量清单计价规范》。

A. 2003　　B. 2005　　C. 2004　　D. 2002

4. 报价的主要根据是(　　)。

A. 招标文件　　B. 施工图纸　　C. 公司业绩　　D. 市场行情

三、多项选择题

1. 投标工作机构通常由以下哪些人员组成(　　)。

A. 决策人　　B. 技术负责人

C. 管理人员　　D. 投标报价人

2. 为了能顺利地投标或者在投标中获胜，遇下列情况需要寻找合作伙伴(　　)。

A. 招标项目要求“统包”

B. 世界银行贷款的项目

C. 实力不强

D. 招标项目所在国有保护本国产品和企业的政策

3. 为了获得投标成功，投标人在投标前必须进行现场调查研究，调查研究的内容包括(　　)。

A. 招标人的情况　　B. 监理工程师的情况

C. 竞争对手的情况　　D. 生产要素的供应

E. 政治、经济、社会、法律等方面的情况

4. 在投标阶段编制的施工规划的主要内容有(　　)。

A. 工程进度计划　　B. 施工方案

C. 施工现场调研　　D. 投标报价

5. 投标报价的计算方式有以下哪些？(　　)

A. 按投资估算编制　　B. 按概算编制

C. 按预算编制　　D. 按工程量清单编制

6. 国内工程项目建筑安装工程费用包括(　　)。

A. 直接工程费　　B. 措施费

C. 规费　　D. 企业管理费

E. 利润和税金

7. 工料单价法计算投标报价有以下哪几种？(　　)

A. 以直接费为基础计算　　B. 以人工费和机械费为基础计算

C. 以间接费为基础计算　　D. 以人工费为基础计算

8. 投标报价中的间接费有以下哪几种计算形式？(　　)

A. 以管理费为基础计算　　B. 以直接费和机械费为基础计算

C. 以人工费为基础计算　　D. 以直接费为基础计算

四、填空

1. 在编制投标文件的过程中，施工规划应在投标报价的计算之__________进行。

2. 投标代理人必须具备的最基本的资格是＿＿＿＿＿。

3. 投标人填写资格预审申请书时，最关键的、对自己最有利的是＿＿＿＿＿。

4. 编制投标文件前，投标人必须认真复核和计算工程量，复核和计算工程量常常是按＿＿＿＿＿逐项进行复核和计算。

5. 工程项目投标报价的主要依据有设计图样及说明、工程量表、招标文件、有关的法律法规、物价水平、运输条件、施工规范及＿＿＿＿＿。

6. 在编制投标文件前，投标人必须认真研究招标文件的内容，即研究工程特点、工程量范围、报价要求、施工技术、材料和设备要求，更重要的还应该认真研究＿＿＿＿＿。

7. 根据我国建设部2003年6月颁发的建筑安装工程费用构成的规定，措施费是属于＿＿＿＿＿费用，规费是属于＿＿＿＿＿费用。

8. 投标书一般由＿＿＿＿＿标和＿＿＿＿＿标两部分组成。

9. 投标人在递送投标文件时提供的投标保函一般是由＿＿＿＿＿开出。

10. 投标文件应在招标文件规定的截止日期之＿＿＿＿＿送达，否则即不接受，或算作废标。

五、问答题

1. 工程项目的投标程序和内容有哪些？

2. 投标前对业主进行调查时应该调查哪些内容？

3. 在投标前怎样寻求合作伙伴？

4. 你所处的地区对外来企业从事工程项目设计和承包有关哪些管理规定？

5. 如果去国外承接工程怎样办理注册登记手续？

6. 投标人怎样准备资格预审文件？

7. 投标前应该做哪些调查研究？如果去现场勘察，都应该勘察哪些内容？

8. 怎样复核工程量？

9. 怎样编制投标文件中的施工规划？施工规划包括哪些内容？

10. 投标报价的方法和依据有哪些？投标报价的费用由哪些部分组成？国内投标报价与国外投标报价的费用组成有哪些差别？

11. 投标报价的计算程序是什么？

12. 投标报价中直接工程费、措施费、间接费、利润、税金等怎样计算？

13. 投标书包括哪些具体内容？编制投标书时应注意哪些问题？递送投标文件时应注意哪些细节？

第 4 章 工程投标决策和投标策略

教学提示

投标人为达到中标及中标后获得较好经济效益的目的，必须进行投标决策。影响投标决策的因素体现在主观和客观两个方面。投标决策中运用的方法主要有八项标准判断法、线性规划方法和决策树分析法三种。投标人在递交投标文件前应制订相应的投标决策和报价技巧，以提高中标的可能性并获取较好的经济效益。

学习要点

知识要点	能力要求	参考资料
投标决策方法	(1) 了解八项指标判断法的主要内容 (2) 了解线性规划方法的运用 (3) 掌握决策树分析方法的运用	宁素莹主编：建筑工程招标投标与管理．中国建材工业出版社，2003 年 9 月第 1 版
投标策略	(1) 熟悉投标策略的内容 (2) 掌握投标策略的应用	全国造价工程师考试培训教材编写委员会：工程造价的确定与控制，2008 年 3 月第 1 版
投标技巧	(1) 熟悉各投标技巧的内容 (2) 掌握投标技巧的应用	全国造价工程师考试培训教材编写委员会：工程造价的确定与控制，2008 年 3 月第 1 版

导入案例

某承包商通过资格预审后，对招标文件进行了仔细分析，发现业主所提出的工期要求过于苛刻，且合同条款中规定每拖延 1 天工期罚款合同价的1‰。若要保证实现该工期要求，必须采取特殊措施，从而大大增加成本。另外，承包商还发现原设计结构方案采用的框架剪力墙体系过于保守。因此该承包商在投标文件中说明业主的工期要求难以达到，因而按自己认为的合理工期(在业主要求的工期基础上增加 36 个月)编制施工进度计划并据此报价，还建议将框架剪力墙体系改为框架体系，并对这两种结构体系进行了技术经济分析和比较，证明框架体系不仅能保证工程结构的可靠性和安全性，而且可降低造价约3%。该承包商将标书在投标截止日期前 1 天送给业主。次日在规定开标时间前 1 小时，该承包商又递交了一份补充材料，声明将原报价降低 4%。

问题：该承包商运用了哪几种报价技巧？其运用是否得当？请逐一加以说明。

4.1 工程投标决策

4.1.1 投标决策的含义

承包商通过投标获得工程项目，是市场经济条件下的必然；但对于承包商而言，并不是每标必投，应结合实际情况进行投标决策。投标决策包括三个方面：一是针对项目投标，根据项目的专业性等确定是否投标；二是倘若投标，确定投什么性质的标；三是在投标中，掌握如何采用以长制短、以优胜劣的策略和技巧。投标决策的正确与否，关系到能否中标和中标后的效益，关系到施工企业的发展前景。

4.1.2 投标决策阶段的划分

投标决策可以分为两个阶段进行，即投标决策的前期阶段和投标决策的后期阶段。

投标决策的前期阶段必须在购买投标人资格预审资料前后完成。决策的主要依据是招标文件，以及企业对招标工程、业主情况的调研和了解的程度。如果是国际工程，还包括对工程所在国和工程所在地的调研和了解的程度。前期阶段必须对投标与否做出论证。通常情况下，下列招标项目应放弃投标。

(1) 本施工企业主管或兼营能力以外的项目。

(2) 工程规模、技术要求超过本施工企业技术等级的项目。

(3) 本施工企业生产任务饱满，而招标工程的盈利水平较低或风险较大的项目。

(4) 本施工企业技术等级、信誉、施工水平明显不如竞争对手的项目。

如果决定投标，即进入投标决策的后期阶段，它是指从申报资格预审到投标报价前完成的决策研究阶段。投标决策的后期阶段主要研究倘若去投标，是投什么性质的标，以及在投标中采取的策略问题。

投标按性质分，可分为风险标和保险标；按效益分，可分为盈利标、保本标和亏损标。

风险标是指明知工程承包难度大、风险大，且技术、设备、资金上都有未解决的问题，但由于队伍窝工，或因为工程盈利丰厚，或为了开拓新技术领域而决定参加投标，同时设法解决存在的问题。该标若中标后，如果问题解决得好，企业可取得较好的经济效益，并且锻炼出一支好的施工队伍，使企业更上一层楼；如果问题解决得不好，企业的信誉、效益就会受到损害，严重者可能导致企业亏损以致破产。因此，投风险标必须审慎从事。

保险标是指对可以遇见的情况从技术、设备、资金等重大问题都有了解决的对策之后再投标。企业经济实力较弱，经不起打击的，则往往投保险标。

盈利标是指在招标工程既是本企业的强项，又是竞争对手的弱项；或在建设单位意见明确的情况下进行的投标。

保本标是指在企业无后续工程，或已经出现部分窝工，且对于招标的工程项目本企业又无优势可言，竞争对手又多的情况下进行的投标。

亏损标是指当本企业已大量窝工，严重亏损，若中标后至少可使部分工人、机械运转，减少亏损；或者为在对手林立的竞争中夺得头标，不惜血本压低标价；或是为了在本企业一统天下的地盘里挤垮企图插足的竞争对手；或为打入新市场，取得拓宽市场的立足点而压低标价的情况下进行的投标。

4.1.3 影响投标决策的因素

“知己知彼，百战不殆”，工程投标决策就是知己知彼的研究。这个“己”就是影响投标决策的主观因素，“彼”就是影响投标决策的客观因素。

1. 影响投标决策的主观因素

投标或者弃标，首先取决于投标单位的实力，其实力体现在以下几个方面。

1) 技术方面的实力

(1) 由精通本行业的估算师、建筑师、工程师、会计师和管理专家组成的组织机构。

(2) 有工程项目设计、施工专业特长，能解决技术难度大和各类工程施工中的技术难题的能力。

(3) 有国内外与招标项目同类型工程的施工经验。

(4) 有一定技术实力的合作伙伴，如实力强的分包商、合营伙伴和代理人。

2) 经济方面的实力

(1) 具有垫付资金的能力，如预付款是多少，在什么条件下拿到预付款。应注意国际工程承包中，有的业主要求“带资承包工程”、“实物支付工程”，根本没有预付款。所谓“带资承包工程”，是指工程由承包商筹资兴建，从建设中期或建成后某一时期开始，业主分批偿还承包商的投资及利息，但有时这种利率低于银行贷款利息。承包这种工程时，承包商须投入大部分工程项目建设资金，而不只是一般承包所需的少量流动资金。所谓实物支付工程，是指有的发包方用该国滞销的农产品、矿产品折价支付工程款，而承包商推销上述物资而谋求利润将存在一定难度。因此，遇上这种项目须慎重对待。

(2) 具有一定的固定资产和机具设备及其投入所需的资金。大型施工机械的投入，不可能一次摊销，因此，新增施工机械将会占用一定资金。另外，为完成项目必须要有一批周转材料，如模板、脚手架等，这也是占用资金的组成部分。

(3) 具有一定的周转资金用来支付施工用款。这是因为对已完成的工程量需要监理工程师确认后并经过一定手续、一定时间后才能将工程款拨入。

(4) 承担国际工程尚须筹集承包工程所需外汇。

(5) 具有支付各种担保的能力。承包国内工程需要担保，承包国际工程更需要担保，不仅担保的形式多种多样，而且费用也较高，如投标保函(或担保)、履约保函(或担保)、预付款保函(或担保)、缺陷责任期保函(或担保)等。

(6) 具有支付各种纳税和保险的能力。尤其在国际工程中，税种繁多，税率也高，如关税、进口调节税、营业税、所得税、建筑税以及临时进入机械押金等。

(7) 具有承担不可抗力带来的风险的能力。即使是属于业主的风险，承包商也会有损失；如果不属于业主的风险，则承包商损失更大，因此其要有财力承担不可抗力带来的风险。

(8) 承担国际工程往往需要重金聘请有丰富经验或有较高地位的代理人，以及其他“佣金”，也需要承包商具有这方面的支付能力。

3) 管理方面的实力

建筑承包市场属于买方市场，承包工程的合同价格由作为买方的发包方起支配作用。承包商为打开承包工程的局面，应以较低报价甚至低利润取胜。为此，承包商必须在成本控制上下工夫，向管理要效益，如缩短工期，进行定额管理，辅以奖惩办法，减少管理人员，工人一专多能，节约材料，采用先进的施工方法不断提高技术水平，特别是要有“重质量”、“重合同”的意识，并有相应的切实可行的措施。

4) 信誉方面的实力

承包商一定要有良好的信誉，这是投标中标的一条重要标准。要建立良好的信誉，就必须遵守法律和行政法规，或按国际惯例办事，同时认真履行合约，保证工程的施工安全、工期和质量。

2. 影响投标决策的客观因素

1) 业主或监理工程师的情况

业主的合法地位、支付能力、履约信誉；监理工程师处理问题的公正性、合理性等，均是投标决策的影响因素。

2) 竞争对手和竞争形势的分析

是否投标，应注意竞争对手的实力、优势及投标环境的优劣情况。另外，竞争对手的在建工程情况也十分重要。如果对手的在建工程即将完工，可能急于获得新承包项目，投标报价不会很高；如果对手的在建工程规模大、时间长，如仍参加投标，则标价可能很高。从总的竞争形势来看，大型工程的承包公司技术水平高，善于管理大型复杂工程，其适应性强，可以承包大型工程；中小型工程由中小型工程公司或当地的工程公司承包可能性大，因为当地中小型公司在当地有自己熟悉的材料、劳动供应渠道，管理人员相对比较少，有自己惯用的特殊施工方法等优势。

3) 法律、法规的情况

对于国内工程承包，自然适用本国的法律和法规，而且其法制环境基本相同，因为我国的法律、法规具有统一或基本统一的特点。如果是国际工程承包，则有一个法律适用问题，法律适用的原则有以下五条。

(1) 强制适用工程所在地法的原则。

(2) 意思自治原则。

(3) 最密切联系原则。

(4) 适用国际惯例原则。

(5) 国际法效力优于国内法效力的原则。

其中，所谓最密切联系原则是指由与投标或合同有最密切联系的因素作为客观标志，并以此作为确定准据法的依据。至于最密切联系因素，在国际上主要有投标或合同签订地法、合同履行地法、法人国籍所属国的法律、债务人住所地法律、标的物所在地法律、管理合同争议的法院或仲裁机构所在地的法律等。事实上，多数国家是以上述因素中的一种因素为主，结合其他因素进行综合判断的。

投标与否，要考虑的因素很多，需要投标人广泛、深入地调查研究，系统地积累资料，并作出全面的分析，才能作出正确决策。决定投标与否，更重要的是它的效益性。投标人应对承包工程的成本、利润进行预测和分析，以供作投标决策之用。

4.1.4 投标决策的方法

基本的投标决策模型一般常作以下假定。

(1) 投标目的是尽可能地扩大近期利润。

(2) 最低投标报价者中标，标价提高则中标率降低，落标者利润为零。

因此，投标决策要解决两个重要问题：第一，是否对某项工程投标；第二，应选哪项工程投标。解决前一个问题，主要用八项指标判断法，而解决后一个问题，通常使用线形规划方法、决策树分析法等。

1. 八项指标判断法

正确决定是否参加某项工程的投标，一般主要取决于两大因素：第一，承包商即期的经营状况和投标目标；第二，承包商是否具有参加某项工程投标的条件。现将这两大因素的分析方法叙述如下。

1) 承包商即期的经营状况和投标目标

若承包商在某项招标工程的所在国或地区已较好地承包过若干工程，信誉颇佳，且目前能揽到的工程较多，经营状况较好时，承包商应以继续扩大自己的影响和尽量增多即期利润为主要投标目标。这一目标决定了承包商应参加该项工程的投标，但不一定要竭力中标，故在报价时可适当地提高利润率；若承包商近期的经营状况欠佳，能揽到的工程较少，或承包商还没有打入某项招标工程所在国或地区的建筑市场，承包商则应以立即承包到工程，改变经营状况，尽快恢复(或建立)信誉为主要投标目标。这一目标决定了承包商必须参加那些自己有能力承建，又易于取得信誉的工程的投标，并恰当地在投标报价中降低利润率，以压低报价，竭力中标。

2) 承包商是否具有参加某项工程投标的条件

国际上常用八项标准判断法来分析判断承包商是否具备条件参加某项工程的投标。

(1) 八项标准包括以下内容。

① 工人的技术水平。

② 企业的机械设备能力。

③ 企业的设计能力。

④ 工程的交工条件。

⑤ 企业对拟投标项目的熟悉程度。

⑥ 企业以往对此类项目的经验。

⑦ 承包该项目对今后得到新的投标机会的影响。

⑧ 拟投标项目竞争的激烈程度。

(2) 八项标准判断表的常用格式，见表4-1。

表4-1 八项标准判断表的常用格式

八项标准	权数	判断等级及等级得分			各项标准得分
		上(10分)	中(5分)	下(0分)	
(1) 工人的技术水平 (2) 企业的机械设备能力 (3) 企业的设计能力 (4) 工程的交工条件 (5) 企业对拟投标项目的熟悉程度 (6) 企业以往对此类项目的经验 (7) 承包该项目对今后得到新的投标机会的影响 (8) 拟投标项目竞争的激烈程度					
合 计					
预定可投标的最低分值					

(3) 八项标准判断表的使用方法。承包商一般是通过对上述八项标准测算出一个总分值，用这个测算出的总分值与自己事先确定的可以参加投标的最低分值进行比较，若总分值高于(或等于)预定的最低分值，则决定可以参加该项工程的投标；若总分值低于预定的最低分值，则决定不参加该项工程的投标。其具体做法如下。

① 就某项招标工程作“八项标准判断表”。

② 逐一确定八项标准的权数。

权数实际上是一个比重，它表示八项标准各自对整个企业经营发生影响的程度大小。一般是将企业的经营作为一个整体，列为100分。该整体是由八个大小不等的部分(即权数不同的八项标准)组成。每个部分在整体中占多大一块，也即每个标准占100分中的多少分值，即所需求的权数。

③ 将八项标准各自列出上、中、下三个等级并判断等级得分。

“上”表示该项标准符合招标工程的要求；“中”表示该项标准基本符合招标工程的要求；“下”表示该项标准不符合招标工程的要求。这三个等级都各用一定的数值表示，上、中、下分别以10、5、0打分，也即等级得分。

④ 求出各项标准得分和八项标准的总分值。

各项标准得分＝该项标准等级得分×该项标准的权数

八项标准总分值＝$\sum$各项标准得分

⑤ 将总分值与预定可投标的最低分值比较，若总分值高于(或等于)最低分值，则决定参加投标；若总分值低于最低分值，则决定放弃投标。

【例4.1】 某承包商对某工程投标的八项标准判断见表4-2，试分析该承包商能否参加该项工程的投标。

表4-2 某工程投标的八项标准判断

八项标准	权数	判断等级及等级得分			各项标准得分
		上(10分)	中(5分)	下(0分)	
(1) 工人的技术水平	20	10	—	—	200
(2) 企业的机械设备能力	20	10	—	—	200
(3) 企业的设计能力	5	—	5	—	25
(4) 工程的交工条件	10	—	5	—	50
(5) 企业对拟投标项目的熟悉程度	15	10	—	—	150
(6) 企业以往对此类项目的经验	10	—	5	—	50
(7) 承包该项目对今后得到新的投标机会的影响	10	—	—	0	0
(8) 拟投标项目竞争的激烈程度	10	—	5	—	50
合　　计	100				725
预定可投标的最低分值					700

解： 对该项目投标的八项标准求出的总分值为725分，比该承包商预先确定的可参加投标的最低分值700分要高出25分，因此，该承包商应决定参加该项工程的投标。

2. 线性规划方法

线性规划方法是运筹学中最基本、方法较成熟的一个重要分支，也是经济管理中最重要、最常见的优化方法之一。凡能化为线性规划问题的管理、决策问题都能运用这种方法进行优化，在工程投标中选择最优投标项目的问题自然也不例外。

1) 线性规划数学模型的建立

由于投标单位所拥有的资源，如人力、物力、资金等在一定的时期内总是既定的，而相对于招标工程来说总是有限的。因此，承包商不可能不加选择地承包任何招标工程，他们必须对投标项目进行选择，以确定在自己的各种资源能力可以承受的前提下，哪些能够获得最大预期利润的项目(也即所谓最优项目)作为投标的对象。而这些最优投标项目的寻求，可借助线性规划方法。首先，需要建立线性规划数学模型。

【例4.2】 假定现有甲、乙、丙三种住宅可以投标。某投标单位的木工和钢筋工较短缺，估计今年所能提供的木工工日数为13 000，钢筋工的工日数为11 000。三种住宅各需木工、钢筋工的工日数见表4-3，承包甲、乙、丙三种住宅每栋住宅可获利润预计分别为4 000元、6 000元和8 000元。试问应如何选择投标项目，才能使该投标单位既保证有能力承建又能获得最大利润。

表 4-3 三种住宅所需木工、钢筋工用量表

	甲型住宅	乙型住宅	丙型住宅
木工需用工日数	400	500	600
钢筋工需用工日数	350	380	400

解：对本例建立线性规划数学模型的步骤如下。

(1) 确定决策变量。本例中，需要决策的是三种住宅应承包几栋，应设的决策变量如下。

X_1 表示甲型住宅应承包的栋数。

X_2 表示乙型住宅应承包的栋数。

X_3 表示丙型住宅应承包的栋数。

由于以上 X_1、X_2、X_3 均可取得不同的值，都是变量，故称为决策变量。

(2) 确定目标函数式。设通过承包工程可获得的利润为 E，目标是追求利润 E 最大。故目标函数式为

$$E_{\max}=4\,000X_1+6\,000X_2+8\,000X_3$$

(3) 确定必须满足的约束条件式。

木工用工限制： $400X_1+500X_2+600X_3\leqslant 13\,000$

钢筋工用工限制： $350X_1+380X_2+400X_3\leqslant 11\,000$

数学上的非负限制： $X_1，X_2，X_3\geqslant 0$

(4) 建立线形规划数学模型。

$$E_{\max}=4\,000X_1+6\,000X_2+8\,000X_3$$
$$400X_1+500X_2+600X_3\leqslant 13\,000$$
$$350X_1+380X_2+400X_3\leqslant 11\,000$$
$$X_1，X_2，X_3\geqslant 0$$

该数学模型主要由目标函数式和约束条件式这两部分组成，由于上述这两部分都是线形式，故称为线形规划数学模型。

2) 线形规划问题的单纯形解法

该内容在运筹学中有详细介绍，因篇幅限制，在这里不作阐述。

3. 决策树分析法

1) 决策树的含义

决策树是由决策点、方案分枝、自然状态点、概率分枝、损益值五个要素构成的树状图，如图 4.1 所示。

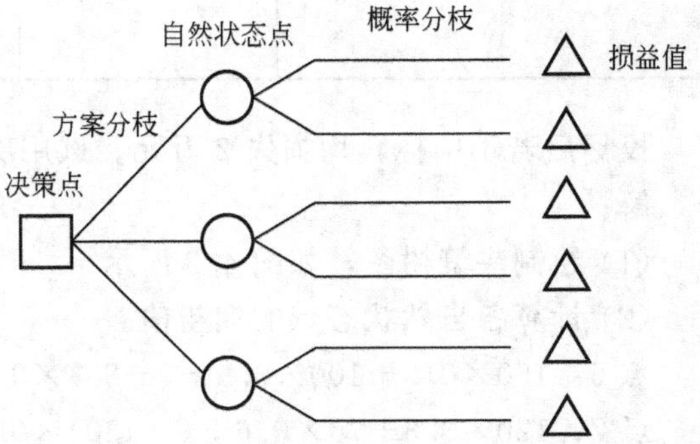

图 4.1 决策树示意图

2) 决策树的分析步骤

(1) 绘制决策树图。

(2) 计算各自然状态点的期望值。

(3) 进行剪枝决策。

3）决策树在投标决策中的应用

【例4.3】 某承包商决定参加一个工程项目的投标，该项目可按高价、中价、低价三种方案进行投标，若中标后经估算三种方案的利润分别为150万元、100万元、60万元，根据过去参加同类项目的经验，三种方案的中标概率分别为0.3、0.6、0.9，投标文件的编制费用为2万元，请问该承包商应按哪种方案投标。

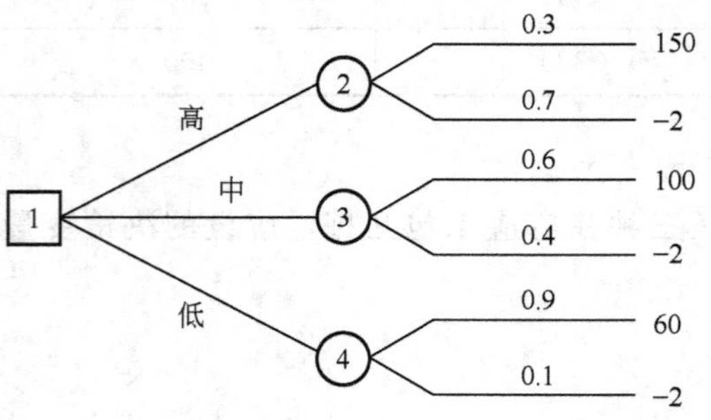

图4.2 决策树图

解：

(1) 绘制决策树图，如图4.2所示。

(2) 计算各自然状态点的期望值。

点2：150×0.3+(−2)×0.7=43.6

点3：100×0.6+(−2)×0.4=59.2

点4：60×0.9+(−2)×0.1=53.8

(3) 进行剪枝决策。因为点3的期望值最大，因此应选择按中价投标。

【例4.4】 甲施工公司欲在A工程与B工程之间选择一项进行投标，对每项工程又可采取投高价和投低价两种策略。根据以往经验和统计资料，得出有关数据见表4-4。

表4-4 根据以往经验和统计资料得出的有关数据

方案		中标概率	效果	利润/万元	效果概率
A工程	高标	0.3	好	150	0.3
			中	100	0.6
			差	−80	0.1
	低标	0.6	好	120	0.3
			中	70	0.6
			差	−130	0.1
B工程	高标	0.3	好	300	0.2
			中	150	0.5
			差	−220	0.3
	低标	0.6	好	200	0.2
			中	120	0.5
			差	−150	0.3

投标后若不中标，均损失2万元。试用决策树分析法为甲施工公司作出投标决策。

解：

(1) 绘制决策树图，如图4.3所示。

(2) 计算各自然状态点的期望值。

点6：150×0.3+100×0.6+(−80)×0.1=97

点7：120×0.3+70×0.6+(−130)×0.1=65

点8：300×0.2+150×0.5+(−220)×0.3=69

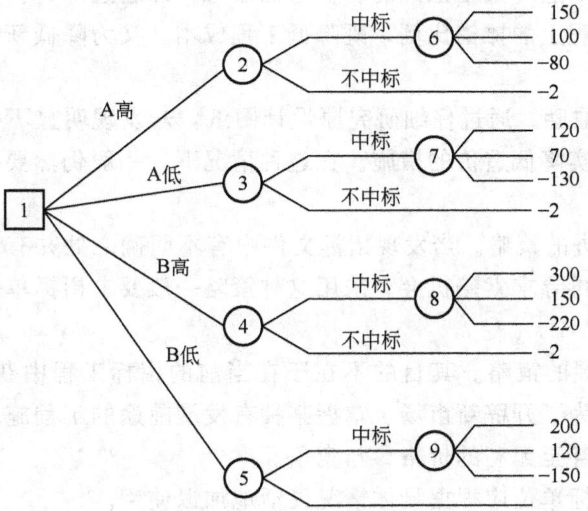

图 4.3 决策树图

点 9：200×0.2+120×0.5+(−150)×0.3=55

点 2：97×0.3+(−2)×0.7=27.7

点 3：65×0.6+(−2)×0.4=38.2

点 4：69×0.3+(−2)×0.7=19.3

点 5：55×0.6+(−2)×0.4=32.2

(3) 进行剪枝决策。因为点 3 的期望值最大，故应选择 A 工程，按低价投标。

4.2 工程投标策略及报价技巧

4.2.1 投标策略的含义

投标策略是指承包商在投标竞争中的指导思想与系统工作部署及其参与投标竞争的方式和手段。投标策略作为投标取胜的方式、手段和艺术，贯穿于投标竞争的始终，内容十分丰富。在投标与否、投标项目的选择、投标报价等方面，无不包含投标策略。

4.2.2 投标策略的内容

(1) 以信取胜。这是依靠企业长期形成的良好社会信誉，技术和管理上的优势，优良的工程质量和服务措施，合理的价格和工期等因素争取中标。

(2) 以快取胜。以快取胜即通过采取有效措施缩短施工工期，并能保证进度计划的合理性和可行性，从而使招标工作早投产、早收益，以吸引业主。

(3) 以廉取胜。其前提是保证施工质量，这对业主一般都具有较强的吸引力。从投标单位的角度出发，采取这一策略也可能有长远的考虑，即通过降价扩大任务来源，从而降低固定成本在各个工程上的摊销比例，既降低工程成本，又为降低新投标工程的承包价格创造了条件。

(4) 靠改进设计取胜。通过仔细研究原设计图纸，若发现明显不合理之处，可提出改进设计的建议和能切实降低造价的措施。在这种情况下，一般仍然要按原设计报价，再按建议的方案报价。

(5) 采取以退为进的策略。当发现招标文件中有不明确之处并有可能据此索赔时，可报低价先争取中标，再寻求索赔机会。采用这种策略一般要求招标单位在索赔事务方面具有相当成熟的经验。

(6) 采取长远发展的策略。其目的不在于在当前的招标工程中获利，而着眼于发展，争取将来的优势，如为了开辟新市场、掌握某种有发展前途的工程施工技术等，宁可在当前招标工程上以微利甚至无利的价格参与竞争。

以上这些策略投标单位应根据具体情况灵活地加以使用。

4.2.3 投标报价技巧

为保证投标策略的有效实施，在投标报价中还须运用一些报价技巧。报价技巧是指在投标报价中采用一定的手法或技巧使业主可以接受，而中标后又能获得更多的利润。常用的报价技巧主要有以下几种。

(1) 根据招标项目的不同特点采用不同报价。投标报价时，既要考虑自身的优势和劣势，也要分析招标项目的特点。按照工程项目的不同特点、类别、施工条件等来选择报价策略。

① 遇到如下情况报价可高一些：施工条件差的工程；专业要求高的技术密集型工程，而本公司在这方面又有专长，声望也较高；总价低的小工程，以及自己不愿做、又不方便不投标的工程；特殊的工程，如港口码头、地下开挖工程等；工期要求急的工程；投标对手少的工程；支付条件不理想的工程。

② 遇到如下情况报价可低一些：施工条件好、工作简单、工程量大而一般公司都可以做的工程；本公司目前急于打入某一市场、某一地区，或在该地区面临工程结束，机械设备等无工地转移时；本公司在附近有工程，而本项目又可利用该工程的设备、劳务，或有条件短期内突击完成的工程；投标对手多，竞争激烈的工程；非急需工程；支付条件好的工程。

(2) 不平衡报价法。这一方法是指一个工程项目总报价基本确定后，通过调整内部各个项目的报价，以期既不提高单价、不影响中标，又能在结算时得到更理想的经济效益。一般可以考虑在以下几方面采用不平衡报价。

① 能够早日结账收款的项目(如开办费、基础工程、土方开挖、桩基等)可适当提高单价；对晚结账的项目(如屋面防水工程、装饰工程等)可适当降低单价。

【例 4.5】 某承包商参加某高层写字楼土建工程的投标，投标文件的工程量清单显示的桩基工程、主体结构工程、装饰工程的工程量分别为 10 000 平方米、50 000 平方米、70 000 平方米。承包商决定采用不平衡报价法进行报价。如果正常报价各分部工程的单价分别为 1 350 元/平方米、1 500 元/平方米、600 元/平方米，经调整后的单价分别为 1 450 元/平方米、1 620 元/平方米、500 元/平方米，现假设桩基工程、主体结构工程、装饰工程的工期分别为 4 个月、12 个月和 8 个月，并假设各分部工程每月完成工程量相同，且按月结算工程款，若月贴现率按 1%计，考虑资金时间价值的影响，试计算出来用不平衡报价后承包商多获取的收益。

解：

调整前的总报价＝10 000×1 350＋50 000×1 500＋70 000×600＝13 050(万元)

调整后的总报价＝10 000×1 450＋50 000×1 620＋70 000×500＝13 050(万元)

因调整前后的总报价不变，故不影响中标。

调整前各分部工程每月的结算价款：

桩基工程每月结算价款＝10 000×1 350÷4＝337.5(万元)

主体结构工程每月结算价款＝50 000×1 500÷12＝625(万元)

装饰工程每月结算价款＝70 000×600÷8＝525(万元)

则调整前工程总价款的现值＝337.5(P/A，1%，4)＋625(P/A，1%，12)(P/F，1%，4)＋525(P/A，1%，8)(P/F，1%，16)＝13 740.95(万元)

调整后各分部工程每月的结算价款：

桩基工程每月结算价款＝10 000×1 450÷4＝362.5(万元)

主体结构工程每月结算价款＝50 000×1 620÷12＝1 012.5(万元)

装饰工程每月结算价款＝70 000×500÷8＝291.67(万元)

则调整前工程总价款的现值＝362.5(P/A，1%，4)＋1012.5(P/A，1%，12)(P/F，1%，4)＋291.67(P/A，1%，8)(P/F，1%，16)＝14 269.08(万元)

调整后比调整前承包商多获取的收益＝14 269.08－13 740.95＝528.13(万元)

② 预计今后工程量会增加的项目，单价适当提高，这样在最终结算时可多赚钱；将工程量可能减少的项目单价降低，工程结算时损失不大。

【例 4.6】 某承包商参加某项目的投标，招标文件的工程量清单中的各分项工程的工程量分别为 15 000 平方米、12 000 平方米、6 000 平方米、30 000 平方米、1 800 平方米，承包商经计算后的各分项工程的工程量为 20 000 平方米、18 000 平方米、6 000 平方米、24 000 平方米、1 000 平方米，若正常估价各分项工程的单价分别为 400 元/平方米、300 元/平方米、1 000 元/平方米、500 元/平方米、600 元/平方米，承包商决定运用不平衡报价法对各分项工程的单价进行调整，调整后的单价分别为 420 元/平方米、415 元/平方米、1 000 元/平方米、450 元/平方米、500 元/平方米。若承包商中标后，实际完成的工程量与承包商计算的工程量相一致，试计算出采用不平衡报价后承包商多获取的收益。

解：

调整前工程的总报价＝15 000×400＋12 000×300＋6 000×1 000＋30 000×500＋1 800×600
＝3 168(万元)

调整后工程的总报价＝15 000×420＋12 000×415＋6 000×1 000＋30 000×450＋1 800×500
＝3 168(万元)

因调整前后工程总报价不变，故不影响中标。

调整前承包商可获取的工程价款＝20 000×400＋18 000×300＋6 000×1 000＋24 000×

500＋1 000×600＝3 200(万元)

调整后承包商可获取的工程价款＝20 000×420＋18 000×415＋6 000×1 000＋24 000×450＋1 000×500＝3 317(万元)

则承包商多获取的收益＝3 317－3 200＝117(万元)

上述两种情况要统筹考虑，即对于工程量有错误的早期工程，如果实际工程量可能小于工程量清单中的数量，则不可盲目抬高单价，要具体分析后再定。

③ 设计图纸不明确，估计修改后工程量要增加的，可以提高单价；而工程内容解说不清楚的，则可适当降低一些单价，待澄清后可再要求提价。

④ 暂定项目，又称为任意项目或选择项目，对这类项目要具体分析。因为这类项目要在开工后再由业主研究决定是否实施，以及由哪家承包商实施。如果工程不分标，则其中肯定要做的单价可高些，不一定做的则应低些。如果工程分标，该暂定项目也可能由其他承包商施工时，则不宜报高价，以免抬高总报价。

采用不平衡报价一定要建立在对工程量清单中的工程量仔细核对分析的基础上，特别是对报低单价的项目，如工程量执行时增多将造成承包商的重大损失；不平衡报价过多或过于明显，可能会引起业主反对，甚至导致废标。

(3) 计日工单价的报价。如果是单纯报计日工单价，而且不计入总价中，可以报高些，以便在业主额外用工或使用施工机械时可多盈利。但如果计日工单价要计入总报价时，则需具体分析是否报高价，以免抬高总价。总之，要先分析业主在开工后可能使用的计日工数量，再来确定报价方针。

(4) 可供选择项目的报价。有些工程项目的分项工程，业主可能要求按某一种方案报价，而后再提供几种可供选择方案的比较报价，例如某住房工程的水磨石地面砖，工程量表中要求按 25 厘米×25 厘米×2 厘米的规格报价；另外，还要求投标人用更小规格砖 20 厘米×20 厘米×2 厘米和更大规格砖 30 厘米×30 厘米×3 厘米作为可供选择项目报价。投标时，除对几种水磨石地面砖调查询价外，还应对当地习惯用砖情况进行调查。对于将来有可能被选择使用的地面砖铺砌应适当提高其报价；对于当地难以供货的某些规格地面砖，可将价格有意抬高得更多一些，以阻扰业主选用。但是，所谓可供选择项目并非由承包商任意选择，而是业主才有权进行选择。因此，虽然适当提高了可供选择项目的报价，但这并不意味着肯定可以取得较好的利润，而只是提供了一种可能性，一旦业主今后选用，承包商即可得到额外加价的利益。

(5) 暂定工程量的报价。暂定工程量有三种：第一种是业主规定了暂定工程量的分项内容和暂定总价款，并规定所有投标人都必须在总报价中加入这笔固定金额，但由于分项工程量不很准确，允许将来按投标人所报单价和实际完成的工程量付款；第二种是业主列出了暂定工程量的项目和数量，但并没有限制这些工程量的估价总价款，要求投标人既列出单价，也应按暂定项目的数量计算总价，当将来结算付款时可按实际完成的工程量和所报单价支付；第三种是只有暂定工程的一笔固定总金额，将来这笔金额做什么用，由业主确定。第一种情况，由于暂定总价款是固定的，对各投标人的总报价水平竞争力没有任何影响，因此投标时暂定工程量是固定的，对各投标人的总报价水平竞争力没有任何影响，因此，投标时应当对暂定工程量的单价适当提高。这样做，既不会因今后工程量变更而吃亏，也不会削弱投标报价的竞争力。第二种情况，投标人应慎重考虑。如果单价定得高了，同其他工程量计价一样，将会增加总报价，影响投标报价的竞争力；如果单价定得低了，将来这类工程量增大，将会影响收益。一般来说，这类工程量可以采用正常价格。如果承包商估计今后实际工程量肯定会增大，则可适当提高单价，使将来可增加额外收益。第三种情况对投标竞争没有实际意义，按招标文件要求将规定的暂定条款列入总报价即可。

(6) 多方案报价法。对于一些招标文件，如果发现工程范围不很明确，条款不清楚或很不公正，或技术规范要求过于苛刻时，则要在充分估计投标风险的基础上，按多方案报价法处理，即先按原招标文件报一个价，然后再提出如果某条款作某些变动，报价可降低多少，由此可报出一个较低的价。这样可以降低总价，吸引业主。

(7) 增加建议方案。有时招标文件中规定，可以提一个建议方案，既可以修改原设计方案，也可以提出投标者的方案。投标者这时应抓住机会，组织一批有经验的设计和施工工程师，对原招标文件的设计和施工方案仔细研究，提出更为合理的方案以吸引业主，促成自己的方案中标。这种新建议方案可以降低总造价或缩短工期，或使工程运用更为合理，但要注意对原招标方案一定也要报价。建议方案不要写得太具体，要保留方案的关键技术，防止业主将此方案交给其他承包商。同时要强调的是，建议方案一定要比较成熟，有很好的操作性。

(8) 突然降价法。投标报价中各竞争对手往往通过多种渠道和手段来刺探对手的情况，因而在报价时可以采取迷惑对手的方法，即先按一般情况报价或表现出自己对该工程兴趣不大，到快截止投标时，再突然降价，为最后中标打下基础。采用这种方法时，一定要在准备投标报价的过程中考虑好降价的幅度，在临近投标截止日期前，根据情报信息与分析判断，再做最后决策。如果中标，因为开标只降总价，在签订合同后可采用不平衡报价的思想调整工程量清单中的各项单价，以期取得更高效益。

(9) 分包商报价的采用。由于现代工程的综合性和复杂性，总承包商不可能将全部工程内容完全独家包揽，特别是有些专业性较强的工程内容，须分包给其他专业工程公司施工，还有些招标项目，业主规定某些工程内容必须由其指定的几家分包商承担。因此，总承包商常应在投标前先取得分包商的报价，并增加总承包商摊入的一定的管理费，而后作为自己投标总价的一个组成部分一并列入报价单中。应当注意，分包商在投标前可能同意接受总承包商压低其报价的要求，但等到总承包商中标后，他们常常以种种理由要求提高分包价格，这将使总承包商处于十分被动的地位。解决的办法是，总承包商在投标前找两三家分包商分别报价，而后选择其中一家信誉较好、实力较强和报价合理的分包商签订协议，同意该分包商作为本分包工程的唯一合作者，并将分包商的姓名列到投标文件中，但要求该分包商相应的提交投标保函。如果该分包商认为这家总承包商确实有可能中标，他也许愿意接受这一条件。这种把分包商的利益同投标人捆在一起的做法，不但可以防止分包商事后反悔和涨价，还可能迫使分包商报出较合理的价格，以便共同争取中标。

(10) 无利润算标。缺乏竞争优势的承包商，在不得已的情况下，只好在算标中不考虑利润去夺标。这种办法一般是处于以下条件时采用：①有可能在中标后，将部分工程分包给索价较低的一些分包商；②对于分期建设的项目，先以低价获得首期工程，而后赢得机会创造第二期工程中的竞争优势，并在以后的实施中赚得利润；③较长时期内，承包商没有在建的工程项目，如果再不中标，就难以维持生存。因此，虽然本工程无利可图，只要能有一定的管理费维持公司的日常运转，就可设法渡过暂时的困难，以图将来更好地发展。

本章小结

本章主要介绍了投标决策的概念、投标决策的影响因素、投标决策的方法、投标策略及报价技巧。

投标人为达到中标及中标后获得较好经济效益的目的，必须进行投标决策。影响投标决策的因素体现在主观和客观两个方面。主观因素主要体现在投标人自身技术、经济、管理和信誉等方面的实力，而客观因素则体现在业主、竞争对手、项目所在国法律法规等方面。投标决策的方法主要有八项标准判断法、线形规划方法和决策树分析法。

投标策略是指承包商在投标竞争中的指导思想与系统工作部署及其参与投标竞争的方式和手段。投标策略的主要内容有以信取胜、以快取胜、以廉取胜、靠改进设计取胜、采取以退为进的策略、采取长远发展的策略。为保证投标策略的有效实施，在投标报价中还须运用一些报价技巧，常见的报价技巧主要有根据招标项目的不同特点采用不同报价、不平衡报价法、多方案报价法、增加建议方案、突然降价法等。

习题

一、名词解释

保险标　决策树　不平衡报价

二、单项选择题

1. 当一个招标工程总报价基本确定后，通过调整内部各个项目的报价，以期既不提高报价、不影响中标，又能在结算时得到更理想的经济效益。这种报价技巧叫做(　　)。

A. 根据招标项目的不同特点采用不同报价　B. 多方案报价法

C. 可供选择项目的报价　D. 不平衡报价法

2. 当发现招标文件中有不明确之处并有可能据此索赔时，可先报低价争取中标，再寻求索赔机会，这在投标策略中称为(　　)。

A. 以退为进　B. 谋求长远发展　C. 以廉取胜　D. 以改进设计取胜

3. 投标决策前期阶段的主要工作是(　　)

A. 对投标与否做出论证　B. 确定投标策略

C. 确定投标报价　D. 确定报价技巧

4. 通过仔细研究原设计图纸，若发现明显不合理之处，可提出改进设计的建议和能切实降低造价的措施，这在投标策略中称为(　　)。

A. 增加建议方案　　B. 谋求长远发展
C. 以廉取胜　　D. 以改进设计取胜

5. 对原招标文件的设计和施工方案仔细研究，提出更为合理的方案以吸引业主，促成自己的方案中标，这种报价技巧称为(　　)。

A. 根据招标项目的不同特点采用不同报价
B. 多方案报价法
C. 增加建议方案
D. 不平衡报价法

三、多项选择题

1. 投标按效益可分为(　　)。

A. 风险标　　B. 保险标
C. 盈利标　　D. 保本标
E. 亏损标

2. 决定投标的客观因素有(　　)。

A. 业主或监理工程师的情况　　B. 竞争对手的情况
C. 法律法规情况　　D. 技术方面的实力
E. 管理方面的实力

3. 在投标决策中，通常运用(　　)方法解决对哪些项目(方案)进行投标。

A. 八项标准判断法　　B. 线性规划法
C. 决策树分析法　　D. 层次分析法
E. 盈亏平衡分析法

4. 常见的投标策略有(　　)。

A. 以快取胜　　B. 以质取胜
C. 以廉取胜　　D. 以信取胜
E. 靠改进设计取胜

5. 可适当提高投标报价的情况有(　　)。

A. 施工条件差的工程　　B. 专业要求高的技术密集型工程
C. 特殊的工程　　D. 投标对手多，竞争激烈的工程
E. 支付条件好的工程

四、填空题

1. 投标决策前期阶段主要是对＿＿＿＿＿做出论证。

2. 投标按性质可分为＿＿＿＿＿和＿＿＿＿＿。

3. 影响投标决策的主观因素包括＿＿＿＿＿、＿＿＿＿＿、＿＿＿＿＿和＿＿＿＿＿。

4. 通常选择＿＿＿＿＿方法决定是否对某项工程进行投标。

5. 决策树是由＿＿＿＿＿、＿＿＿＿＿、＿＿＿＿＿、＿＿＿＿＿和＿＿＿＿＿五个要素构成的树状图。

6. 投标策略是指承包商在投标竞争中的__________与__________和投标竞争的__________。

7. 以快取胜的策略是通过采取有效措施__________来吸引业主。

8. 不平衡报价法中对早结账的项目__________，对晚结账的项目__________。

五、简答题

1. 影响投标决策的主观因素有哪些?
2. 八项标准的内容有哪些?
3. 决策树分析法的分析步骤有哪些?
4. 投标策略的主要内容是什么?
5. 常见的报价技巧有哪些?

六、案例分析

1. 某承包商面临A、B两项工程投标，因受本单位资源条件限制，只能选择其中一项工程投标，或两项工程均不投标。根据过去类似工程投标的经验数据，A工程投高标的中标概率为0.3，投低标的中标概率为0.6，编制投标文件的费用为3万元；B工程投高标的中标概率为0.4，投低标的中标概率为0.7，编制投标文件的费用为2万元。各方案中标后承包的效果、概率和损益情况见表4-5。试用决策树分法法进行投标决策。

表4-5　效果、概率和损益情况

方案	效果	概率	损益值/万元
A高	好	0.3	150
	中	0.5	100
	差	0.2	−50
A低	好	0.2	110
	中	0.7	60
	差	0.1	0
B高	好	0.4	110
	中	0.5	70
	差	0.1	−30
B低	好	0.2	70
	中	0.5	30
	差	0.3	−10
不投标			0

2. 某承包商参与某高层商用办公楼土建工程的投标。为了既不影响中标，又能在中标后取得较好的收益，决定采用不平衡报价法对原估价作出适当调整，具体数据见表4-6。

表 4-6 具体数据 单位：万元

	基础工程	主体结构工程	装饰工程	总价
调整前	1 480	6 600	7 200	14 200
调整后	1 600	7 200	6 480	14 200

现假设基础工程、主体结构工程和装饰工程的工期分别是 4 个月、12 个月和 8 个月，贷款年利率为 12%，并假设各分项工程每月完成的工程量相同且能按月及时收到工程款。

问题：

(1) 该承包商所运用的不平衡报价法是否恰当？为什么？

(2) 该承包商所得工程款的现值比调整前增加了多少？

第5章 开标、评标、定标

教学提示

本章首先介绍了开标的组织和要求，接着介绍了评标人员构成、评标方法以及评标活动的组织，最后介绍了有关定标的相关内容。学习本章内容，先要熟悉《中华人民共和国招标投标法》以及其他相关法律法规的内容。

学习要点

知识要点	能力要求	参考资料
开标	(1) 了解开标的组织与管理 (2) 明确开标的要求 (3) 掌握开标的程序	宁素莹主编：建筑工程招标投标与管理，中国建材工业出版社，2003年9月第1版
评标	(1) 熟悉评标人员的构成要求 (2) 掌握评标方法 (3) 了解评标行为规范和组织要求	《中华人民共和国招标投标法》、《工程建设项目施工招标投标办法》
定标	(1) 熟悉定标的依据 (2) 掌握中标与合同签订的要求	《中华人民共和国招标投标法》、《工程建设项目施工招标投标办法》

导入案例

2007年7月2日上午，绍兴艺校二期建设工程施工公开招标项目在绍兴市招投标中心进行评标，由刘瑞武、方尚明、孟建昌、孔丽英、何岚等五名专家组成该项目的评标委员会。在评标过程中，评标委员会认为，投标人某建设集团提交的投标文件的总报价书附表二中“造价下浮率(大写)”栏填报的“工程造价下浮率佰分之玖点柒伍”的“佰”字为错别字，从而将该投标作废标处理。

开标结束后，该投标人对此提出投诉。为此，绍兴市招投标市场管理委员会办公室(简称市招管办)、绍兴市建筑工程招投标办公室(简称招标办)决定召集上述五名专家于同年7月24日上午在市招投标中心对此问题进行复评。复评中，刘瑞武、方尚明、孟建昌三名评委继续坚持“佰”字为错别字而应作废标处理的意见，评标委员会最终以3∶2的投票表决结果继续认定将该投标作废标处理。

请问五位评标专家的认定是否正确？该如何处理？

5.1 开　　标

开标指招标人在招标文件规定的时间、地点，在招标投标管理机构监督下，由招标单位主持当众启封所有投标文件及补充函件，公布投标文件的主要内容和审定的标底(如果有标底的话)的过程。开标一般以开标会议的形式进行。从开标日到签定合同这一期间即为决标成交阶段，这一阶段的主要工作是开标、评标和定标，是对各投标书进行评审比较，最后确定中标人的过程。

5.1.1 开标组织

为体现招标的公平、公正和公开原则，无论是公开招标还是邀请招标都应举行开标会议，《招标投标法》规定，开标应当在招标文件确定的提交投标文件截止时间的同一时间公开进行；开标地点应当为招标文件中预先确定的地点。开标由招标人主持，邀请所有投标人参加。投标人有权决定是否派代表参加开标。投标人未派代表参加开标的，视为默认开标结果。

参加开标会议的人员，除招标人和投标人之外，必须还要有政府招标投标管理机构的工作人员在场监督，同时还可邀请与项目有关的主管部门、当地计划部门、经办银行等代表出席。为了体现招标工作的公正性，不少地方还要求有公证部门和政府纪检部门的工作人员到场，对开标过程进行公证和监督。

我国目前实行的是即时开标制度，即开标的时间应当和招标文件确定的提交投标文件截止时间是同一时间，这也是《招标投标法》规定的。在《招标投标法》生效之前，我国几乎所有的招标投标活动中，提交投标文件截止时间和开标时间并不是同一个时间。这种做法最大的弊端就是容易在招标投标中产生腐败现象，由于提交投标文件截止时间和开标时间之间存在一个时间差，这个时间差就为某些不正当的活动提供了可能，如招标人可能会与某些投标人就某些实质性的问题进行谈判，或某些投标人可能会利用这段时间进行行贿以谋取中标等。所以，《招标投标法》规定，开标的时间应当与招标文件确定的提交投标文件截止时间是同一时间，这就要求招标人以强有力和高效的组织工作来保证这一点。近年来，为了增加招投标工作的透明度，减少“暗箱操作”，在开标的地点上，很多地方都建立了建设工程交易中心(即有形建筑市场)，并要求开标、评标、定标等工作都必须在建设工程交易中心进行。

开标之前，还必须完成评标委员会的组建工作。关于评标委员会的组建，在下一节将作详细讲述。

5.1.2 开标要求

开标会议主要内容有两项：一是检查投标文件的密封情况；二是唱标，即当众公布各投标文件的主要内容。《招标投标法》第三十六条规定，开标时，由投标人或者其推选的代表检查投标文件的密封情况，也可以由招标人委托的公证机构检查并公证；经确认无误后，由工作人员当众拆封，宣读投标人名称、投标价格和投标文件的其他主要内容。招标人在招标文件要求提交投标文件的截止时间前收到的所有投标文件，开标时都应当当众予以拆封、宣读。开标过程应当记录，并存档备查。

具体来说，开标的程序和要求如下。

(1) 开标主持人(即招标人)宣布开标会议开始，同时宣布开标唱标纪律及相关内容。

开标是个严肃的法律过程，所以每项工作都必须认真对待。招标人宣布开标会议开始后，接着宣布开标唱标纪律，一般来说，开标唱标纪律包括要求参加会议人员要自觉维护会场秩序，不得大声喧哗；参加会议人员应关闭通信工具；唱标按顺序进行，不得变更；各投标人不得串联，一经发现则取消投标资格等内容。之后，招标人可以介绍招标项目的基本情况。

(2) 介绍招标投标的基本情况，包括到会的相关单位、投标单位和人员及评标委员会的产生和组成情况。介绍投标单位的先后顺序，一般来说，要按收到投标文件的时间先后顺序，这也是开标唱标的顺序。同时，宣读投标人法定代表人或委托代理人证明书。

(3) 宣布开标工作人员。开标工作人员包括唱标人员、监标人员、记录人员等。

(4) 宣布评标纪律、评标原则和评标方法。评标原则或评标方法应是招标文件中确定的原则或方法，开标时宣布的评标方法可在原来的基础上进一步细化，但不允许另行规定新的评价原则或评标方法。

(5) 检查各投标文件的密封、盖章情况，并予以签字确认。可以由投标人或者其推选的代表检查投标文件的密封情况，也可以由招标人委托的公证机构检查并公证，确信无误后，再由相关方签字确认。

(6) 确定唱标顺序，然后按顺序开标唱标。开标唱标的顺序，一般应当按收到投标文件的时间先后顺序来确定。我国绝大多数招标投标的开标是按此来确定顺序，但也有按开标会当天投标单位签到的顺序来确定开标顺序的，对此，法律上并无任何强制规定。

开标时，工作人员当众打开标文件，宣读投标文件的主要内容，包括投标人名称、投标价格、工期、附加条件、补充声明、优惠条件、替代方案等；如果有标底，也应当在唱标前公布标底；如果有联合体投标的，还应宣读联合体投标协议书。

开标以后，投标人不得更改投标书的内容和报价，也不允许再增加任何优惠条件。

整个开标过程应当记录，并存档备查。

(7) 如果各投标人对投标报价内容无异议，则签字确认。

至此，开标会议结束。

如果采用邀请招标，则在开标后还要对投标人进行资格后审，即在开标后对投标人进行资格审查。开标的基本要求和程序主要是以上提到的几个方面的内容，只是在程序上各个地方可能还会稍有不同。

【例 5.1】 某项目招标工作中，开标的程序和内容如下。

开标程序表

一、宣布开标唱标会议开始(由招标人主持)

各位来宾、各位投标人，大家好，××市××有限公司××项目进行公开招标，开标唱标会议现在开始。

二、介绍本次项目相关单位

招标单位：××市××有限公司

投标的单位名称：(按签到顺序宣布)

1. 甲单位

2. 乙单位

3. 丙单位

4. 丁单位

……

三、宣布今天开标的工作人员

1. 唱标人：

2. 监标人：

3. 记录人：

4. 联系人：　　　　　　　　　　联系电话：

四、监标人检查此项目投标单位所有的投标文件是否按招标文件要求进行密封、盖章

五、宣布本次招标项目的有关评标事项

1. 本次招标项目评标委员会人员组成由同行业四位专家及业主代表共$\underline{N}$人组成。

2. 评标原则：评标委员会将按照公开、公平、公正的原则，平等对待所有投标人。

3. 评标办法：

(1) 对投标文件进行完整性检验和投标人资格符合性审查。

(2) 对投标人商务条件响应性进行评审。

(3) 对投标人技术方案响应性进行评审。

(4) 对投标人报价进行评分。

(5) 根据招标文件公布商务、技术、价格权重，算出各投标人综合评估分。

(6) 得出综合得分。

(7) 综合得分最高者为候选中标人，次高者为备选中标人。

4. 废标认定：

(1) 投标书未密封。

(2) 无单位法定代表人及法定代表人委托的代理人的印鉴或签字。

(3) 未按规定格式填写，内容不全或字迹模糊，辨认不清。

(4) 投标书逾期送达。

(5) 投标书未对招标文件作出完全的响应导致投标无效。

(6) 投标报价超过最高限价。

(7) 投标文件未按招标文件的要求编制。

(8) 投标方未按时提交投标保证金。

(9) 投标方未按招标文件要求提交开标一览表。

(10) 不具备招标文件中规定的资格要求。

(11) 不符合法律、法规和招标文件中规定的其他实质性要求。

(12) 投标人的投标总报价在两项或两项以上。

六、唱标(按到签顺序进行)

1. 甲单位
2. 乙单位
3. 丙单位
4. 丁单位

……

七、各投标商对投标报价无异议后，请投标商在“开标、唱标确认表”上签字确认。

八、宣布××市××有限公司××项目开标唱标会议结束。

【例5.2】 某地的开标评标程序如下。

开标评标程序

出席对象：招标人、投标人、招标办、纪检、公证部门

开标评标总计时间：约100分钟

开标(约20分钟)

1. 招标人情况介绍：工程概况，投标单位及资格审查情况，现场有关监督部门等。(2分钟)

2. 招标人核对投标人身份，开启标书、唱标、记录，复制电子标书并刻成光盘。(15分钟)

3. 投标人提供相关材料原件，退场，在休息厅等候评委质询。

采用经评审的最低投标价法评标(约80分钟)

1. 符合性评审：评委评审二号标书(资信材料)，填写评审表格，招标人汇总评审意见。(10分钟)

2. 技术性评审：评委评审三号标书(施工方案)，标书内容用投影仪播放，每份标书播放时间为10～15分钟。评委填写评审表，招标单位汇总评审表。(40分钟)

3. 商务性评审：对通过符合性和技术性评审的投标人，评审其一号标书，按报价由低到高的顺序，对报价是否低于成本进行全面分析和认定，并对项目经理进行质询。(20分钟)

4. 评委推荐中标候选人，招标人定标，评委签字，招标人发放评审费。结束。

采用综合评估法评标(约80分钟)

招标人核定投标人业绩材料，确定加分分值。

1. 符合性评审：评委评审二号标书(资信材料)、工期、质量、信誉等，填写评审表格，招标人汇总评审意见。(10分钟)

2. 技术性评审：评委评审三号标书(施工方案)，标书内容用投影仪播放，每份标书播放时间10～15分钟。评委填写评审表，招标单位汇总评审表。(40分钟)

3. 商务性评审：对通过符合性和技术性评审的投标人，评审其一号标书，按报价由低到高的顺序，对报价是否低于成本进行全面分析和认定，并对项目经理进行质询。(20分钟)

4. 评委推荐中标候选人，招标人定标、宣布中标人，评委签字，招标人发放评审费。结束。

5.2 评 标

开标之后，就要进入秘密的评标阶段了。评标是对各投标书优劣的比较，以便最终确定中标人。评标工作由评标委员会负责。

5.2.1 评标人员构成

评标人员即为评标委员会成员。评标委员会由招标人负责组建，负责评标活动，并向招标人推荐中标候选人或者根据招标人的授权直接确定中标人。建设部于2001年8月1日发布的《评标委员会和评标方法暂行规定》对评标委员会的组建作出了详细规定。

评标委员会成员名单一般应于开标前确定。评标委员会成员名单在中标结果确定前应当保密。

评标委员会由招标人或其委托的招标代理机构熟悉相关业务的代表，以及有关技术、经济等方面的专家组成，成员人数为五人以上单数，其中技术、经济等方面的专家不得少于成员总数的三分之二。

评标委员会设负责人的，评标委员会负责人由评标委员会成员推举产生或者由招标人确定。评标委员会负责人与评标委员会的其他成员有同等的表决权。

评标委员会的专家成员应当从省级以上人民政府有关部门提供的专家名册或者招标代理机构的专家库内的相关专家名单中确定。

对于评标委员会中评标专家的组成方式，可以采取随机抽取或者直接确定的方式。一般项目，可以采取随机抽取的方式；技术特别复杂、专业性要求特别高或者国家有特殊要求的招标项目，若采取随机抽取方式确定的专家难以胜任，可以由招标人直接确定。

评标专家应符合下列条件。

(1) 从事相关专业领域工作满八年并具有高级职称或者同等专业水平。

(2) 熟悉有关招标投标的法律法规，并具有与招标项目相关的实践经验。

(3) 能够认真、公正、诚实、廉洁地履行职责。

有下列情形之一的，不得担任评标委员会成员。

(1) 投标人或者投标人主要负责人的近亲属。

(2) 项目主管部门或者行政监督部门的人员。

(3) 与投标人有经济利益关系，可能影响对投标公正评审的。

(4) 曾因在招标、评标以及其他与招标投标有关活动中从事违法行为而受过行政处罚或刑事处罚的。

对于评标专家的资格认定、入库及评标专家库的组建、使用、管理等活动，国家发展计划委员会于2003年2月22日公布的《评标专家和评标专家库管理暂行办法》作出了详细规定。

评标专家库由省级(含省级，下同)以上人民政府有关部门或者依法成立的招标代理机构依照《招标投标法》的规定自主组建。省级以上人民政府有关部门和招标代理机构应当加强对其所组建的评标专家库及评标专家的管理，但不得以任何名义非法控制、干预或者影响评标专家的具体评标活动。

省级以上人民政府有关部门组建评标专家库，应当有利于打破地区封锁，实现评标专家资源共享。省级人民政府可组建跨部门、跨地区的综合性评标专家库。

入选评标专家库的专家，必须具备以下条件。

(1) 从事相关专业领域工作满八年并具有高级职称或同等专业水平。

(2) 熟悉有关招标投标的法律法规。

(3) 能够认真、公正、诚实、廉洁地履行职责。

(4) 身体健康，能够承担评标工作。

评标专家库应当具备下列条件。

(1) 入选评标专家库的评标专家，专家总数不得少于 500 人。

(2) 有满足评标需要的专业分类。

(3) 有满足异地抽取、随机抽取评标专家需要的必要设施和条件。

(4) 有负责日常维护管理的专门机构和人员。

专家入选评标专家库，有个人申请和单位推荐两种方式。采取单位推荐方式的，应事先征得被推荐人同意。个人申请书或单位推荐书应当存档备查。个人申请书或单位推荐书应当附有符合规定条件的证明材料。

组建评标专家库的政府部门或者招标代理机构，应当对申请人或被推荐人进行评审，决定是否接受申请或者推荐，并向符合规定条件的申请人或被推荐人颁发评标专家证书。

组建评标专家库的政府部门或者招标代理机构，应当建立年度考核制度，对每位入选专家进行考核。评标专家因身体健康、业务能力及信誉等原因不能胜任评标工作时，应停止担任评标专家，并从评标专家库中除名。

《评标专家和评标专家库管理暂行办法》对评标专家的权利和义务作如下规定。

评标专家享有下列权利。

(1) 接受招标人或其招标代理机构聘请，担任评标委员会成员。

(2) 依法对投标文件进行独立评审，提出评审意见，不受任何单位或者个人的干预。

(3) 接受参加评标活动的劳务报酬。

(4) 法律、行政法规规定的其他权利。

评标专家承担下列义务。

(1) 有《招标投标法》和《评标委员会和评标方法暂行规定》规定情形之一的，应当主动提出回避。

(2) 遵守评标工作纪律，不得私下接触投标人，不得收受他人的财物或者其他好处，不得透露对投标文件的评审和比较、中标候选人的推荐情况以及与评标有关的其他情况。

(3) 客观公正地进行评标。

(4) 协助、配合有关行政监督部门的监督、检查。

(5) 法律、行政法规规定的其他义务。

评标委员会成员应当客观、公正地履行职责，遵守职业道德，对所提出的评审意见承担个人责任。

5.2.2 评标方法确定

评标方法是评定投标书优劣的基本准则。评标可按“两段三审”进行，“两段”指初审和终审(即详细评审)，“三审”指符合性评审、技术性评审和商务性评审。

1. 初审

初步评审是指对投标文件的符合性进行评审，包括商务符合性和技术符合性鉴定。初评是为了从众多的投标书中，筛选出符合最低要求标准的投标书，淘汰那些基本不合格的投标书，以免在后面的详细评审中浪费时间和精力。技术性评估，包括方案可行性评估和关键工序评估，劳务、材料、机械设备、质量控制措施评估以及对施工现场周围环境污染的保护措施的评估。商务性评估，包括校核投标报价，审查全部报价数据计算的正确性，分析报价构成的合理性，并与标底价格进行对比分析。投标文件应在实质上响应招标文件的所有条款、条件，无显著的差异或保留。评标委员会应当审查每一投标文件是否对招标文件提出的所有实质性要求和条件作出响应。未能在实质上响应的投标，应作废标处理。评标委员会应当根据招标文件，审查并逐项列出投标文件的全部投标偏差。投标偏差分为重大偏差和细微偏差。细微偏差是指投标文件在实质上响应招标文件要求，但在个别地方存在漏项或者提供了不完整的技术信息和数据等情况，并且补正这些遗漏或者不完整不会对其他投标人造成不公平的结果。细微偏差不影响投标文件的有效性。评标委员会应当书面要求存在细微偏差的投标人在评标结束前予以补正。拒不补正的，在详细评审时可以对细微偏差作不利于该投标人的量化，量化标准应当在招标文件中规定。

下列情况属于重大偏差。

(1) 没有按照招标文件要求提供投标担保或者所提供的投标担保有瑕疵。

(2) 投标文件没有投标人授权代表签字和加盖公章。

(3) 投标文件载明的招标项目完成期限超过招标文件规定的期限。

(4) 明显不符合技术规格、技术标准的要求。

(5) 投标文件载明的货物包装方式、检验标准和方法等不符合招标文件的要求。

(6) 投标文件附有招标人不能接受的条件。

(7) 不符合招标文件中规定的其他实质性要求。

投标文件有上述情形之一的，为未能对招标文件作出实质性响应，作废标处理。招标文件对重大偏差另有规定的，从其规定。

评标委员会应当按照投标报价的高低或者招标文件规定的其他方法对投标文件排序。以多种货币报价的，应当按照中国银行在开标日公布的汇率中间价换算成人民币。

招标文件应当对汇率标准和汇率风险作出规定。未作规定的，汇率风险由投标人承担。

在评标过程中，评标委员会发现投标人的报价明显低于其他投标报价或者在设有标底时明显低于标底，使得其投标报价可能低于其个别成本的，应当要求该投标人作出书面说明并提供相关证明材料。投标人不能合理说明或者不能提供相关证明材料的，由评标委员会认定该投标人以低于成本报价竞标，其投标应作废标处理。

评标委员会可以书面方式要求投标人对投标文件中含义不明确、对同类问题表述不一致或者有明显文字和计算错误的内容作必要的澄清、说明或者补正。澄清、说明或者补正应以书面方式进行并不得超出投标文件的范围或者改变投标文件的实质性内容。

投标文件中的大写金额和小写金额不一致的，以大写金额为准；总价金额与单价金额不一致的，以单价金额为准，但单价金额小数点有明显错误的除外；对不同文字文本投标文件的解释发生异议的，以中文文本为准。

投标人少于三个或者所有投标被否决的，招标人应当依法重新招标。

2. 详细评审

通过初评的投标文件接下来就进入了详细评审阶段，详细评审包括技术评审和商务评审。

1) 技术评审

对投标文件进行技术评审的目的主要是为了确认备选的中标人完成本工程的技术能力和施工方案的可靠性。技术评审的重点是评定投标人将怎样实施本招标工程，因此评审主要是围绕投标书中有关的施工方案、计划、各项技术保障措施和技术建议进行。具体内容如下。

(1) 施工总体布置。此项着重评审布置的合理性，如作业面的开设、砂石料生产系统、场内交通、堆渣场地及废料渣的堆置与处理等。

(2) 施工进度计划是否能满足业主对工程竣工时间的要求，这一进度计划是否科学和严谨，是否切实可行。评价时以所配备的施工设备、生产能力、材料供应、劳务人员、自然条件、工程量大小等诸方面因素为根据，并从施工平均高峰月强度及出现日期，分析作业循环或施工强度是否能实现，从而评价其总进度是否建立在可靠基础上。特别是对关键线路，应从承包商进场准备工作开始，直至全部完工为止，各个阶段、各个环节逐一审查。

(3) 施工方法及技术措施。此项主要评审各单项工程所采取的方法、程序与措施，包括所配备的施工设备性能是否合适，数量是否充分，安全措施是否可靠等。

(4) 承包商提供的材料、设备能否满足招标文件和设计的要求。

(5) 投标文件对招标工程在技术上有何保留或建议。

2) 商务评审

商务评审的目的是从成本、财务和经济分析等方面评定投标报价的合理性和可靠性，估量授标给各投标人后的不同经济效果。商务评审在整个评标中占有极其重要地位。商务评审的主要内容如下。

(1) 对投标书的响应性检查。例如，投标人是否愿意承担招标文件规定的全部义务，投标书的合同条件与技术规范是否与招标文件一致，有无附加条件等。

(2) 审查全部报价数据计算的正确性，并与标底(如果有标底)进行适当对比，发现有较大差异的地方要分析其原因。评定报价是否合理，以及潜在的风险问题。

(3) 分析报价构成的合理性。

(4) 分析机械台班、工人计日工资，以及另增材料单价的合理性。

(5) 分析投标文件中所附的资金流量表的合理性及其所列数据的依据。进一步复审投标人的财务实力和资信可靠程度。如果招标文件规定是可调价合同，还应分析投标人的调价公式、调价的可能幅度限制，以及调价公式中采用的基价、指数的合理性。

(6) 分析投标人提出的财务或付款方面的建议和优惠条件。例如，施工设备赠给、技术协作、专利转让等，并估计其利弊，特别是接受财务方面建议的可能风险。

在详细评审阶段进行评标的方法很多，主要包括经评审的最低投标价法(评标价法)、综合评估法或者法律、行政法规允许的其他评标方法。

(1) 经评审的最低投标价法。经评审的投标价，国际上称为评标价，故经评审的最低投标价法，也称为评标价法，即评标委员会根据投标人对工程质量、工期、安全文明施工的承诺以及施工组织设计、工程总报价等内容进行综合评议，达不到招标工程要求的，作为废标处理，不进入报价评标。然后对基本合格的标书按照预定的方法将某些评审要素按一定的规则折算为评审价格，再加到该标书的报价上形成评标价，以评标价最低的标书为最优。评标价仅仅是作为衡量投标人能力高低的量化比较的一个尺度，与中标人签订合同时还是以其投标价格为准。经评审的投标价格是用投标人的投标报价经以下五项条件计算后的价格。

① 纠正算术错误；

② 扣出备用金；

③ 招标人可接受的并可用货币表示的非重大的偏离和保留；

④ 核定(考虑上述变化)投标人提交的项目实施期间内现金流量(相当于资金使用计划)，并按现行的贴现率折算成现值，然后加到投标报价之中；

⑤ 我国招标投标实践中，一般来说，可以折算为价格的评审要素一般有以下五条。

a) 投标书承诺的工期提前给项目可能带来的超前收益，以月为单位按预定计算规则折算为相应的货币值，从该投标人的报价内扣减此值。

b) 实施过程中必然发生而标书又属于明显漏项部分，给予相应的补项，增加到报价之上。

c) 技术建议可能带来实际经济效益，按预定的比例折算后，在投标价内扣减此值。

d) 投标书内提出的优惠条件可能给招标人带来的好处，以开标日为准，按一定的方法折算后，作为评审价格因素之一。

e) 对其他可以折算为价格的要素，按照对招标人有利或者不利的原则，增加或减少到投标报价上去。

如果评标委员会认为投标人的投标报价有可能低于其个别成本的，应当要求该投标人作出书面说明并提供相关证明材料。投标人不能合理说明或者不能提供相关证明材料的，由评标委员会认定该投标人以低于其成本报价竞标，则该投标作无效标处理。

评标委员会以投标报价最低者为第一中标候选人，以投标报价次低者为第二中标候选人，以投标报价第三低者为第三中标候选人向招标人推荐。

招标人应当确定排名第一的中标候选人为中标人。排名第一的中标候选人放弃中标，或者因不可抗力提出不能履行合同，或者招标文件规定应当提交履约保证金而其在规定的期限内未能提交的，招标人可以确定排名第二的中标候选人为中标人，以此类推。中标人的投标报价即为中标价。

经评审的最低投标价法一般适用于具有通用技术、性能标准或者招标人对其技术、性能没有特殊要求的招标项目。

采用经评审的最低投标价法的，评标委员会应当根据招标文件中规定的评标价格调整方法，以所有投标人的投标报价以及投标文件的商务部分作必要的价格调整。中标人的投标应当符合招标文件规定的技术要求和标准，但评标委员会无须对投标文件的技术部分进行价格折算。完成详细评审后，评标委员会应当拟定一份“标价比较表”，连同书面评标报告提交招标人。“标价比较表”应当载明投标人的投标报价、对商务偏差的价格调整和说明以及经评审的最终投标价。

(2) 综合评估法。综合评估法也叫综合评分法，这种方法是首先确定对标书的评审内容，将评审内容分类以后分别赋予不同的权重，评标委员会依据事先定好的评分标准对各类内容细分的小项进行相应的打分，最后计算各标书的累计分值，该分值反映投标人的综合水平。以得分最高的投标书为最优。综合评分法的评审内容、细分的小项、各分项内容的权重随着不同的地方、工程类别、工程技术的复杂程度而各有不同。

【例 5.3】《湖北房屋建筑和市政基础设施工程施工招标评标定标办法》中，用百分法打分时有关的规定如下。

一类及二类工程：技术标、商务标、综合标权重宜按下列比例选用

30％　50％　20％；

20％　50％　30％；

30％　40％　30％。

三类及四类工程：技术标、商务标、综合标权重宜按下列比例选用

20％　60％　20％；

20％　50％　30％。

权重的划分可根据招标工程的具体情况作适当的调整。但技术标的权重不宜高于40％，商务标的权重不宜低于40％，综合标权重不宜高于30％。

1. 技术标100分划分的细项分值如下。

(1) 施工组织设计应包括以下几项基本内容：

① 主要施工方法(18分)；

② 拟投入的主要物资计划(6分)；

③ 拟投入的主要施工机械计划(6分)；

④ 劳动力安排计划(6分)；

⑤ 确保工程质量的技术组织措施(6分)；

⑥ 确保安全生产的技术组织措施(6分)；

⑦ 确保工期的技术组织措施(6分)；

⑧ 确保文明施工的技术组织措施(6分)；

⑨ 施工总进度表或施工网络图(12分)；

⑩ 施工总平面布置图(14分)。

如施工组织设计基本内容缺项，该项可打零分。

(2) 施工组织设计的针对性、完整性14分。

2. 综合标100分划分的细项分值如下。

1) 项目班子配备(38分)

(1) 项目经理(8分)。

① 项目经理资质等级满足招标文件要求，并按规定明确只承担一个工程或注明有特殊情况只同时(就近)承担两个工程(5分)；

② 项目经理简历表(3 分)。

(2) 项目经理类似工程经验(14 分)。

① 项目经理类似工程经历(5 分);

② 项目经理类似工程履约情况(如工期、质量、造价)(9 分)。

(3) 项目工程师(现场项目技术负责人)资历(4 分);

(4) 项目管理班子人员构成(12 分)。

① 人员齐备、专业配套、具备相关岗位证书(8 分);

② 主要技术、经济、管理人员素质高、业绩优(4 分)。

2) 投标工期(12 分)

(1) 投标工期比招标文件要求的工期短，按每缩短 5%加 2 分的办法累计加分，最多不超过 6 分(招标文件中提出的建设工期应参考国家现行工期定额)。

(2) 对工期有承诺，有违约经济处罚措施，且合理可行(6 分)。

3) 工程质量目标(12 分)

(1) 对招标工程质量目标有承诺，有违约经济处罚措施，且合理可行(8 分)。

(2) 对工程保修有承诺，有违约经济处罚措施，且合理可行(4 分)。

4) 投标人近两年业绩、信誉(38 分)

【例 5.4】《辽宁省建设工程招标投标评标办法》是按以下方法规定分项分值。

1. 技术标(40 分)

(1) 总体思想：施工程序及总体设想安排(5 分)。

(2) 施工组织设计中的工程形象进度计划安排，网络图及横道图所设计的工程进度是否可行，包括保证措施及违约承诺(5 分)。

(3) 组织安排：项目经理部的组成，劳动力的配备及保证措施(3 分)。

(4) 材料供应、来源、投入计划及保证措施(2 分)。

(5) 所投入的机械设备完好率、利用率，检测设备及手段齐全(2 分)。

(6) 施工工艺先进、科学、合理(2 分)。

(7) 施工平面、临时设施布置(3 分)。

(8) 重点部位上的施工组织措施、施工技术解决的具体方案(4 分)。

(9) 安全文明施工的具体措施(2 分)。

(10) 保证工程质量的措施及承诺(3 分)。

(11) 新技术新产品的应用与承诺(3 分)。

(12) 项目经理业绩及所承担过的类似工程，项目管理班子的管理经验(3 分)。

(13) 售后服务承诺(3 分)。

2. 商务经济标(60 分)

1) 采用工程量清单计价

(1) 投标总报价(20 分)。

(2) 工程量清单单项目费的合理性报价，以最低报价为最高分(15 分)。

(3) 措施项目费与施工方案相结合，以最低的为最高分(15 分)。

(4) 主要材料价格(主要材料按单项材料占全部材料费的比重，从高到低抽取不少于 15 项的材料，以综合单价、材料来源作为评分依据。)(10 分)。

(5) 算术错误，有明显重大偏差(在总报价得分中扣减10～15分)。

2) 不具备工程量清单计价的(60分)

(1) 投标总报价(20分)。

(2) 价格构成的合理性，合理低价为最高分(5分)。

(3) 价格组成与招标文件及相关资料所规定的内容相一致(5分)。

(4) 措施费与施工方案及施工组织设计相一致，以最低标价为最高分(10分)。

(5) 主要材料价格(主要材料按单项材料占全部材料费的比重，从高到低抽取不少于15项的材料，以综合单价、材料来源作为评分依据。)(10分)。

(6) 计价依据与计价规则(5分)。

(7) 资金使用及资金投入，对本工程的承诺(5分)。

(8) 算术错误(在总报价得分中扣减5分)。

综合评分法需要评定比较的内容比较多，特别是对于大型技术复杂的工程来说，最好是设置多级评分目标，这样有利于评委控制打分，从而减少随意性。评分的指标体系及权重应当根据招标工程的实际情况来定。对于标书报价部分的衡量，可分为用标底衡量、设置复合标底衡量和无标底比较三大类。

① 用标底衡量报价得分的综合评分法。

标底是业主的投资预期，我国大多数的招标活动中，业主都会编制标底，作为评标的一个重要参考。因此，用标底作为衡量投标报价的综合评分法得到了广泛的应用，但在具体的操作中，各地也有不同。其方法为：以事先编制好的标底为基础，评标委员会首先确定一个允许报价浮动范围(如±5%，视工程项目具体情况而定)来确定入围的有效投标，然后按照评标规则计算各项得分，最后以累计得分来比较投标书的优劣。

【例5.5】 某工程施工采用综合单价合同的邀请招标，评标主要考察四个方面，每一方面再以百分制计分。

a) 投标单位的业绩、信誉，权重0.15。内容包括：企业资质等级(30分)；企业信誉、银行信誉(20分)；同容量主体工程的施工经历(20分)；近五年质量回访记录(15分)；近三年重大质量、安全事故(15分)。

b) 施工管理能力，权重0.1。内容包括：主要施工机具及劳动力安排计划(50分)；安全措施(30分)；同期工程量(20分)。

c) 施工组织设计，权重0.15。内容包括：施工方案(30分)；现场组织机构(30分)；网络进度计划(20分)；质量保证体系(20分)。

d) 投标报价，权重0.6。内容包括：投标报价(60分)；单价表中人工、材料、棚械费组成的合理性(30分)；三材用量的合理性(10分)。其中报价项的得分标准以(报价－标底)/标底来衡量，当偏差范围为－3%～－5%时得40分；－2%～－1%时得60分；＋1%～＋2%时得50分；＋3%～＋5%时得30分。

特别需要注意的是，如果某投标书的总分不低，但其中某项得分低于该项及格分时，也应充分考虑授标给此投标人实施过程中可能存在的风险。

② 用复合标底来衡量报价得分的综合评分法。

以标底作为报价评定标准时，有可能因编制的标底没有反映出较为先进的施工技术水平和管理水平，导致对报价的衡量不科学。为了弥补这一缺陷，可以采用标底的修正值作为衡量标准。具体步骤如下。

a) 计算各投标书报价的算数平均值。

b) 将标书平均值与标底再作算数平均。

c) 以第二步算出的值为中心，按预先确定的允许浮动范围(如±8%)确定入围的有效投标书。

d) 计算入围有效标书的报价算数平均值。

e) 将标底和第四步项计算的值进行平均，作为确定报价得分的衡量标准。此步计算可以是简单的算数平均，也可以来用加权平均(如标底的权重为0.4，报价的平均值权重为0.6)。

f) 依据评标规则确定的计算方法，按报价与标准的偏离度计算各投标书的该项得分。

③ 无标底的综合评分法。

传统的有标底招投标方式对我国工程建设领域顺应社会主义市场经济原则和现代企业制度起到了积极作用，但随着我国市场经济改革的深化和加入世贸组织与国际接轨的需要，其弊端日益凸现。前面介绍的两种方法在商务评标过程中对报价部分的评审都以预先设定的标底作为衡量条件，但是如果标底编制得不够合理，有可能对某些投标书的报价评分不公平。为了鼓励投标人的报价竞争，可以不预先制定标底，用反映投标人报价平均水平的某一值作为衡量基准，用于评定各投标书的报价部分得分。目前，在我国上海、深圳、杭州、沈阳等地已大量应用。其特点如下。

a) 招标人不再人为设定标底或仅作参考的标底(国内也有以一定比例进入标底的情况)。

b) 资格预审合格的施工队伍可获得投标资格。

c) 投标人自主报价，价格合理与否不以统一定额的计算结果为依据。

d) 若认为资格预审合格或技术标评审合格的投标人均有能力承建项目，则价格成为最主要的决定因素。

e) 无标底招标的评标条件由较多的主观评价因素转向施工企业的自由资金、保函等客观评价因素。

此种方法在招标文件中应说明比较的标准值和报价与标准计分方法，视报价与其偏离度的大小确定分值高低。采用较多的方法有以下两种。

a) 合理低价中标。在所有投标书的报价中以报价最低者为标准(该项满分)，其他投标人的报价按预先确定的偏离百分比计算相应得分。这种方法应特别要注意防止低于成本的低价中标。例如，如果发现最低的投标报价与次低投标人的报价相差悬殊（如20%以上)，则应首先考察最低报价者是否有低于其企业成本的竞标，此时，评标委员会可以要求该投标人就报价问题作出必要的说明和澄清(以书面形式)。若报价的费用组成合理，才可以作为标准值。这种规则适用于工作内容简单，一般承包人采用常规方法都可以完成的施工内容，因此评标时更重视报价的高低。

b) 无标底招标，有标底评标。此种方法对报价进行衡量的具体操作比较复杂，各地各有不同。采用较多的做法是：开标后，首先计算各主要报价项的标准值，可以采用简单的算数平均值或平均值下浮某一预先规定的百分比作为标准值；标准值确定后，再按预先确定的规则，视各投标书的报价与标准值的偏离程度，计算各投标书的该项得分。对于某些较为复杂的工作任务，不同的施工组织和施工方法可能产生不同效果的情况，不应过分追求报价，因此采用投标人的报价平均水平作为衡量标准。

以上海为例，其参考标底是这样确定的：首先除去最高、最低值的投标报价，然后计算其他投标报价的均价，在该均价的－6%～＋2%范围内确定有效投标；再随机确定有效标均价的60%～70%，加上参考工程造价的40%～30%，并随机确定1%～3%的下浮幅度后作为参考评标标底。

一些地区所采取的“无标底招标，有标底评标”的评审形式中，技术标以一定比例进入综合评分。

【例5.6】 浙江省温岭市2003年颁布的《温岭市房屋建筑工程施工“无标底”招投标评标定标办法(试行)》中规定，无标底招标采用综合评定法，综合评定法采用百分制评分方法，评分分值由技术标10分、商务标83分、项目班子配备5分、工期2分等四部分组成，共计100分。

具体评分标准如下。

1. 技术标分值评定(10分)

(1) 评标委员会成员针对投标人施工组织设计的整体编制质量；施工方案与平面布置；工程质量保证措施；安全生产、文明施工与环境保护措施；施工进度计划，劳动力和材料供应计划，主要施工设备配置；针对本工程的特点和难点分析及解决措施六个单项内容，视其科学性、针对性、可行性、先进性和完善性程度，分别评分。

每一单项经集体充分讨论确定类别，见表5-1。然后在该类别的分值范围内由评标委员会成员通过记名形式分别打分(未在范围内的分值为无效)，去掉一个最高分和一个最低分后，再取算术平均分作为该项的分数(小数点后保留两位小数)。

表5-1 无标底招标评定法

序号	项目	分值	一类	二类	三类	四类	五类
1	施工组织设计的整体编制质量	1	0.85～1.0	0.7～0.85	0.5～0.7	0.3～0.5	0～0.3
2	施工方案与平面布置	2	1.7～2.0	1.4～1.7	1.0～1.4	0.6～1.0	0～0.6
3	安全生产、文明施工与环境保护措施	2	1.7～2.0	1.4～1.7	1.0～1.4	0.6～1.0	0～0.6
4	施工进度计划、劳动力和材料供应计划，主要施工设备配备	2	1.7～2.0	1.4～1.7	1.0～1.4	0.6～1.0	0～0.6
5	工程质量保证措施	2	1.7～2.0	1.4～1.7	1.0～1.4	0.6～1.0	0～0.6
6	针对本工程的特点和难点分析及解决措施	1	0.85～1.0	0.7～0.85	0.5～0.7	0.3～0.5	0～0.3

对某一单项类别划档意见分歧较大的，可以按记名投票方式确定。

(2) 技术标评分小于6分的，则该投标不进入商务标评审。

(3) 对结构简单且无地下室的工程，技术标评审可采用通过制，即技术标评分超过6分(包括6分)的，则该投标进入商务标评审，且技术标得分均按10分计取；技术标评分小于6分的，则该投标不进入商务标评审。

(4) 技术标评审采用通过制的，应在招标文件中明确。

2) 商务标分值评定(83分)

(1) 有效标界定。

① 投标人未按规定要求报价的，则该投标作无效标处理。

② 招标人设有报价上限的，若投标报价超过设定报价上限的，则该投标作为无效标处理。

招标人设置的报价上限应在商务标开标之前公布，报价上限由业主根据工程规模大小、工程特点提出书面意见，并在投标文件递交截止期后商务标开标之前报市招标办批准。

③ 凡投标报价低于平均报价(平均报价为所有有效投标报价去掉最高和最低报价后的算术平均值)8%及以上，其投标作无效标处理。

(2) 因有效标不足三家，使得投标明显缺乏竞争的，评标委员会可以否决全部投标。

当全部投标被否决的，招标人应当依法重新招标。

(3) 评标基准价。

全部投标人的有效报价扣除最高价和最低价后的算术平均值为投标平均价。投标平均价与上述剩余报价中的低于投标平均价中任一家的投标报价的算术平均值作为评标基准价。低于投标平均价的任一家的选择由业主在商务标开标时通过计算机抽签确定。

参与评标基准价计算的有效报价中，如有与评标基准价相差5%以上的，即|投标人报价－评标基准价|/评标基准价×100%＞5%，则将该报价去掉，再在余下的报价中按上述方法重新计算评标基准价。

(4) 计算商务标分值。

① 投标报价等于评标基准价的得83分，投标报价每高于评标基准价一个百分点的扣4分，每低于评标基准价一个百分点的扣3分。中间按内插法计算。

② 商务标分值不足60分的，按60分计取。

3) 工期分值评定(2分)

(1) 投标人承诺的工期应在招标文件规定的有效投标工期范围内，超出有效投标工期的投标作为无效标处理。

(2) 基准工期：各投标人有效承诺工期的平均值。

(3) 计算工期分：投标人承诺工期每偏离基准工期一个百分点扣0.1分，扣完2分为止。

4) 项目班子配备分值评定(5分)

人员配备一般由项目经理、项目技术负责人、施工员、质量员、安全员、材料员、资料员、概预算编审员等人员组成，其分值分别是：人员名单0.4分、项目技术负责人0.8分、施工员0.8分、质量员0.7分、安全员0.7分、材料员0.4分、资料员0.4分、概预算编审员0.4分、项目经理工作手册0.4分，人员配备缺员或不符要求的相应扣减分值。当招标文件对人员配备和资料另有要求时，按招标文件要求执行。

【例5.7】 某工程项目，系亚洲开发银行贷款的建设项目，该项工程地处热带多雨的岛屿，地下属于珊瑚礁，透水性强，地下水位高。工程内容包括土石方工程、混凝土工程、道路、永久性设备安装、管道敷设、供排水设施、电气工程等。估计该工程的合同金额为5 000万美元。该项目拟向国际招标。

根据该项目的特点，评标委员会提出了资格预审和评标的原则、方法和标准。资格预审拟采用加权打分量化法审查，资格评审的内容和标准如下。

(1) 审查投标申请者的法人资格及其组织机构。

(2) 考虑到本项目情况的复杂性、特殊性，确定以施工经验为首要因素，采取如下的总分为 100 分的记分权重分配及合格标准。

① 财务能力方面：满分为 30 分(即权重 30%)，要求最低得分不低于 15 分。

② 施工经验方面：满分为 40 分(即权重 40%)，要求最低得分不低于 20 分。

③ 技术资格方面：满分为 30 分(即权重 30%)，要求最低得分不低于 15 分。

上述三项得分总计不得低于 60 分方为合格。

上述三方面，在评分时需要评定的分项与子项，以及相应的评分分值标准见表 5-2、表 5-3、表 5-4。

表 5-2 财务能力

承包商情况	记分标准
(1) 合同收入/(万美元/年)	
500	0
500～1 500	1
1 600～4 000	2
4 100～7 500	4
7 500 以上	6
满分	6
(2) 投标财务能力/万美元	
少于 500	0
500～1 500	5
1 600～2 500	9
2 600～4 000	11
4 100～5 000	15
5 000 以上	18
满分	18
(3) 可获得信贷能力/万美元	
少于 500	0
500～1 000	1
1 100～1 500	2
1 600～2 500	4
超过 2 500	6
满分	6
财务能力满分合计	30

表 5-3 施工经验(按已完和在建工程合同总数计算)

承包商情况	记分标准
(1) 类似工程经验/万美元	
未说明者	0
小于 1 000	3
1 000～2 500	6
2 600～3 500	11
3 600～50 00	14
5 000 以上	18
满分	18
(2) 类似现场条件经验/万美元	
未说明者	0
小于 1 000	2
1 000～2 500	5
2 600～3 500	8
3 600～5 000	12
5 000 以上	14
满分	14
(3) 参考条件	
没有资信证明或过去的业主不满意	0
有一个业主表示满意	2
有两个业主表示满意	5
有三个以上业主表示满意	8
满分	8
施工经验满分合计	40

表 5-4 技术资格

承包商情况	记分标准	承包商情况	记分标准
(1) 现场管理		(3) 分包工程	
① 管理机构的结构		① 分包转包商数量	
不满意	0	超过4家	0
满意	1	0～4家	1
非常满意	2	② 工程分割情况	
② 胜任能力		主要工程交给分包商	0
不满意	0	仅专业工程向外分包	3
满意	1	满分	4
非常满意	2	(4) 机具设备情况	
③ 总部授权范围		① 现有主要设备	
不满意	0	基本不适合	1
满意	1	稍加更换后适用	2
非常满意	2	适用	4
满分	6	② 主要设备来源	
(2) 现场关键人员		自有设备	
① 人数方面		加长期租赁	
不适当	0	50%自有设备	0
适当	2	无自有设备	1
② 专业组成		51%～75%自有设备	2
不满意	0	75%以上自有设备	3
满意	2	③ 主要设备平均使用年数	
③ 人员胜任能力		已用过10年	0
不可接受	0	已用过5年以上，10年以下	1
能力低	2	用过5年以下	2
能力尚可	4	④ 运输车辆	
能力高	6	已用过3年以上者	0
		3年以内占多者	1
		满分	10
满分	10	技术资格满分合计	30

招标公告发布后，共有多国13个建筑企业申请投标，其中M建筑公司提交的资格预审表表明其主要资质情况如下。

(1) 该公司已在工程所在国依法登记注册，取得合法地位。

(2) 该公司近5年年平均承包合同额为7 000万美元；拥有固定资产为2.1亿美元，流动资金为1.2亿美元，长期负债0.8亿美元，流动负债0.5亿美元；国际资深银行证明可予信贷4 000万美元。

(3) 该公司成立已21年，拥有较强技术实力，管理人员与技术人员专业配置齐全，有能力胜任本工程任务，配备现场管理人员经验丰富，总部授权范围较宽。

现有可用的机械设备能满足本工程70%的需要，另外所需的30%的机械设备拟通过租赁途径解决。机械平均使用期为5.5年，运输车辆平均使用期在3年以内者占60%。

(4) 该公司近40年承担与本工程类似的工程项目合同总额达2亿美元；尚未承担过与本工程有类似环境的工程项目；近5年所承担的施工项目中，有两项获得业主方的表彰，为优秀工程，并附有业主方的证明。

问题：试用综合评分法审查M建筑公司的承包资格是否合格。

解：

根据题述的评审项目标准以及M建筑公司的申报情况，评审如下。

1) 该公司已具有在该国承揽工程项目的合法地位

2) 在财务能力方面

(1) 合同收入为7 000万美元/年，按表5-2中标准得分4分。

(2) 投标财务能力，可按流动资金数额的5倍计算，即5×1.2亿美元=6亿美元，可得分18分。

(3) 可获信贷能力4 000万美元，可得分6分。

财务能力得分合计为4分+18分+6分=28分，高于评审标准提出的不低于15分的要求。

3) 在技术资格方面

(1) 现场管理：管理机构的结构(满意)，得1分；胜任能力(满意)，得1分；总部授权范围(非常满意)，得2分；小计共得4分。

(2) 现场关键人员：人数(方面适当)，得2分；专业组成(满意)，得2分；人员胜任能力(尚可)，得4分；小计共得8分。

(3) 分包工程：未分包，得4分；小计共得4分。

(4) 机具设备情况：现有主要设备(适用)，得4分；主要设备70%自有，得2分；主要设备平均使用5.5年，得1分；运输车辆使用时间60%在3年内，得1分；小计共得8分。

技术资格方面得分合计为4分+8分+4分+8分=24分，高于15分的要求。

4) 施工经验方面

近10年类似工程承包合同额达2亿美元，得18分；无类似现场条件经验，得0分；有两个业主表示满意，得5分。

施工经验得分合计为18分+0分+5分=23分，高于20分要求。

5) 总计得分为：28分+24分+23分=75分，超过不低于60分要求。

根据上述计算，可以认为M建筑公司具备投标本工程项目的基本资格。

(3) 其他评标方法。

① 最低价中标法。这种方法在操作上比较简单，就是在所有通过资格审查的投标者中，谁的报价最低谁中标。最低价中标法是国际上通用的建筑工程招标投标方法，我国政府一直限制这种方法的作用。随着我国市场经济的发展，最低价中标法在我国不少地方得到了运用，如在上海、厦门等地，取得了良好的经济效果。最低价中标法与我国现行的各种招标方法比较有以下主要的优点：一是节省投资效果十分显著，其中部分原因来自激烈的竞争引起的降价，另一原因来自政府定额标准与现实市场价格和企业内部定额的价值严重背离；二是反腐倡廉效果好，没有暗箱操作，是一种真正的招标方法；三是操作简便，

商务标书中谁报价低谁中标，简单的招标过程节约了交易成本；四是加大对施工企业管理的促进作用，企业要生存和发展只能靠加强管理、降低成本、提高工程质量和提高企业信誉。这些优点对解决工程招标中存在的内外合谋违纪现象有特殊的效果和潜在的使用价值。

最低中标法也有其局限性，主要表现为：一是对投标者资料审查严格，确保投标者都有能力完成工程；二是招标前期工作质量要求高，无论是勘察还是设计都要提高尝试和精度，特别是招标文件的编写要十分细致周到，工程规模越大技术越复杂，招标书要求越精确细致；三是投标人要有独立的私人估价信息，可以按照自己的内部工程造价标准进行报价；四是要求招标保证措施齐全，最主要的是要有工程担保措施。

最低价中标法的应用，是以完善的市场机制为前提条件，我国在这方面尚有不少欠缺，所以，这种方法目前在我国的运用受到一定的限制。

② 专家评议法。专家评议法属于一种对投标书的定性评价方法，专家评议法不量化评价指标，而是通过对投标单位的能力、业绩、财务状况、信誉、投标价格、工期质量、施工方案(或施工组织设计)等内容进行定性的分析和比较，进行评议后，再选择投标单位在各指标都较优良者为中标单位，以协商或投票的方式确定候选中标人。这种方法适用于标的额比较小的中小型工程的评标。这种方法评标过程简单，评标工作量小，可以在比较短的时间内完成，但是显然其科学性较差。

③ 技术优先法。对于某些施工技术有特殊要求的工程项目，首先应根据技术条件确定施工单位的优先次序，然后根据价格商谈情况确定中标单位。

5.2.3 评标活动组织

开标后即进入评标程序，评标由招标人负责组织。在开标之前，招标人应负责组建好评标委员会和清标工作组。一般来说，清标工作组的职责如下。

(1) 根据招标文件，制定评标工作所需的各种表格。

(2) 根据招标文件，汇总评标标准、投标文件的合格性条件以及影响工程质量、工期和投资的全部因素。

(3) 对投标文件响应招标文件的情况进行摘录，列出相对于招标文件的所有偏差。

(4) 对所有投标报价进行算术性校核。

(5) 评标委员会认为需要协助的其他事项。

评标活动应在当地招标投标管理机构或公证部门的监督下进行，评标委员会按事先确定的评标方法和原则对所有的投标书进行评审。评标委员会成员评标时应遵守有关的评标纪律，客观公正、实事求是地对标书进行评审。在评标的过程中，评标委员会可以分别约见某些投标人，要求澄清一些评审过程中发现的问题。澄清问题纯粹只是评审过程中的技术性安排，绝对不允许修改投标报价或进行实质性谈判。例如，可以要求投标人补充报送某些报价计算的细节资料，也可以要求投标人对其技术方案建议提供进一步的详细说明，等等。评标人员约见投标人澄清问题时，不得透露任何评审情况，澄清内容也要整理成文字资料，经投标人签字确认后作为投标书的组成部分。评标委员会应当认真审核清标信息和资料，全面评审投标文件，评标委员会根据评审结果，有权否决不合格的投标或界定废标，也有权建议招标人是否重新招标。

评标委员会完成评标工作后，应根据评审结果向招标人推荐中标候选人1～3名，并标明排列顺序；或按照招标人的授权，直接确定中标人。最后，评标委员会应完成书面评标报告并提交招标人，并抄送给有关行政监督部门。

评标报告是评标委员会完成评标工作以后交给招标人的一份重要文件。在评标报告中，评标委员会不仅要推荐中标候选人，而且要说明推荐的具体理由。评标报告作为招标人定标的重要依据，一般要包括以下内容。

(1) 基本情况和数据表。

(2) 评标委员会成员名单。

(3) 开标记录。

(4) 符合要求的投标一览表。

(5) 废标情况说明。

(6) 评标标准、评标方法或者评标因素一览表。

(7) 经评审的价格或者评分比较一览表。

(8) 经评审的投标人排序。

(9) 推荐的中标候选人名单与签订合同前要处理的事宜。

(10) 澄清、说明、补正事项纪要。

【例5.8】 某工程施工招标评标报告格式如下。

中华人民共和国

__________省(自治区、直辖市)

________至________工程项目(　　标段)

施工招标评标报告

建设单位：____________

(招标代理单位：____________)

年　　月　　日

1. 项目简介(略)

2. 招标过程简介

本次施工招标于________年____月____日在中国国际招标网及________年____月____日在____________刊物上登载招标公告，于____月____日开始发售招标文件。共有____家公司购买了招标文件，其中中国公司____家(含港澳台地区____家)，国外公司____家，详见招标文件购买记录。

投标截止日期为____月____日____时。____月____日____时在________________开标，有____家中国公司(含港澳台地区____家)和____家国外公司投标。开标一览表详见表5-5。

3. 评标过程

按评标程序，详细叙述并填写表5-6～表5-9。

1) 符合性检查

2) 商务评议

3) 技术评议

4) 价格评议

5) 资格后审

4. 评标结果

经评议，____________的投标文件在商务上和技术上均满足招标文件要求，评标价格最低，且通过资格审核，评标委员会建议由__________中标，中标金额为____万美元。

以上意见报请备案。

招标人(盖章)__________招标机构(盖章)__________

______年____月____日　　　　　　　　　　______年____月____日

表 5-5　开标情况一览表

<table>
<tr><td rowspan="12">招标工程基本情况</td><td>工程名称</td><td colspan="3"></td><td colspan="2">建设规模(M2/M)</td><td colspan="2"></td></tr>
<tr><td>结构类型</td><td colspan="3"></td><td colspan="2">层/栋</td><td colspan="2"></td></tr>
<tr><td>招标单位</td><td colspan="7"></td></tr>
<tr><td>招标范围</td><td colspan="7"></td></tr>
<tr><td>招标方式</td><td colspan="3"></td><td colspan="2">投标担保金额/万元</td><td colspan="2"></td></tr>
<tr><td>评标方法</td><td colspan="7">□ 1-A 经评审的最低投标价法-不限定幅度
□ 1-B 经评审的最低投标价法-限定幅度：基准价下浮____%
□ 2-A 综合评估法-按评审得分计：A1：____ A2：____ A3：____
□ 2-B 综合评估法-按评审排序计：A1：____ A2：____ A3：____</td></tr>
<tr><td>投标文件份数</td><td colspan="7">商务标：正本____份，副本____份；技术标：正本____份，副本____份</td></tr>
<tr><td>质量要求</td><td colspan="3"></td><td colspan="2">工期要求/天</td><td colspan="2"></td></tr>
<tr><td>标底及有关说明</td><td colspan="7">标底：__________元
说明：</td></tr>
<tr><td>最高投标限价</td><td colspan="7">标底下浮____%，计__________元</td></tr>
</table>

<table>
<tr><td rowspan="12">开标情况</td><td>序号</td><td>投标人名称</td><td>是否通过符合性审查</td><td>工期/天</td><td>质量</td><td>投标报价/万元</td><td>标底下浮/%</td><td>报价排序(最低为1)</td></tr>
<tr><td>1</td><td></td><td></td><td></td><td></td><td></td><td></td><td></td></tr>
<tr><td>2</td><td></td><td></td><td></td><td></td><td></td><td></td><td></td></tr>
<tr><td>3</td><td></td><td></td><td></td><td></td><td></td><td></td><td></td></tr>
<tr><td>4</td><td></td><td></td><td></td><td></td><td></td><td></td><td></td></tr>
<tr><td>5</td><td></td><td></td><td></td><td></td><td></td><td></td><td></td></tr>
<tr><td>6</td><td></td><td></td><td></td><td></td><td></td><td></td><td></td></tr>
<tr><td>7</td><td></td><td></td><td></td><td></td><td></td><td></td><td></td></tr>
<tr><td>8</td><td></td><td></td><td></td><td></td><td></td><td></td><td></td></tr>
<tr><td>9</td><td></td><td></td><td></td><td></td><td></td><td></td><td></td></tr>
<tr><td>10</td><td></td><td></td><td></td><td></td><td></td><td></td><td></td></tr>
<tr><td>11</td><td></td><td></td><td></td><td></td><td></td><td></td><td></td></tr>
</table>

招标单位经办人签字：__________

表 5-6 评标委员会成员签到表

序号	姓名	经济/技术专家	单位	职务	联系电话	签到时间	备注
1							
2							
3							
4							
5							

表 5-7 综合评估比较表

<table>
<tr><td colspan="2">各项指标权重</td><td colspan="9">技术标 A1 ________ 商务标 A2 ________ 信誉标 A3 ________</td></tr>
<tr><td>序号</td><td>投标人名称</td><td>投标价/万元</td><td>对技术标/商务标偏差的调整及说明</td><td>经评审的最终投标价/万元</td><td>技术标排序(J)</td><td>商务标排序(S)</td><td>信誉标排序(X)</td><td>评标总分(J * A1+S * A2+X * A3)</td><td>评标结果</td></tr>
<tr><td>1</td><td></td><td></td><td></td><td></td><td></td><td></td><td></td><td></td><td></td></tr>
<tr><td>2</td><td></td><td></td><td></td><td></td><td></td><td></td><td></td><td></td><td></td></tr>
<tr><td>3</td><td></td><td></td><td></td><td></td><td></td><td></td><td></td><td></td><td></td></tr>
<tr><td>4</td><td></td><td></td><td></td><td></td><td></td><td></td><td></td><td></td><td></td></tr>
<tr><td>5</td><td></td><td></td><td></td><td></td><td></td><td></td><td></td><td></td><td></td></tr>
</table>

表 5-8 评标结果及建议

<table>
<tr><td rowspan="3">评标结果</td><td></td><td>投标人名称</td><td>投标报价/万元</td><td>标底下浮/%</td></tr>
<tr><td>第一中标候选人</td><td></td><td></td><td></td></tr>
<tr><td>第二中标候选人</td><td></td><td></td><td></td></tr>
<tr><td>评标过程的描述及有关建议、签订合同前要处理的事宜</td><td colspan="4"></td></tr>
<tr><td rowspan="2">评标委员会成员签名</td><td colspan="2">技术专家</td><td colspan="2">经济专家</td></tr>
<tr><td colspan="2">抽签专家：

招标人或代理机构代表：</td><td colspan="2">抽签专家：

招标人或代理机构代表：</td></tr>
<tr><td>对评标结果有异议成员意见</td><td colspan="4">意见及理由：

签名：</td></tr>
</table>

表 5-9 不合格投标及废标情况说明表

不合格投标或废标的投标人名称	
不合格投标或废标原因	
投标人答辩记录	
评标委员会意见	
需要说明的其他情况	

表 5-10 投标人澄清、说明、补正情况记录表

投标人		投标人代表	
投标人澄清、说明、补正情况			
评标委员会意见			
对招标人有关建议			

评标委员会向招标人提交评标报告后，整个评标活动结束。评标委员会即告解散，评标过程中使用的文件、表格以及其他相关资料应当及时归还给招标人。

5.2.4 评标过程中的不规范行为

评标过程中的不规范行为主要如下三种。

1. 不以招标文件中载明的评标方法和原则进行评标

招标人应当在招标文件中载明评标的方法和原则，而且该评标的方法和原则在开标时也应当公开宣布，以示招标的公平性和公正性。但是由于某种原因，例如，为排除某些特定的投标人，招标人有可能要求在评标过程中采取新的评标方法或标准，或者公开违反原来的评标方法进行评标。

2. 不以同一标准进行评标

评标委员会成员应当遵守职业道德，客观、公正地对待每一份投标书。但是由于某些原因，例如，评标委员会成员和投标人有某些利害关系，或者收受了投标人的好处，或者是为了排挤非本地、本系统的投标人，所以在评标过程中故意抬高或者压低某些特定投标人的得分，或者在评审过程中故意透露评审情况，进行一些暗箱操作，进而达到操纵中标结果的目的。

3. 评标过程中，和投标人就标书内容进行实质性谈判

上述三种评标过程中的不规范行为几乎囊括所有评标过程中不规范形式，尽管在实践中这些形式的表现是多种多样的。这些行为严重违反了招投标的公平、公正、公开原则，

违反了《招标投标法》和其他相关法律法规的规定。《评标委员会和评标方法暂行规定》规定，评标委员会成员在评标过程中擅离职守，影响评标程序正常进行，或者在评标过程中不能客观公正地履行职责的，给予警告；情节严重的，取消担任评标委员会成员的资格，不得再参加任何依法必须进行招标项目的评标，并处一万元以下的罚款。评标委员会成员收受投标人、其他利害关系人的财物或者其他好处的，评标委员会成员或者与评标活动有关的工作人员向他人透露对投标文件的评审和比较、中标候选人的推荐以及与评标有关的其他情况的，给予警告，没收收受的财物，可以并处三千元以上五万元以下的罚款；对有所列违法行为的评标委员会成员取消担任评标委员会成员的资格，不得再参加任何依法必须进行招标项目的评标；构成犯罪的，依法追究刑事责任。

5.3 定　标

定标是指经过评标，作出决定，最后选定中标人的行为。定标由招标人最后裁决。如果业主为私营企业，一般由董事会根据评标报告进行讨论决定；如果是国际银行组织或财团贷款的项目，除需要借款国有关机构作出决定外，还要征询贷款的国际金融机构的意见。在招标人作出了决定以后，招标人应当向中标人发出中标通知书；同时，也要书面通知未中标的投标人，并退还其投标保证金。

5.3.1 定标依据

定标最主要、最直接的依据就是评标委员会向招标人提交的评标报告。在评标报告中，一般来说，评标委员会会向招标人推荐1～3名标明了排列顺序的中标候选人供招标人参考定标。《招标投标法》规定，招标人必须根据评标委员会提交的书面评标报告和推荐的中标候选人来确定中标人。

评标委员会提出书面评标报告后，招标人一般应当在15日内确定中标人，最迟应当在投标有效期结束日后30个工作日前确定。《招标投标法》规定，中标人的投标应当符合下列条件。

(1) 能够最大限度地满足招标文件中规定的各项综合评价标准。

(2) 能够满足招标文件的实质性要求，并且经评审的投标价格最低；但是投标价格低于成本的除外。

对于评标委员会推荐的不超过三个标明了排列顺序的中标候选人，可以这样认为，被推荐的中标候选人都具备中标资格，招标人可以根据工程项目的具体特点和要求，确定其中的一个为中标人。从原则上来说，招标人应当确定排名第一的中标候选人为中标人。排名第一的中标候选人放弃中标、因不可抗力提出不能履行合同，或者招标文件规定应当提交履约保证金而在规定的期限内未能提交的，招标人可以确定排名第二的中标候选人为中标人。排名第二的中标候选人因前款规定的同样原因不能签订合同的，招标人可以确定排名第三的中标候选人为中标人。

《评标委员会和评标方法暂行规定》第四十八条规定，使用国有资金投资或者国家融资的项目，招标人应当确定排名第一的中标候选人为中标人。

招标人可以授权评标委员会直接确定中标人。

招标人在评标委员会依法推荐的中标候选人以外确定中标人的，依法必须进行招标的项目在所有投标被评标委员会否决后自行确定中标人的，中标无效。有关行政监督部门责令改正，可以处中标项目金额千分之五以上千分之十以下的罚款；对单位直接负责的主管人员和其他直接责任人员依法给予处分。

5.3.2 中标与合同签订

招标人确定中标人之后，应当及时向中标人发出中标通知书。同时，也应向其他未中标的投标人发出书面通知，并按有关规定及时退还投其标保证金。至于中标人的投标保证金，国际上通行的做法是，中标人应在规定的时间内向招标人提交履约保证，用履约保证换回投标保证金。

中标通知书对招标人和中标人都具有法律约束力。中标通知书发出后，招标人改变中标结果的，或者中标人放弃中标项目的，应当依法承担法律责任。中标人收到中标通知书后，即成为该项目承包商，必须在30天内和招标人签订合同。

在发出中标通知书到双方签订合同的这一段时间，双方一般还要就合同进行谈判，将双方之前达成的协议具体化，并可补充完善某些条款。但是，谈判不得涉及对招标文件和中标人的投标文件中的实质性内容更改，如关于价格、工期等内容，也不得再行订立背离合同实质性内容的其他协议。如果中标人拒签合同，则招标人有权没收其投标保证金，再和其他人签订协议。

招标人应当自发出中标通知书之日起15天内，向有关行政监督部门提交招标投标情况的书面报告。书面报告至少应包括下列内容。

(1) 招标范围。

(2) 招标方式和发布招标公告的媒介。

(3) 招标文件中投标人须知、技术条款、评标标准和方法、合同主要条款等内容。

(4) 评标委员会的组成和评标报告。

(5) 中标结果。

招标人和中标人正式签订合同后，整个招标投标工作结束。

招标人不按规定期限确定中标人的，或者中标通知书发出后，改变中标结果的，无正当理由不与中标人签订合同的，或者在签订合同时向中标人提出附加条件或者更改合同实质性内容的，有关行政监督部门给予警告，责令改正，根据情节可处三万元以下的罚款；造成中标人损失的，并应当赔偿损失。

中标通知书发出后，中标人放弃中标项目的，无正当理由不与招标人签订合同的，在签订合同时向招标人提出附加条件或者更改合同实质性内容的，或者拒不提交所要求的履约保证金的，招标人可取消其中标资格，并没收其投标保证金；给招标人的损失超过投标保证金数额的，中标人应当对超过部分予以赔偿；没有提交投标保证金的，应当对招标人的损失承担赔偿责任。

中标人将中标项目转让给他人的，将中标项目肢解后分别转让给他人的，违法将中标项目的部分主体、关键性工作分包给他人的，或者分包人再次分包的，转让、分包无效，有关行政监督部门处转让、分包项目金额千分之五以上千分之十以下的罚款；有违法所得的，并处没收违法所得；可以责令停业整顿；情节严重的，由工商行政管理机关吊销营业执照。

招标人与中标人不按照招标文件和中标人的投标文件订立合同的，招标人、中标人订立背离合同实质性内容的协议的，或者招标人擅自提高履约保证金或强制要求中标人垫付中标项目建设资金的，有关行政监督部门责令改正；可以处中标项目金额千分之五以上千分之十以下的罚款。

中标人不履行与招标人订立的合同的，履约保证金不予退还，给招标人造成的损失超过履约保证金数额的，还应当对超过部分予以赔偿；没有提交履约保证金的，应当对招标人的损失承担赔偿责任。

中标人不按照与招标人订立的合同履行义务，情节严重的，有关行政监督部门取消其二至五年参加招标项目的投标资格并予以公告，直至由工商行政管理机关吊销营业执照。

招标人不履行与中标人订立的合同的，应当双倍返还中标人的履约保证金；给中标人造成的损失超过返还的履约保证金的，还应当对超过部分予以赔偿；没有提交履约保证金的，应当对中标人的损失承担赔偿责任。

5.3.3 工程招标投标的有效与无效认定

建设工程招标投标是建筑市场上采用最普遍、最常见的工程项目发包方式和成交方式，它不仅适用于工程施工的承发包，也适用于规划、设计、监理、提供设备、材料和其他物资采购、技术服务及技术转让等项目。招标投标的结果是业主与中标者签订经济合同，确定发包承包法律关系。因此，招标投标是把竞争机制引入建筑市场的一种商品经济行为。

实行建设项目招标制是我国基本建设管理体制的一项重大改革。招标承包制的核心是企业面向市场，实行公开和公平竞争，业主通过招标的方式择优选择设计单位、监理单位和施工单位。因此推行招标投标制，是建立社会主义市场经济体制的重要内容，也是培育和发展建筑市场的一项重要工作。为了加强对工程招标投标工作的管理，国家发改委和建设部等有关部门发布了《建设工程招标投标暂行规定》、《工程建设施工招标投标管理办法》、《工程设计招标投标暂行规定》等一系列政策和法规，作为在工程建设领域内推行招标投标的政策依据和法律保障。

招标投标活动属于招标人和投标人在法律范围内自主进行的市场行为，受法律保护。招标人有权依法决定招标时间、招标方式以及选择招标代理机构；投标人有权根据招标文件的要求自主地进行投标报价，任何单位或者个人不得非法进行干涉。任何单位违法限制或者排斥本地区、本系统以外的法人或者其他组织参加投标的，为招标人指定招标代理机构的，强制招标人委托招标代理机构办理招标事宜的，或者以其他方式干涉招标投标活动的，由有关行政监督部门责令改正；对单位直接负责的主管人员和其他直接责任人员依法给予警告、记过、记大过的处分，情节较重的，依法给予降级、撤职、开除的处分。

任何遵守相关法律法规的招标活动有效，产生的中标结果也有效。

如果参与招标投标活动的招标人、投标人、招标代理机构、评标委员会等单位或者个人在招标投标活动中存在违反相关法律法规和行为，则有可能导致招标投标活动失效。

有下列情形之一者，投标人的投标无效，作废标处理。

(1) 投标文件存在重大偏差。

(2) 采用邀请招标形式的，投标人未通过资格后审。

(3) 在招标文件要求提交投标文件的截止时间后送达投标文件的。

(4) 投标人以他人的名义投标、串通投标、以行贿手段谋取中标或者以其他弄虚作假方式投标的。

下列行为均属投标人之间串通投标报价。

(1) 投标人之间相互约定抬高或压低投标报价。

(2) 投标人之间相互约定，在招标项目中分别以高、中、低价位报价。

(3) 投标人之间先进行内部竞价，内定中标人，然后再参加投标。

(4) 投标人之间其他串通投标报价的行为。

下列行为属招标人与投标人串通投标。

(1) 招标人在开标前开启招标文件，并将投标情况告知其他投标人，或者协助投标人撤换投标文件，更改报价。

(2) 招标人向投标人泄露标底。

(3) 招标人与投标人商定，投标时压低或抬高标价，中标后再给投标人或招标人额外补偿。

(4) 招标人预先内定中标人。

(5) 其他串通投标行为：①投标人递交两份或多份内容不同的投标文件，或在一份投标文件中对同一招标项目报有两个或多个报价，且未声明哪一个有效，按招标文件规定提交备选投标方案的除外；②投标人名称或组织结构与资格预审时不一致的；③联合体投标未附联合体各方共同投标协议的；④投标人拒不按照要求对投标文件进行澄清、说明或者补正的；⑤评标委员会认定投标人以低于成本报价竞标的。

有下列情形之一者，中标无效。

(1) 招标代理机构违法泄露应当保密的与招标投标活动有关的情况和资料的，或者与招标人、投标人串通损害国家利益、社会公共利益或者他人合法权益等行为影响中标结果，并且中标人为上述所列行为的受益人的。

(2) 依法必须进行招标项目的招标人有向他人透露已获取招标文件的潜在投标人的名称、数量或者可能影响公平竞争的有关招标投标的其他情况的，或者泄露标底等行为影响中标结果，并且中标人为上述所列行为的受益人的。

(3) 投标人相互串通投标或者与招标人串通投标的，投标人以向招标人或者评标委员会成员行贿的手段谋取中标的。

(4) 投标人以他人名义投标或者以其他方式弄虚作假，骗取中标的。

(5) 依法必须进行招标的项目，招标人违法与投标人就投标价格、投标方案等实质性内容进行谈判影响中标结果的。

(6) 招标人在评标委员会依法推荐的中标候选人以外确定中标人的，依法必须进行招标的项目在所有投标被评标委员会否决后自行确定中标人的。

依法必须进行施工招标的项目违反法律规定，中标无效的，应当依照法律规定的中标条件从其余投标人中重新确定中标人或者依法重新进行招标。

招标人或者招标代理机构有下列情形之一的，有关行政监督部门责令其限期改正，根据情节可处三万元以下的罚款；情节严重的，招标无效。

(1) 未在指定的媒介发布招标公告的。

(2) 邀请招标不依法发出投标邀请书的。

(3) 自招标文件或资格预审文件出售之日起至停止出售之日止，少于五个工作日的。

(4) 依法必须招标的项目，自招标文件开始发出之日起至提交投标文件截止之日止，少于二十日的。

(5) 应当公开招标而不公开招标的。

(6) 不具备招标条件而进行招标的。

(7) 应当履行核准手续而未履行的。

(8) 不按项目审批部门核准内容进行招标的。

(9) 在提交投标文件截止时间后接收投标文件的。

(10) 投标人数量不符合法定要求不重新招标的。

评标过程有下列情形之一的，评标无效，应当依法重新进行评标或者重新进行招标，有关行政监督部门可处三万元以下的罚款。

(1) 使用招标文件没有确定的评标标准和方法的。

(2) 评标标准和方法含有倾向或者排斥投标人的内容，妨碍或者限制投标人之间竞争，且影响评标结果的。

(3) 应当回避担任评标委员会成员的人参与评标的。

(4) 评标委员会的组建及人员组成不符合法定要求的。

(5) 评标委员会及其成员在评标过程中有违法行为，且影响评标结果的。

本章小结

本章主要介绍了开标、评标、定标的原则、程序、内容及相关的法律规定。在具体的招标投标的实践中，各地略有些不同。通过本章的例题，可以了解到这一点。最主要的是要认真把握《招标投标法》及其他相关法规的强制性的原则。

习　题

一、名词解释

开标　评标　定标　唱标　评标委员会　两段三审　重大偏差　细微偏差　评标价法　综合评估法　最低价中标法

二、单项选择题

1. 参加开标会议的人员，一定有(　　)。

A. 招标人　　B. 投标人

C. 银行代表　　D. 招标投标管理机构工作人员

2. 评标工作是由(　　)来完成的。

A. 业主　　B. 专家

C. 评标委员会　　D. 招标投标管理机构

3. 入选评标专家库的评标专家，专家总数不得少于(　　)人。

A. 400　　B. 500　　C. 600　　D. 1 000

4. 招标文件如果未对汇率标准和汇率风险作出规定，则汇率风险由(　　)承担。

A. 项目主管部门　　B. 招标人　　C. 投标人　　D. 政府

5. 评标委员会成员在评标过程中擅离职守，影响评标程序正常进行，或者在评标过程中不能客观公正地履行职责的，给予警告；情节严重的，取消担任评标委员会成员的资格，不得再参加任何依法必须进行招标项目的评标，并处(　　)元以下的罚款。

A. 5 000　　B. 10 000　　C. 15 000　　D. 20 000

6. 招标人在评标委员会依法推荐的中标候选人以外确定中标人的，依法必须进行招标项目在所有投标被评标委员会否决后自行确定中标人的，中标无效。责令改正，可以处中标项目金额(　　)的罚款。

A. 千分之五以上千分之十以下　　B. 千分之五

C. 千分之十　　D. 千分之八

三、多项选择题

1. 从开标日到签订合同这一阶段的主要工作是(　　)。

A. 开标　　B. 评标　　C. 定标　　D. 唱标

2. 详细评审包括(　　)。

A. 技术评审　　B. 商务评审　　C. 符合性评审　　D. 技术鉴定

3. 在评标中，对于标书报价部分的衡量，可分为用(　　)三大类。

A. 标底衡量　　B. 综合衡量

C. 设置复合标底衡量　　D. 无标底比较

四、填空题

1. 我国目前实行的是__________开标制度，即开标的时间应当是招标文件确定的交投标文件截止时间是__________时间。

2. 开标由__________主持，邀请所有投标人参加。

3. 采用邀请招标的，在开标后还要对投标人进行__________。

4. 评标委员会由招标人或其委托的招标代理机构熟悉相关业务的代表，以及有关技术、经济等方面的专家组成，成员人数为__________人以上单数，其中技术、经济等方面的专家不得少于成员总数的__________。

5. 投标文件没有投标人授权代表签字和加盖公章属于__________偏差。

6. 投标文件中总价金额与单价金额不一致的，以__________为准。

7. 采用评标价法评标的，以评标价最__________的标书为最优。

8. 评标委员会提出书面评标报告后，招标人一般应当在__________日内确定中标人，最迟应当在投标有效期结束日__________个工作日前确定。

9. __________之后，整个招标投标工作结束。

五、问答题

1. 什么叫开标？开标的程序和要求是什么？
2. 评标主要有哪些方法？技术评审和商务评审的内容有哪些？
3. 评标报告的主要内容是什么？
4. 投标文件的重大偏差是指什么？
5. 串通报标有哪些表现形式？
6. 在哪些情况下投标无效？在哪些情况下中标无效？

第6章 国际工程招标投标

教学提示

通过本章学习，了解国际工程招标投标的产生、发展、基本程序和特点，掌握国际工程招标和投标过程中的各个环节，重点学习招标文件的编制和投标报价的确定，并在学习过程中注意比较国际工程招投标与我国国内招投标的区别与联系。

学习要点

知识要点	能力要求	相关知识
国际工程招标投标特点	(1) 了解国际工程招标投标产生背景 (2) 了解国际工程招标投标的程序 (3) 了解国际工程招标投标的特点	周承伦主编：国际建设工程招标投标与概算，北京：机械工业出版社，2002年 张守健，台双良主编：国际工程招标与投标，北京：科学出版社，2011年1月1日
国际工程招标	(1)了解国际工程招标的惯例 (2) 了解国际工程招标的方式 (3) 懂得国际工程招标的准备内容 (4) 熟悉国际工程招标程序	周承伦主编：国际建设工程招标投标与概算，北京：机械工业出版社，2002年 舒福荣主编：招标投标国际惯例，贵州：贵州人民出版社，1994年
国际工程投标	(1) 了解国际工程投标的准备环节 (2) 熟悉国际工程投标的基本步骤 3. 掌握国际工程投标实务	佟一哲主编：国际工程投标理论与实务，北京：中国经济出版社，1989年 张守健，台双良主编：国际工程招标与投标，北京：科学出版社，2011年1月1日

导入案例

与国际接轨的成功尝试——二滩水电站建设案例

二滩大型水电站建设项目于 1991 年 9 月 14 日正式开工，1998 年年 5 月 1 日水电站下闸蓄水，首台机组转子吊装成功，8 月中旬正式发电，10 月投入商业运行。此后，每 4 个月将有一台机组投入运转，到 2000 年 6 台机组全部建成发电。二滩水电站是我国在建项目中仅次于三峡工程的大型水电站，总装机容量 330 万千瓦，年发电量 170 亿千瓦时，计划动态投资 330 亿元，其中向世界银行(简称世行)贷款 9．3 亿美元，这是世行成立以来对一项单项工程最大的一笔贷款。按照世行贷款的规定，主体工程的建筑和主要设备的制造，均须用国际招标来确定承包商。作为业主方——二滩水电开发有限责任公司，必须按国际惯例来规范自己的行为，工程建设上要全面推行菲迪克条款管理机制，即实行全新的业主责任制、招标承包制、工程监理制和合同管理制等。对于主要工程国际招标，二滩水电开发有限责任公司始终坚持公开、公正、公平竞争，并创造出“斜线切割”模式，即由外国公司与国内公司组成联营体参加招标投标，让中国公司有机会向外国公司学习，与外国公司同台竞技。通过这种有条件的招标方式，第一标大坝施工，由意大利的英波吉洛公司法国的托诺公司、中国水利水电第八工程局有限公司(简称水电八局)(占 15% 的股份)等 5 家公司组成的联营体中标，其中英波吉洛公司为责任公司。第二标地下厂房施工，由德国的霍尔兹曼公司、霍克梯夫公司和中国水利水电长江葛洲坝工程局(简称葛洲坝工程局)3 家公司组成的联营体中标，各占 1/3 的股份，其中霍尔兹曼公司为责任公司。水轮机、发电机制造供货由加拿大 GE 公司中标，机组安装一标由中国的联营体中标，中国葛洲坝集团公司为该联营体的责任公司。这是不出国的“出国学习”。一切按国际惯例办，中外双方人员在观念、文化、管理上都有一个碰撞、磨合、适应的艰难过程。通过几年的合作，双方相互尊重、理解。一标联营体的外方人员，主动提出了“逐步用中国人取代外国人实施管理”的设想，并认真推广，使一标工地的 175 个工长中，水电八局的职工最终占了 154 个，一些人还被提升为部门主管或监理。

6.1 国际工程招标投标概述

招标和投标作为较为成熟的、高级的规范化贸易方式，是目前国际工程领域内普遍应用的、有组织的市场交易行为。随着我国改革开放的深入发展，并借着加入世贸组织的契机，我国参与国际工程市场领域的竞争将会越来越多。因此，了解国际招标投标运作方式，掌握参加国际招标投标技术对于我国参与国际工程市场领域的竞争具有重要的意义。

6.1.1 国际工程招标投标的产生和发展

在市场经济国家，采购招标形成的最初起因就是政府和公共部门或政府指定的有关机构的采购开支主要来源于法人和公民的税赋和捐赠。必须以一种特别的采购方式来促进采购尽量节省开支、最大限度地透明和公开以及提高效率目标的实现。

政府采购制度起源于18世纪的欧洲，到了20世纪末，随着世界贸易组织(WTO)的建立而出现了较大的发展变化，政府采购制度更具开放性和国际性。1782年英国政府首先成立了文具公用局，规定凡属于各个机关公文的印刷用具的购买均归文具公用局负责，该机构以后发展为物资供应部，专门采购政府各部门所需的物资。该机构成立目的是为了满足政府日常管理职能的需要，提高政府资金使用效率，为实现这一要求，就要通过供应商之间的竞争，以最合理的价格采购到自己需要的商品和服务。可以说最早的招标方式就是以这种“公开采购”或称为“集中采购”的形式出现的。该部门的建立为公开招标这种购买形式的发展奠定了基础。

1861年，美国通过了一项联邦法案，规定超过一定金额的联邦政府采购都必须使用公开招标方式；1949年，美国国会通过《联邦财产与行政服务法》，该法为联邦服务总署提供了统一的政策和方法，并确立了联邦服务总署为联邦政府的绝大多数民用部门组织集中采购的权利；1946年，美国在联合国经济和社会理事会(ECOSOC)的首次会议上提交了一份著名的《国际贸易组织宪章草案》，在该草案的第8条和第9条，首次将政府采购提上国际贸易的议事日程，为国际工程招标投标的发展起到了积极的推动作用。

随着政府采购制度的发展，采购不再仅仅局限于物资货物采购，而是扩展到了工程和服务采购，国际工程招标投标也随着国际工程的采购而逐步发展起来。

自20世纪70年代以来，随着国际工程招标投标采购方式在国际工程贸易中所占比例的迅速上升，国际工程招标投标制度已经成为国际工程市场上的一项国际惯例，并形成了一整套系统、完善的为各国政府和企业所共同遵循的国际规则，各国政府也加强和完善了本国相应的法律制度和规范体系，对促进国家间贸易和经济合作的发展发挥了重大作用。

6.1.2 国际工程招标投标的基本程序和特点

工程招标与投标作为一种特殊的交易方式和订立合同的一种特殊程序，其自身有许多特点。在国际贸易中，目前已有许多工程承包领域采用这种交易方式，并已逐步形成了多种国际性惯例。从发展趋势看，招标与投标的领域还在继续拓宽，规范化程度也正在进一步提高。

1. 国际工程招标投标基本程序

国际工程招标与投标是一种有组织的、在国际范围内公开的、按照一定规则进行的贸易方式。其基本程序为：由工程招标人委托的招标机构发出招标通知，说明拟建设项目的各种交易条件，邀请各国供应商或承包商在指定的期限内提出投标报价；然后，招标机构对所有投标报价进行分析和比较，选出其中最有利条件的供应商或承包商，并与之签订合同。

国际工程招标与国际工程投标是分别从建设方或承包方不同的角度运作所得到的称呼。从建设方角度看，国际工程招标是一项特定的国际采购活动，它向世界各国公开提出交易条件以征询卖方的最佳报价，其基本程序为：首先发出招标公告或通知，等到若干家投标人同时投标；然后通过对投标人所提出的工程建设的价格、质量、工期和该公司技术水平、财务状况等因素进行综合比较；最后确定其中条件最佳的投标人为中标人，并与之最终订立合同的过程。其基本环节为发布招标公告、投标资格预审、发售招标文件、开标、评标和决标等。建设方在国际招标中应着重分析工程招标的程序与组织方法，对将要购买的工程项目的质量、技术、规格等提出详细要求，研究采购活动中将要涉及的法律及有关规定。

从承包方角度看，国际工程投标是一种获得国际工程项目的活动。其基本程序为：接到招标通知后，根据招标通知的要求填写招标文件(也称为标书)，并将其送交给招标人。投标人在填写标书和报价时，一般要先获得投标的资格。在取得投标资格后，投标人再认真研究招标文件，并根据招标文件的要求进行填写和报价。其基本环节为投标资格申请、参加标前会议和现场考察、办理投标保函、投标报价的确定、投标书编制和递送等程序。承包方在投标中需要深入研究投标文件、定价策略和投标的竞争手段。

2. 国际工程招标的特点

国际工程招标作为一种综合性的、较高级的交易方式，与传统的贸易方式相比，有着非常鲜明的特征。

1）国际工程招标的交易行为具有组织性

国际招标有固定的招标组织人，有固定的投标、开标、询标场所，招标进行的时间也按照招标人预定的日程按期举行。同时，招标经过近200年的发展过程，具有相对固定的操作程序和交易条件；招标的决策也是整个评标委员会的群体决策过程。相比之下，传统的谈判贸易方式要松散得多，买卖双方常常是个体行为，交易时间、地点、条件在谈判过程中经常改变，在交易额比较大和交易对象比较复杂的情况下，其风险也比较大。

2）国际工程招标的竞争过程具有公开、公平、公正和择优的特征

国际工程招标采用在全球范围内公开发布招标公告，公开邀请投标人，公开招标条件，公开宣布投标人的报价、工期等手段以保证其公正性，使得合格的投标者之间机会均等。同时，招标过程的进行又充分体现了公正性原则。开标过程公开而程序严密，评标过程则由综合了买方、招标人和专家的评标委员会力量，依据“公正、科学、择优”的原则对投标人进行综合评价，并从中选定中标人。国际工程招标的公正性和择优性是招标这种交易方式在世界各国工程承包领域被广泛推行的主要原因之一。

3）国际工程招标具有一次性报价的特征

国际工程招标是诸多投标人在同一时间一次性报价，其投标文件递交后，一般不得撤回或修改，所以，投标人报价后能否成交，完全取决于投标质量。整个招标过程中，投标人没有讨价还价的权利，这样就迫使投标人对报价的确定比一般贸易更谨慎和准确，而使招标人在交易中占据了主动地位。投标人在竞标过程中与招标人就某些条件进行的商谈，其商谈的项目、范围和时间等都取决于招标人，这与传统贸易方式中交易双方都可以提出自己的条件并进行讨价还价的方式有着根本的区别。

4）国际工程招标的目标是追求多目标条件下的系统最优化

国际工程招标的根本目的不仅仅是简单地追求最低价，招标的工程往往具有资本、技术、劳务和成套设备相结合的综合属性，因此，招标成功的评价过程不仅限于交易达成，而还在于资源能否实现有效配置，以及资源配置的效率和效益能否达到最佳统一，具体表现为时间、资金、劳动的节约。各要素的最佳组合指的是工期短、成本低、质量优，并获得寿命周期效益最佳。

6.2 国际工程招标

6.2.1 国际工程招标的主要种类

1. 主要国际工程招标惯例介绍

招标是国际工程通用的一种交易方式，但迄今为止，在国际上还没有形成一套各国都应遵守的，带有强制性的统一招标规定，国际工程招标也都会因为国家、地区或主体的不同而习惯产生各自适合的招标法规，目前国际上的招标惯例主要有世界银行推行的招标方式、英联邦地区推行的招标方式、法语地区推行的招标方式、独联体和东欧地区的招标方式四种，以下分别作简单介绍。

1）世界银行推行的招标方式

世界银行也称为国际复兴开发银行，于1944年7月1日由44个国家的政府在美国新罕布什尔州召开的布雷顿森林会议上创立，属于联合国专门机构，至今拥有184个会员国。我国现在是其会员国之一。世界银行作为一个权威性的国际多边援助机构，具有雄厚的资金和丰富的组织工程承发包的经验，因处理事务公平合理和组织实施项目强调经济实效而享有良好的信誉和绝对的权威。世界银行已积累了60多年的投资与工程招标投标经验，制定了一套完整而系统的有关工程承发包的规定，且被众多国际多边援助机构尤其是国际工业发展组织和基金金融机构以及一些国家的政府援助机构视为模式。世界银行规定的招标方式适用于所有由世界银行参加投资或贷款的项目。该行规定，它只能为生产和发展的目的提供贷款，贷款要用于世界银行批准的借款国的特定项目。世界银行要求确保贷款使用的经济性和有效性，规定使用贷款要达到以下目标。

(1) 保证建设项目和物资与劳务采购的经济和效率。

(2) 向全体成员同提供承包建设项目和供应货物或劳务的公平竞争机会。

(3) 招标程序公开，机会均等，手续严密，评定公平。

(4) 适当保护和扶植借款国当地建筑业和制造业的发展。

在世界各地，凡有世界银行参加投资或提供优惠贷款的项目，世界银行都要求必须采用其推行的招标方式。世界银行推行的招标方式有国际竞争性招标（也称为国际公开招标）、国际有限招标（包括邀请招标）、国内竞争性招标、国际或国内选购、直接购买、政府承包或自营工程等几种形式。

在上述招标方式中，国际竞争性招标是世界银行最为推行的招标方式，也是目前世界上最普遍采用的招标方式。因为世界银行认为只有通过国际竞争性招标方式招标才能实现“三E”原则，即效率(efficiency)、经济(economy)、公平(equity)。采用这种方式，业主可以在国际市场上找到最有利于自己的承包商，无论是在价格和质量方面，还是工期及施工技术方面都可以得到满足。世界银行推行的国际竞争性招标，要求业主方面以技术说明书的方式公正的表述拟建工程的技术要求，如采用的设备、材料必须符合业主国家的标准等在技术说明书中必须陈述清楚，以保证不同国家的合格企业能够广泛地参与投标，并提出本工程可以接受其他相等的设备、材料标准，这样可以清除一些国家的保护主义给标的工程笼罩的阴影，此外技术说明书还必须要以实施的要求为依据。世界银行作为标的工程的资助者，从项目的选择直至整个工程全过程都有权参与。在许多关键问题上如授标条件、采用的招标方式、遵循的工程管理条款上都享有决定性的发言权。凡按世界银行规定的方式进行国际竞争性招标的工程，都必须以国际咨询工程师联合会(FIDIC)制定的条款为管理项目的指导原则，而且承包发包双方还要执行世界银行颁发的三个文件，即世界银行采购指南、国际土木工程建筑合同条款、世界银行监理指南。

除了推行国际竞争性招标方式外，在有充足理由或特殊原因的情况下，世界银行也同意甚至主张受援国政府采用国际有限招标方式委托实施工程。这种方式主要适用于工程额不大，投标商数量有限或有其他不宜采用国际竞争性招标的情况，但要求招标人必须向足够多的承包商索取报价以保证价格竞争。另外对某些大而复杂的工程项目，如石油化工项目，其可能的投标者很少，准备投标的成本很高，为节省时间又能获得较好的投标价，同样可以采用国际有限招标方式。

除了上述两种国际性招标方式以外，对于一些不宜或无须进行国际招标的工程，世界银行也同意采用国内招标、国际或国内选购、直接购买、政府承包和自营等方式。

2) 英联邦地区推行的招标方式

英联邦地区由于长期受英国殖民主义影响，虽然早已取得独立，但其所受影响仍然根深蒂固，在许多涉外国际工程的承发包及招标方式上，基本照搬英国的做法。从经济角度来看，大部分英联邦成员国属于发展中国家，这些国家的大型工程通常受援于世界银行或国际多边援助机构，因此他们在承发包工程时首先必须遵循援助机构的要求，也就是说要按世界银行的例行做法发包工程，但是他们始终也保留着英联邦地区的传统特点，即以改良的方式实行国际竞争性招标。他们在发行招标文件时，通常将已发给文件的承包商数目通知投标人，使其胸中有数，避免盲目投标。英国土木工程师协会(ICE)合同条件常设委员会认为，国际竞争性招标浪费时间和资金，且效率低下，常常以无结果而告终，导致很多承包商白白浪费钱财和人力。相比之下，选择性招标方式即国际有限招标则可在各方面产生最高效率和经济效益。因此，英联邦地区所推行的主要招标方式是国际有限招标。

3) 法语地区推行的招标方式

法语地区推行的招标方式同世界上大部分地区的招标做法有所不同，法语地区推行的招标方式分为两种区别较大的方式，即拍卖式和询价式。

(1) 拍卖式招标。拍卖式招标最大的特点是以报价作为判标的唯一标准，其基本原则是自动判标，即在投标人的报价低于招标人规定的标底价条件下，报价最低者得标。当然得标者必须具备的前提条件就是开标前已取得投标资格。这种做法与商品销售中的拍卖颇为相似，即招标人以最低价格向投标人买取工程，只是工程拍卖比商品拍卖复杂得多。拍卖式招标一般适用于简单工程或者工程内容已完全确定，不会发生变化，并且技术的高低不会影响对承包商的选择等情况下的项目。如果工程性质复杂，选择承包商除根据价格标准外，还必须参照其他标准如技术、投资、工期、外汇支付比例等条件，在此情形下，工程不宜采取这种方法。

(2) 询价式招标。询价式招标是法语地区国家工程发包人招徕承包商参加竞争以委托实施工程的另一种方式，也是法语地区工程承包发包的主要方式，但要比拍卖式招标灵活得多。按照询价式招标，投标人可以根据通知要求提出方案，从而使招标人有充分的选择余地。询价式招标的项目工程一般比较复杂，规模较大，涉及面广，不仅要求承包商报价优惠，而且在其他诸如技术、工期及外汇支付比例等方面也有严格的要求。法语地区的询价方式与世界银行所推行的国际竞争性招标做法大体相似。

4）独联体和东欧地区推行的招标方式

随着经济体制的改革，近年来东欧各国开始委托国际承包商实施工程，但由于这些国家长期实行高度集中的计划管理体制，加之其建设基金的严重匮乏，其招标做法与其他地区差别甚大，除了极少数国家重点工程或个别外来资金资助的工程采用国际公开招标外，绝大多数工程都采用谈判招标即议标做法。

独联体各国对外招标工程通常是由拥有对外经营权的企业或公司根据其需要和支付手段决定选择国际合作伙伴，通过谈判，达成委托实施工程的意向书，进而签订承包合同。前苏联解体后，各共和国独立，并纷纷制定各自的法律，按照自己的方式发包工程，其招标方式也是五花八门。除独联体成员从国外的其他东欧国家由于体制改革开始较早，目前经济次序已趋于正常，对外工程承发包也逐渐参照国际通行惯例，但多数还是采用议标。

总的来说，世界银行所推行的投标方式具有较好的实用性和合理性，是目前国际上运用最为广泛的惯例。因此，本章的国际工程招标投标以世界银行所推行的招标方式为参照进行介绍。

2. 国际工程招标的主要方式

在国际工程承包市场上，根据招标人的要求、工程本身的特点，根据有关国家政府的规定和国际惯例，工程采购往往可以(或要求)采用不同的招标方式。现行国际市场上通用的招标方式大致可归纳为以下三种类型。

1）公开招标

公开招标是一种无限竞争招标，一般由招标人通过报纸及其他新闻渠道公开发布招标通知，邀请所有愿意参加投标的承包商参加投标的招标方式。这是国际招标中最常见的招标方式，也是世界银行贷款项目招标采购方式之一。公开招标具有代表性的做法有世界银行贷款项目招标方式和英国、法国的公开招标方式。以下仅就世界银行贷款项目招标方式作一些介绍。

世界银行贷款项目的公开招标方式包括国际竞争性招标和国内竞争性招标两种。世界银行要求贷款受援国按照该行所规定的有关采购政策和程序进行贷款项目的工程采购，使有资格投标的会员国供应商和承包商有公平竞争的机会。

国际竞争性招标要求通过各种方式向国际工程界发出通告，要求公正地表述准备进行的工程项目的技术说明，要求具体写明对标书的评标标准，并且在招标文件规定的开标日期，在有招标机构的所有决策人员和投标人在场的情况下当众开标。开标的结果、各投标人的报价和投标文件的有效性均应公布，并由出席开标的招标机构的所有决策人员在各承包商的每份标书的报价总表上签字，以表示从此时起到授标前任何人不得修改报价。

世界银行根据不同地区和国家的情况规定，一般借款国花费在10万～25万美元以上的大中型工程采购，均应采用国际竞争性招标方式进行。中国的贷款项目金额一般比较大，世界银行规定我国工业项目采购凡在100万美元以上的，均应采用国际竞争性招标进行。据统计，世界银行贷款项目中约有80%采用公开招标方式采购工程。

国内竞争性招标也称为地方竞争性招标，是指在国内刊登招标广告并按国内程序进行竞争性招标的招标方式。有些工程，由于其性质或规模等原因，不可能或不适合吸引外国承包商，而在国内刊登招标信息，并按国内招标程序进行竞争性招标，则是最经济、最有效的采购方法。地方竞争性招标方式较多地在政府和私营采购项目中采用。世界银行对采用这种招标方式采购其贷款项目的工程的条件，作了如下规定。

(1) 合同的价值很小。这一点与国际有限招标方式相同。在世界银行贷款项目，价值很小的采购活动究竟采用何种招标方式，一般由借款国与世界银行商定。

(2) 合同工程地点分散而且延续的时间很长。外国承包商一般对这种工程不感兴趣。

(3) 工程是劳动密集型的。

(4) 当地可获得的工程的价格低于国际市场价格。

(5) 国际竞争性招标的优点已明显地被涉及的行政和财务的负担所抵消。

(6) 从国内采购工程建筑可以大大节省时间，对项目的顺利实施具有重要的意义。

在世界银行贷款项目的招标采购中，国内竞争性招标所遵循的国内招标程序应能被世界银行所接受。为了保证合理的价格，这种程序应提供充分的竞争性，并应将评标和授予合同所使用的方法告诉所有的投标人，不得单方面强制施行，招标方原则上应将合同授予标价最低的投标人。

实行公开招标，可以使买主以有利的价格采购到需要工程建设，同时又可以保证所有合格的投标人都有参加投标的机会，实现公平竞争，还可以大大减少项目采购中的作弊现象。因此，公开招标方式被认为是最系统、最完整和规范性最好的招标方式，其他招标方式往往参照公开招标方式进行。

2) 限制性招标

限制性招标是一种有限竞争性招标，包括一般限制性招标和邀请招标两种。

(1) 一般限制性招标。这种招标形式常见于由国际金融机构资助的项目，这些项目只能允许属于该资助机构或组织的成员国参加投标。虽然也是世界范围内的招标，但对投标人有严格的限制。

(2) 邀请招标。世界银行的国际有限招标、英国的有选择性招标、日本的指名招标竞争方式(也称为选择招标竞争方式)等都属于邀请招标。世界银行的国际有限招标，是指不公开刊登广告而直接邀请某些承包商投标的国际性招标方式，是国际竞争性招标的一种修改形式。在世界银行贷款项目、政府项目和私营项目的采购活动中都有采用邀请招标的情况。一些国家政府习惯于采用这种招标方式，如伊拉克、英国，一些私营业主考虑到公开招标方式工作量大、招标时间长、费用高等因素，往往也采用这种招标方式。

在世界银行贷款项目招标中，世界银行对采用邀请招标方式进行采购的条件作了如下的规定：①采购的金额较小，即在规定实行公开招标方式采购的金额以下的采购活动，可以采用邀请招标方式；②所需特定的工程项目，虽然采购金额较大，但在世界范围内只有为数不多的潜在投标人，实行公开招标并无实际意义，将使投标者徒然花费很大投标费用，这时借款国经世界银行同意，可以采用这种招标方式直接邀请来自三个以上不同国家的四家以上合格的投标人进行投标，这样做有助于节省时间，同时也可以取得高质量的标书和理想的报价。

另外世界银行还规定，在进行有限的国际性招标时，借款人应从足够广泛的可能参加投标的承包商名单中征求投标，以保证价格具有竞争性；在标书评审中，不能实行国内或地区性的优惠待遇(实行公开招标则可以有一定的优惠)；除公告和优惠待遇外，在其他一切方面均适用公开招标的程序和原则。

邀请招标可以节省时间，减少招标与投标费用，但这种招标方式也有某些弊病，如可能遗漏一些合格的、有竞争力的承包商，在评标时可能歧视某些投标人等。

3) 两段招标

两段招标实质上是一种公开招标和邀请招标综合起来的招标方式，也称为两段竞争性招标。世界银行的两步招标及法国的指定招标都属于这种方式。

在第一阶段，按照公开招标方式进行招标，经过开标评价后，再邀请其中报价较低或最有资格的三四家投标商进行第二阶段的报价。在第一阶段报价、开标、评标之后，如最低标价在招标的底价以内即可进行决标而不必再进行第二阶段报价；如果最低标价超过底价 20%，而经过减价，重新比价之后仍不能低于底价时，则可邀请其中数商家商谈，再进行第二阶段报价。两段招标往往适用于下列两种情况。

(1) 招标工程内容处于发展过程中，需要在第一阶段招标中博采众议，进行评价，选出最优方案，然后在第二阶段中邀请被选中方案的投标商进行详细的报价。

(2) 在某种新的大型工程项目的招标中，招标人对此项目的经营往往缺乏足够的经验。这时可以在第一阶段招标中向投标商提出要求，就其最熟悉的经营方法进行投标，经过评价，选出其中最佳的投标商再进行第二阶段的详细报价。

6.2.2 国际工程招标准备

在正式对外招标即发布招标公告之前，招标人先要做一系列准备工作，也就是说要有一个招标准备过程。这一过程的主要工作有成立招标机构、编制招标文件、确定标底。

1. 成立招标机构

进行国际工程招标，需要有专门的机构和人员对全部活动过程加以组织和管理。招标机构的主要职责是审定招标项目，拟定招标章程和招标文体，组织投标、开标、评标和决标，组织签订合同。实践证明，成立招标机构是国际招标最终达到其经济性和有效性的根本保证，机构健全、制度完善的国际招标才能成功。

招标机构作为专门性机构，由各方面人员组成，具体人员可根据工程项目的性质和要求而定。一般而言，各类招标机构都有技术人员和专家、经营管理专家、财务人员、市场分析人员、公证及监察人员等，政府采购项目的招标机构还有各有关政府职能部门的代表。招标机构必须在严格遵守有关法规、规定和具体招标章程的情况下开展招标工作。

招标机构有不同的类型，而且它们的组织结构和具体权限不完全一样。从各国情况看，招标机构有常设性的或非常设性的，有官方项目性的或私营项目性的。现分别介绍如下。

1) 官方项目的招标机构

官方项目的招标机构即专门为国家政府和公用事业部门的招标采购而成立的部门。它不以盈利为目的，而是接受政府等有关部门的指令，按照要求从事招标的各项业务，如一些国家设立的供应部、市政建设等部门内设立的采购局，均属于此类。在国际市场，官方采购项目的招标机构大致分为以下三种类型。

(1) 常设的招标机构。这种招标机构由国际招标方面的专业人员组成，专门为各种买主提供国际招标服务的公司或部门，属于常设的国际招标机构。例如，中国机电设备招标中心以及归属的各省市招标公司、中国技术进出口总公司的国际招标公司等。常设的国际招标机构人员齐备、组织健全，因而能以较高的水平和效率完成国际招标工作。

(2) 非常设的政府招标机构。非常设的国际招标机构，即由采购人自行组织并授权其负责国际招标采购的全部事项。招标完毕，机构自行解散。例如，我国一些部门在准备开展国际招标时，由采购人抽调各类人员，组织国际招标采购科室，或由采购人的主管部门组成国际招标领导小组、国际招标采购委员会等。非常设的国际招标机构与常设的招标机构相同，应该提供招标文件的设计、国际招标的组织和招标项目的管理等有关方面的服务。

(3) 专业咨询公司。有些国家设有专业咨询公司，它们对外开展招标与投标的咨询业务，同时也承接招标委托。政府把招标工作全部或部分委托给某专业咨询公司后，该咨询公司就负责发布招标公告，编制招标文件，组织投标人资格预审，以及评审投标书等项工作。通常委托部门还要对咨询公司的工作进行监督，审定招标评审结果，并最后作出授标决定，签订承包合同。

2) 私营项目的招标机构

私营项目多数由工程业主的董事会组织专门的委员会或小组，或委托咨询公司进行招标，其权限由董事会确定。

2. 编制招标文件

招标书也称为招标文件，是招标人向投标人提供的为进行投标工作所必需的文件。招标文件既是投标人编制投标书的依据，也是业主与中标的投标人签订承包合同的基础。因此，它是对招标投标乃至承发包双方均具有约束力的极为重要的条件。其内容与组成根据承包合同的方式和工程内容、规模、复杂程度而有所不同，但一般都比较繁杂，面面俱到，比较严谨，以保证把订约双方在履约过程中可能出现的争议降到最低程度。

1) 招标文件注意事项

招标文件的内容要全面，要求要明确，标准要合理和公平，特别应注意以下几个方面。

(1) 工程的内容，必须详细地一一说明，以构成竞争性招标的基础。

(2) 制定的技术规格和合同条件不应造成对有资格投标的任何供应商或承包商的歧视。

(3) 评标的标准公开而合理，对偏离招标文件另行提出新的技术规格的标书的评审标准，更应切合实际，力求公平。

(4) 符合本国政府的有关规定，如有不一致之处应有妥善处理的办法。

2) 招标文件内容

通常招标文件主要包括以下内容。

(1) 招标通知。招标通知即招标公告，一般在开标前3～6个月之前发出，具体格式可自订，但内容一般应包括举办招标机构的名称，项目资金来源，工程项目概况，如工程规模、地图工期、技术要求等，购买招标文件的地点、日期和价格，接受投标书的最后日期和地点，开标日期和地点，投标保证书或保证金，投标商的合格投标国籍等。

(2) 资格预审表。通常招标人要求投标人参加资格审查需要递送的文件有资格审查表、公司营业证书、公司章程、董事会名单、分公司证明、两国互惠证书、银行资金证明书、年底报告和资产负债表、损益计算书、财务状况表、免税证明书、以往施工经验证明等。一般在资格预审表中都需要详细规定要送的报表，国际咨询工程师联合会将资格审查内容综合编制成标准格式的资格预审表，该表格是目前国际比较通用的形式。

(3) 投标人须知。投标人须知即投标指南，指导投标商进行正确投标，并说明应该填写的投标文件和开标日期。其主要内容有工程概况(工程描述，项目资金来源、合格投标国籍、招标文件费用、投标书使用语言、场地勘察时间等)，招标准备(投标准备事项、工程报价方法、作价货币、标单的有效期限、投标保证书、改变工程建议书、联合投标书等)，递交标单(标单签字盖章、递交的最后日期、迟延标单、标单的修正和撤回)，开标和估价(开标标单的合格性、改正错误、招标表述的解释、估价和评比、国内承包商的优惠事项等)，授标(授标的标准、业主的权力、授标通知、签订合同、履约保证等)。

(4) 合同条件。合同条件是合同双方为承包工程项目确定各自的权利和义务而订立的共同遵守的条文。合同一经双方签订就产生法律效力，当发生不可协调的分歧时，合同条款即是仲裁的依据。目前许多国家都已根据国际惯例和本国法律，编制了国际采购的合同条件。目前国际上较通用的合同条件是由国际咨询工程师联合会(FIDIC)编制，经其他一些国际组织批准的《土木建筑工程合同条件》以及《电气和机械工程合同条件》中规定的合同条件，简称“FIDIC 合同条件”。该合同条件通常分为一般条件和专用条件两部分：一般条件是适用于一般工程承包合同的基本条款，这部分条款不必起草，直接套用即可。专用条款是针对具体工程的需要而设的条款，需要专门拟订。一般来说，合同条件包括下列内容：标的，即招标工程项目情况的说明；工程数量和质量，即明确规定承包人应完成的工程数量和应达到的质量标准；工程价款，即明确工程承包价款数额、用作支付手段的货币种类及各种货币比例，以及支付时间和支付方式等；合同有效期限以及履行合同的地点和方式；验收时间和方法；违约责任与纠纷处理；意外事件的处理等。

(5) 工程图样和技术规范。工程图样和技术规范即按工程类型和合同方式的情况用文字说明工程技术内容的特点和要求，对机器、设备、材料、施工、安装的做法要规定其技术要求。要求文字简明，表达清楚，目标明确，实用性强，把错误理解的可能性降到最低程度。对于工程项目采购，工程图样是招标文件的不可缺少的部分。通常业主并不提供全套完整的施工图样，而是随工程施工的进展，由工程师陆续提供详细的施工图纸，作为实际施工和支付的依据；有时工程师也可以要求承包公司提出补充图样，经其审查认可后用于施工。一般来说，土建工程招标文件中的图样至少应包括小比例尺的工程地理位置图、工程总体布置图、施工总体布置图、测量控制图、地质测绘及实际材料图、其他详细图样。技术规范是招标文件的重要组成部分，它和图样共同反映了工程师对整个工程的设计意图和技术要求。

目前一些主要工业国家都已制定了各类技术标准和规范，形成了完整的规范体系，而多数发展中国家则往往以发达国家的标准为基础，结合本国的具体要求编制出本国标准，或直接采用国际上较为通用的标准和规范。现行国际上较为通用的技术标准有：国际标准化组织编制的标准，简称 ISO 标准；国际电气技术委员会编制的标准，简称 IEC 标准；英国标准协会编制的标准，简称BSI标准；美国国家标准协会编制的标准，简称NASI标准；德国规范协会编制的标准，简称DIN标准；日本工业标准调查会编制的标准，简称JIS标准等。在招标文件中，必须说明采用哪一种或哪几种技术标准和规范，同时还应当编制技术说明专册，列出主要技术要求和材料、成品的质量规格要求。

(6) 各种表格。在招标文件中，必须含有若干特定的表格，表格的种类和数目依招标项目的性质和类型而定。通常情况下，招标文件中的主要表格有工程量清单和补充资料表。工程采购招标文件须包含工程量清单，工程量清单的主要内容有：需要完成的工程量的资料，这是投标人有效、准确地编制投标书的依据；需要报价的工程量清单，这是签订合同和工程开始后定期计价付款的依据。工程量清单应分类列表，并由业主列明各类各项工程(或应付款项)的序列号、工程(应付款项的内容)的单位及数量，其中序列号应尽可能与技术规范中的序列号相对应；工程量清单必须详细地对工程进行分类，以区分不同种类的工程，或区分不同地点的工程；工程量清单的设计和内容应尽量简单明了。补充资料表也称为专项计划表，也是工程采购招标文件中的表格，供投标人填入所需的国内外劳务、服务、材料、施工设备、外币要求、现金流量等的用量计划以及对项目实施的初步规划与安排。最常用的补充资格表有外币需要估算表、合同支付费用估算表、用于合同价调整的基本价格表、主要人员表、主要施工工厂设施种类表以及分承包商表。

(7) 供投标人使用的文件格式。招标文件除应包含以上内容以外，还应提供给投标人使用的各种文件的格式，以便投标人在统一的文件格式中填写相应的内容，形成各种文件，这样做既方便投标人投标又便于招标人评标。招标文件提供的文件格式可分为两类：一类是投标人投标时必须正式提交的，包括投标书格式、授权书格式、投标押金格式等；另一类是投标人中标后使用的，包括合同协议书格式、履约担保格式等。

3. 确定标底

确定标底是招标的一项重要的准备工作。按照惯例，对于招标项目，招标人应在正式招标前先制定出标底。标底实际上就是招标人的一种预算价格或预期价格，其主要作用是作为招标人审核投标报价、评标和确定中标人的重要依据。如果所有投标报价均大大地超过了标底，可以取消本次招标活动，这时业主可以重新组织招标，也可以采用其他采购方式采购，但标底并不具有法律约束力。招标人编制标底要依据招标文件中所规定的各种技术、质量和商务方面的要求进行。标底在开标前必须严格保密，不得泄露。许多国家法规规定，泄露标底者要负法律责任。

6.2.3 国际工程招标程序

招标实施是整个招标过程的实质性阶段，主要包括发布招标公告、投标资格预审、发售招标文件、开标、评标、决标六个具体步骤。

1. 发布招标公告

1) 发布招标公告的目的

按照国际惯例，公开招标项目均应发布招标公告。就国际竞争性招标而言，发布招标公告既是一种惯例，又是一些国家的法律规定或是为项目提供资金的金融借贷机构的规定。发布招标公告是招标实施过程的开始。刊登广告的目的是将采购的机会通知一切可能的投标人，使竞争更为广泛，为业主提供较多的投标选择，以便从中挑出最好的报价。发布公告或刊登广告的第二个目的是向所有合格的投标人提供均等的机会，一视同仁。

2）招标公告的内容

根据招标方式的不同，公开招标以广告形式发布，而邀请招标则以邀请函方式发给拟邀请的投标承包商，两者形式不同，但其内容大体相同。招标公告主要包括以下内容：招标项目所在国家及公司名称、地址，招标工程项目名称，拟采购工程内容以及招标范围简要说明，资金来源(如世界银行贷款、政府预算资金)，招标有关信息(招标文件号或名称、工程说明、工程所在地以及工程规模等)，工程完工时限，发售招标或资格预审文件的时间、地点和费用，报送标书时间、地点和投标截止期限，投标保证金金额，对投标人的资格要求等。招标的信息越多则反应越准确，而广告费用也越昂贵，因此公告应以简短、明了和完整为原则。对于大型工程项目，可将不同的一揽子采购广告，甚至包括不同截止日期的广告，合并一起刊登，这个办法常常是有益的。

3）招标公告的发布途径

招标公告主要通过招标广告和招标通知两种途径进行发布。

(1) 招标广告。国际竞争性招标发布招标公告通常通过以下渠道：官方公报，官方通告牌，本国报纸(用本国语言及外国语言发行)，外国报纸，技术性期刊，行业刊物，致大使馆通知书，向有关国际商业公司、商务机构、贸易使团等发通知书。

上述发布招标公告的途径各有特点，招标人应根据实际情况选择其中一种或几种手段。例如，大使馆和商务代表团的通告是有用的，但是单靠这些是远远不够的。直接通知承包商是最直接有效的，但这样做的风险很大，其结果是可能被指控为失职和包庇。国际出版物和外国专业杂志上的广告费用很高，而且还涉及外汇支出。有些项目由贷款机构或组织规定了公告的途径，如使用世界银行贷款的国际招标采购项目，其招标消息要求发表在世界银行发行的报纸《联合国发展论坛报》商业版的“一般采购通知”栏内。特殊的招标还要求在国内某一发行广泛的报纸上刊登广告，并应直接分送世界银行的所有成员国和瑞士的大使馆和商务代表，他们都是项目的潜在投标者。

另外，世界各国或地区的招标采购消息可刊登在该国或地区的主要报刊上，如香港的国际招标信息发表在《香港政府公报》，加拿大发布在《加拿大公报》，西班牙发表在《国家官方日报》，而我国一般发表在《人民日报》。

(2) 招标通知。招标通知的发出分两种情况：一种情况是，在刊登国际招标广告的同时，招标机构还向各国使馆或驻招标国的外国机构发出招标通知，使得国际招标信息能够最广泛、最快速地传达到每一个可能投标的卖主，有时招标通知也可以直接送交招标机构所熟悉的卖方，邀请其将来参加招标；另一种情况是，招标机构所采用的招标形式为国际邀请招标，即招标机构不对外公开发布招标广告，而是直接向个别工程承包人发出投标邀请。

4）发布招标公告的时间安排

为使潜在的投标人对招标项目是否投标进行考虑和有所准备，招标人在发出招标通知和刊登招标广告时，必须要考虑从招标公告发布到招标开始应该留出一段合适的时间，也称之为投标准备时间，这一时间应从招标公告发布日期开始计算。投标人从申请投标、得到招标文件、准备投标、递交投标书需有足够的时间，所需时间长短因具体采购的工程项目复杂程度而定。涉及大型土木工程的国际招标，公告时间需要长一些，因为潜在的投标人要在得知招标信息后进行现场调查、可行性分析，以确定是否参加投标，此时公告时间一般不少于90天。多数情况下，按照国际惯例，从招标公告发布之日算起，应让投标人至少有45～60天，在特殊情况下有180天时间来准备投标和递交标书。总之，招标机构要根据具体情况，规定招标公告时间。

5）招标公告的法律责任

世界银行编制的招标文件规定，招标人保留在授予合同前的任何时候接受或拒绝任何投标取消招标和拒绝所有投标的权利，无须对受影响的投标者承担任何责任，也没有义务将招标者的行动背景通知受影响的投标者。也就是说，世界银行是认为招标公告对于招标人不具有法律约束作用。

从我国法律角度看，要约邀请是希望他人向自己发出要约的意思。寄送的价目表、拍卖公告、招标、公告、招股说明书、商业广告等均为要约邀请。由此可知，招标行为的法律性质属于要约邀请。根据合同法原理，发出要约邀请的一方一般不会承担法律责任。对于招标而言，招标人无法保证在投标中中标，招标人也不对投标人在投标中的损失承担赔偿责任。从发布招标公告开始至投标截止日期为止，这段期间属于要约邀请阶段，在此期间内，招标人在不违背诚信原则的前提下，可以对招标文件进行补充、修改，甚至撤销招标公告，即便是投标人已经为投标做了准备，招标人若因此给投标人造成的损失仍无须承担任何责任，这种损失可以算作是投标人的商业风险。因此，要约邀请是一种事实行为，对要约邀请人没有法律约束力，但在有些国家，其相关法律文件中明确规定招标行为具有一定的法律约束力。例如，科威特的《公共招标法》规定，招标广告自刊登之日起90天内有效(招标广告或招标书中另有声明者除外)，在该有效期内招标人不得随意修改或撤回招标；阿拉伯联合酋长国的有关招标法规规定，招标人可以撤回招标广告，但须承担一定的法律后果；利比亚的《合同管理条例》规定，若是在确定开标日期前宣布撤回招标的，招标人应向所有的买标书的投标人退回购买有关条款和规范等文件及附件的费用，并相应收回已出售的所有文件，如果在确定开标日期后宣布废除招标的，则只向投送标书的投标人退回费用。

2. 投标资格预审

对于土建工程和大型复杂的工业设施的合同，往往要求对投标人进行资格预审。资格预审的目的是保证招标邀请只发给那些有能力承包工程的承包商，但必须允许任何预审合格的投标人参加投标。资格预审一般要求投标人递交资格审查表和有关文件，了解承包商的财务状况、技术组织能力、一般经验和信誉，确保参加投标的承包商确有能力进行承包。由于承包工程条件不一，资格预审内容和评价重点也就不相同，一般重点评价承包商的财务状况、施工经验、以往成就、人员能力、施工装备等。资格预审对保障招标人的利益，促进招标投标活动的顺利进行具有重要意义。资格预审也可以减少招标人的费用，从长远看还可以降低报价。资格预审可以保证实现招标目的，选择到最合适的投标人。资格预审能吸引力量雄厚的承包商前来投标，通过资格预审，招标人可以了解到可能的投标人对该项目的投标有多大兴趣，这一信息对招标人是非常有用的。

1）资格预审的种类

根据资格预审安排的不同和招标的先后关系，资格预审可以分为以下两种。

(1) 根据资格预审安排的不同，资格预审可以分为定期资格预审和临时资格预审两种方式。定期资格预审是一种在固定时间内集中进行资格预审的方式。其基本程序是由政府采购机构定期(一般是一年审一次)在有关报刊上公布资格预审的起止日期，承包商得知消息后报送相关文件参加审查，审查合格者被资格审查机构列入资格审查合格名单，在当年或资格审查有效年度内该国机构需要采购物资时，就可按照资格审查合格名单所载企业或厂商名称，发出招标邀请，不在名单之列的企业，无资格参加投标。定期资格预审集中时间、人员对申请审查的企业进行检查，省时省力效率高，但一般只适用于反复多次的采购项目。临时资格预审是投一次标就进行一次审核的一次性资格预审方式，多用于工程建设和非重复性采购项目。这种资格预审目标明确，针对性强，审查可以细致、深入。但是，由于多数招标机构是临时组建，招标结束后，资格审查的结果和资料也失去作用，不便于资料的保存和重复使用。

(2) 根据资格预审与招标的先后关系，资格预审可以分为资格前审和资格后审两种方式。限制性招标、两段招标及法语地区的有限询价，均要求投标前进行资格预审。也有些招标在开标后评标前进行资格预审，如有些公开招标和公开询价，投标人多，资格预审工作量大，采用开标后评标前进行资格预审仅对有可能中标报价最低的几家进行预审，可以减少预审工作量。

2) 资格预审的程序

资格预审的程序可分为四个步骤，分别是通知资格审查、出售资格审查文件、投标人资格的审查、确定合格投标人名单。分别介绍如下。

(1) 通知资格审查。通知资格审查通常有两种做法：一种做法是在前述的招标公告中写明将进行投标资格预审，并通知领取或购买投标资格预审文件的地点和时间；另一种做法是在报纸上另行刊登资格预审公告，资格预审公告的主要内容包括所需采购工程的简介，合同条件，项目资金来源，参加预审的资格，获取资格预审文件的时间、地点以及递交投标申请书的时间和地点。一般来说，从刊登资格预审公告或可以取得资格预审文件的最后日期到申请截止日期之间应有60天时间，至少不得少于45天。

(2) 出售资格预审文件。资格预审文件应提供采购人及采购工程项目的全部信息，其内容比投标预审公告所提供的应更为详细。一般包括以下内容：业主和工程师的名称和地址，工程的性质和主要工程内容(包括主要工程数量)，工程所在地点及该地点的基本条件，项目的时间、进度，规格及主要合同条件的简单介绍，投标保证金及履约保证金要求，项目融资情况，支付条件，价格调整条款，承包合同使用的语言，合同遵循的法律，本国投标人的优惠条件，组成联合体投标的要求，指定转包人的作业范围，最好还包括合同估计造价等。资格预审文件中可以规定申请资格预审(或投标)的基本合格条件，也可以列出限制条款。

(3) 投标人资格的审查。资格预审申请书的开启不必公开进行，开启后由招标机构组织专家进行评审。如果是特大型工程项目，则应该召开资格预审准备会议，包括组织现场考察，以便申请人取得有关项目情况的第一手资料。这种会议也有助于组成联合体。

(4) 确定合格投标人名单。评审后，列出资格预审合格名单，并通知所有通过资格预审的申请人前来购买标书。

3）资格预审文件的编制

根据以上内容，招标机构编制资格预审文件。编制的要求是简明扼要，并能清晰、真实地证明投标人的能力。资格预审文件大多采用表格的形式，同时附上招标机构对填写、报送的要求，以便资格预审申请人能准确地填写。为此，资格预审文件应包括资格预审的说明和资格预审表格两部分。资格预审说明主要是说明招标项目的情况、资格预审对象的范围和填写注意事项。招标项目的情况包括项目的名称、规模、所属公司，工程项目细节的介绍，合同的主要条件等。资格预审表格一般采用国际咨询工程师联合会编制的承包公司资格审查表标准格式，由承包商如实填写后上交，资格预审文件表格的份数、格式随招标项目的不同而有所区别。

3．发售招标文件

凡为招标工作服务的对外正式文件，即从招标公告直至将要签订合同的格式与内容，都属于招标文件的范围。它是招标机构或招标咨询机构编制的、向合格的潜在投标人发出有关招标的各种书面要求。招标文件涉及招标工作的始终，其作用到关重要，它既是投标者准备投标文件及投标的依据，也是评标的依据和签订合同所遵循的文件。

经资格预审确定合格申请人后，应尽快通知合格申请人，通常以书信方式发出投标邀请，通知获得投标资格的申请人及时购买招标文件，同时在报纸上公布这一通知，但一般不在报纸上公布获得投标资格的申请人名单，因为这种做法可能会导致合格申请人之间串通舞弊。投标邀请通知应将购买招标文件的日期、时间、地点，每份招标文件的售价，接受投标书的日期(即截止投标日期)、时间、送交地点以及提交正、副本的份数告知合格申请人。

招标文件可以用邮寄的方式发出，假如投标人编制标书的时间比较紧，为节省时间，最好还是让投标人或其驻本国的代理人前来购买。如果确定合格申请人与出售招标文件之间有一段时间间隔，那么早先的资格预审合格名单可能不再生效；因为有些情况可能会发生变化；同时，早先对投标不感兴趣的商家，现在可能有意参加，为此，资格预审的时间最好能安排在项目设计和招标文件的准备都已进行到相当程度之后，以便资格预审结果一旦公布，正式招标即可进行。如果由于特殊原因使从提供资格预审资料到招标邀请的间隔时间延长(如一年以上)，为慎重起见，招标者应重新对申请人进行资格预审，以适应情况变化。招标文件按套数发售，供给投标人的招标文件的套数要根据招标工程项目的复杂程度和分包的范围来确定。通常招标文件不应少于两套，对于复杂的大型土木建设工程，由于招标文件篇幅较大，招标机构可根据文件内容的不同性质，将其分为若干卷、册。例如，将所有招标文件齐全地编成一套正本，报价单、工程量清单、投标书格式、投标须知、合同条款编为一套副本。要求投标人投标时先提交正本，评标时再提交要求的副本，或者将一套招标文件分为商务方面、合同方面和技术方面三部分。简短的招标文件可以免费发放；内容较多的招标文件则应有偿出售。招标文件价格一般等于编制、印刷的成本，根据文件的篇幅，定价为50～500美元不等。投标人负担投标所有费用，购买招标文件及其他有关文件的费用不予退还。

4．开标

招标机构在预先规定的时间将各投标人的投标文件正式启封揭晓，称为开标。开标阶段的主要任务是做好开标现场工作，为此必须有一套良好的开标制度与规则，要求招标机构和所有投标商共同遵守。

1）开标的时间和组织

开标时间须预先在招标文件中作出规定，招标人应按预先规定的时间开标，一般开标时间安排在送交标书的截止期后的 24 小时至 3 个月之内。如遇到特殊情况，如购买标书的公司数目太少，招标人可以推迟开标，但须事先书面通知各投标人。开标由招标委员会主持进行，招标委员会人数通常为单数。开标时除招标委员会主席外，应有多数委员参加，否则开标无效。

2）开标方式

(1) 公开开标。许多国家的法规规定，一切政府部门的招标或一定金额以上的一切采购；都必须公开开标。许多国际金融机构，特别是世界银行，也规定开标应公开进行。公开开标，就是允许所有投标人或其代表出席开标会议，招标人将装着投标书的封套在到场的投标人或其代表面前当众揭开。

公开开标的惯例做法是：在预先规定的日期和时间，受委托办理开标的工作人员或委员会成员将投标箱运送到开标会议会场，由其中一位工作人员当众开启投标篇，将全部投标封套取出，并核对每一封套上的编号(通常按收到投标文件的顺序编号)以确定此次投标无误；然后由首席人员当场逐一启封，并高声宣读投标商的名称及其投标报价(以“投标书格式”中所填的投标价为准，包括本国货币及第一外币)，这是唱标。唱标完毕，开标会议即结束。唱标应当用本国语言和国际上较通用的语言，并以两种语言分别宣读。开标会议上一般不允许提问或作任何解释，仅允许记录或录音。

如果在开标中，恰巧宣读出两个或两个以上相等的报价，则把投价结果一同提交招标机构，等到其评价后决断。开标时若发生不同意见，开标机构所有成员当场以无记名投票方式作出决定。投标人或其代表应在会议签到簿上签名，以证明其在场。

开标结束后，应由开标组织者编写一份开标会议纪要，其内容包括开标日期、时间、地点，开标会议主持者，出席开标会议的全体工作人员名单，到场的投标商代表和各有关部门代表名单，截标前收到的标书及其收到日期、时间和报价一览表；指定银行在指定日所公布的各种外币卖价兑换率；对截标后收到的投标书(如果有的话)的处理等。开标会议纪要应送有关方面，包括业主、工程师、项目主管部门、政府有关部门，如果是世界银行贷款项目，还应送交世界银行。在需要时，投标人有权要求检查开标记录以及附件并且开标主持机构或招标部门不得拒绝。

对于公开开标，各国的具体做法略有不同，主要有两种。一种是采用双封套制，即投标人将投标书分装在两只封套内递交，其中一只封套内装投标书的技术部分，并无标价，而另一只封套内只装标价。在第一轮开标时只拆启内装技术性标书的封套，并将其递交给技术评定委员会，审定其在技术上是否符合条件，并由招标机构向被评定为合格的投标人发出通知；接着进行第二轮开标，当众拆启内装标价的封套，并按前面程序进行。另一种是采用单封套制，即投标人将所有投标文件装在一只封套内，招标机构只需作一轮开标。双封套制的优点是，能完全根据技术上的优劣鉴定它在技术上是否符合条件，因为评定人在技术鉴定时还不知道标价，因此可得到比较客观的评价；其缺点是，假如一个投标人提出的某一项新技术与招标条件不符合，但该技术不但可行还能节省大量资金，而在双封套制中很容易遭到拒绝，标价封套被原封退回。在这种情况下，真正受损的还是业主。

(2) 秘密开标。这种开标是由招标人和咨询工程师以及招标机构的审评人员参加，招标人的特邀人员如政府和有关当局的代表也可出席开标，其他人一概不得介入，开标的结果由招标委员会通知投标人。采取这种方式确定中标人，不仅取决于投标的报价和其他条件，还要考虑投标人和招标人之间的业务关系，以及彼此国家之间的政治、经济关系和其他因素。由于投标价格一旦公开，相互竞争的投标人会施加压力，因而业主也许不可能对投标作出冷静和周密的评定。另外，对于政府承包合同，公开开标会使相互勾结的人左右标价，而秘密开标可以使得这种串通行为难以形成。

开标以后，任何投标人都不得更改投标内容，尤其是标价和其中的重要内容，但可以被允许对他的投标做一般性的说明和疑点的澄清。对招标人来说，也可以要求投标人对其投标文件的某些含混不清之处予以说明，但不允许要求投标人修改其标价或实质性的内容。

3) 对迟到报价书的处理

对未按规定时间寄送的报价书，原则上视为废标，予以原封退回。但如果这种延误并非投标人的过失，而是因气候条件的影响延迟了投递，或者因为罢工而影响了发送，应当视为有效。

5. 评标

评标，即招标有关部门对投标书的交易条件、技术条件及法律条件进行评审、比较并选出最佳投标人的活动。评标时间的长短根据招标工程项目的复杂程度而定，但招标有关部门的评标工作应按预定的计划，在招标有关部门约定的时间内，即投标有效期内完成。评标是一项重要而复杂的综合性工作，它是关系到整个招标是否体现公平竞争的原则，招标结果是否能使得买主得到最大效益的关键。因此，评标需要有科学的评标程序和标准。

1) 评标程序

(1) 初审。对投标书进行初审，是为了确定投标书的合格性，即从众多的投标书中，筛选出符合最低要求标准的合格标书，淘汰那些不合格的标书，以免在技术评审和商务评审中浪费时间和精力。任何承包商要想获得中标的机会，首先要保证自己的投标书是合格文件。初审主要从以下几个方面进行。

首先是审核标书的有效性。要审核的问题包括投标人是否已通过了资格预审，其标书中的公司名称、负责人和公司合法地址与资格预审中申报的是否一致，投标文件是否是盖有招标委员会印记的原件，是否在开标截止时间以前递交的标书，是否按招标文件规定同时递交了符合要求的投标保函(包括银行是否可接受，保函金额和保函有效期是否正确，以及保函内容是否符合招标文件规定)等。如果是世界银行贷款项目，投标人必须是世界银行会员国、瑞士以及台湾地区的国民或法人。如果投标人是联合体，则联合体的所有合伙人都必须来自有资格投标的国家或地区，并且必须在有资格投标的国家注册。其他地区性国际开发银行也都规定，投标人必须是该组织会员国的国民或法人。如果投标人已通过资格预审，那么正式投标时投标的公司或组成联合体的各合伙人必须被列入预审合格的名单。

其次是审核投标书的完整性。审核标书的完整性，主要从以下几个方面进行：投标书是否按照规定格式和方式递送；投标书中所有指定签字处是否均已由投标商的授权代表正式签字或草签；有时招标人在其招标文件中规定，如投标人授权其代表代理签字，则应附交代理委托书，这时就需要检查标书中是否附有代理委托书；如果招标条件规定只向承包商正式授权的代理人招标，则应审查递送投标书的人是否有承包商授权的代理人的身份证明；是否已按规定提交了一定金额和规定期限的有效保证；招标文件中规定应由投标人填写或提供的价格、数据、日期、图样、资料等是否已经填写或提供以及是否符合规定等。

在对投标书作完整性检查时，通常要先拟出一份完整性检查清单。在对以上项目进行检查后，将检查结果以“是”或“否”填入该清单。对于缺乏完整性的投标书，不能一概予以拒绝，而应根据具体情况，分别酌情处理。这有两类情况：一类是实质性的内容不完整，例如未按规定提供投标保证金，则该标书应被认为不合格而加以拒绝；另一类是非实质性的内容不完整，如投标人没有按要求提交足够的标书份数，标书中有一些参考性的材料未用招标文件中规定的语言表达并忽略了提供相应译文等，则不应认为该标书是不合格的，这时招标人可要求投标人加以澄清。

再次是审核投标书与招标文件的一致性。所有招标文件都规定了投标人的条件和对投标人的要求。这些要求有的是十分重要的，投标人若违反这些要求，就属于重大的偏离，该标书就应被拒绝；有些要求则是次要的，投标人若违反这些要求则属于较小的偏离，该标书就不应被拒绝，而是要求投标人对有关的问题加以澄清。判断一份标书对招标文件的要求是重大的偏离还是较小的偏离，最基本的原则是要考虑对其他投标人是否公平。如果某种偏离已经或会影响所有参加竞争的投标人的均等机会和权利，则这种偏离就应被视为重大的偏离而构成拒绝这份标书的理由。

最后是审核报价计算的正确性。工程投标是以工程清单为根据的，一切数字计算都要进行复核，如在乘积和计算总数时有算术性的错误时，则应以单价为准更正总数，因为招标文件通常规定，如数字不符，应以单价为准。但是，如任何一项的单价过高或过低，显然是由于印刷上的或小数点的差错，则应该纠正单价。一切更正都应通知投标人，并征得其同意。如果他不同意，业主则可以拒绝该项投标。虽然有的业主，特别是政府，可能认为，纠正了错误后有利于投标人，则不愿意予以改正，而且要求投标人坚持原标价。

经过筛选留下的投标书，应是合法的、完备的和实质上符合条件的，即可进行下一步技术评审阶段。

(2) 技术评审。对投标文件进行技术评审的目的，是确认投标人完成投标工程项目的能力，确认其施工方案的可靠性。由于工程招标过程中，多数都要经过资格预审，因此，投标人的技术能力是已被认可了的。在投标后，针对标书的进一步评审，重点是围绕投标人将怎样实施该招标工程项目来评定的。因此，技术评审主要是根据投标书中有关的施工方案、施工计划和各项建议进行的。技术评审的内容大致如下：标书是否包括了招标文件所要求提交的各项技术文件，它们同招标文件中的技术说明和图样是否一致；实施进度计划是否符合业主或采购人的时间要求，计划是否科学和严谨；投标人准备用哪些措施来保证实施进度；如何控制和保证质量，这些措施是否可行；如果投标人在正式投标时已列出拟与之合作或分包的公司名称，则这些合作伙伴或分包公司是否具有足够的能力和经验保证项目的实施和顺利完成；投标人对招标项目在技术上有何保留条件或建议，这些保留条件是否影响技术性能和质量，其建议的可行性和技术经济价值如何等。

(3) 商务评审。商务评审的目的，是从成本、财务和经济分析等方面评定投标报价的合理性和可靠性，评定授标给各投标人后的不同的经济效果。商务评审在整个评审中占有重要地位。在技术评审合格和基本合格的投标人当中，究竟谁能被选定为承包人，其商务评审的结论往往具有决定性的意义。商务评审的主要内容为：将投标报价与标底价进行对比分析，评价该报价是否可靠、合理；投标报价构成是否合理；分析投标文件中所附资金流量表的合理性及其所列数字的依据；审查所有保函是否被接受；进一步评审投标人的财务实力和资信度；投标人对支付条件有何要求或给予业主或采购人以何种优惠条件；分析投标人提出的财务和付款方面的建议的合理性。

评标应由评标委员会组织进行，评标委员会由各有关方面人员组成，通常包括业主代表、工程师代表、主管部门及政府有关部门代表、法律顾问等。评标过程必须保密，即有关评标事宜均不得向其他人员透露，这样才能使评标工作不致受到干扰或压力，从而保证评标工作的顺利进行。

(4) 举行招标澄清会。在经过初步评审后，招标人应针对评标阶段被选出的几份标书中存在的问题，拟出问题清单，要求各投标人对清单中的问题予以澄清。可以将问题清单，分别发送给各投标人，由他们做出书面答复；也可以采用举行澄清会的办法，由投标人派出代表参加澄清会，当面澄清问题。举行澄清会有利于加快评标进程，是通常采用的方法，但在举行澄清会之前应将问题清单的主要内容预先通知有关投标人，以便他们有所准备。需要说明的是澄清问题并不意味着议标，或者被允许修正投标报价。所谓约见投标人澄清问题，纯粹是评审过程中的一种技术性安排。

在澄清会上，评审人员要求投标人代表澄清问题的范围是没有任何限制的。例如，可以要求投标人代表补充报送某些报价计算的细节资料，特别是某些报价过高的子项工程的单价分析表；可以要求投标人代表对其列入投标文件中的技术性方案建设提供进一步的详细说明；可以要求补充其选用设备的技术数据和说明书；也可以要求投标人考虑改变支付条件等。但所需澄清的问题主要应集中在与评标价有关的问题上。

在开澄清会时，评审人员应向投标人代表提出经过主要谈话人签字的完整的问题清单；经过口头澄清后，投标人代表也应正式提出书面答复，并由授权代表正式签字。在澄清会期间，还可根据需要提出补充问题清单，再由投标人予以书面澄清。这些问题清单与书面答复均将作为正式文件，并具有与投标文件同等的效力。

(5) 编写评标报告。招标委员会或招标评审小组在对所有标书进行各方面评审之后，须编写一份评审结论报告——评标报告。该报告作为评审结论，应提出推荐意见和建议，并说明其授予合同的具体理由，以供业主作授标决定时参考。评标报告的主要内容应包括：叙述招标过程简况，含投标的规模概述、邀请投标人名册(对邀请招标而言)、授予合同的推荐意见等；因各种原因列为废标而被剔除的投标人名单；对有可能中标的几份标书的技术经济分析，其主要包括标价分析(标价的合理性，与标底的比较，高于或低于标底的百分比及其原因)、投标书是否与投标要求相符，有何保留意见或技术建议，这些建议是否合理，投标人提出的工程期限和技术建议以及这些建议是否合理，投标人提出的工程期限和进度计划的评述，投标人的资信及承担类似工程的经验简述，其分包商的简况，授标给该投标人的风险或可能遇到的问题等。

评标报告中也可以列表，对前几名可能中标的标书进行对比分析，然后提出报告人的推荐意见。被推荐的投标人应当是所有标书中最合理、最经济和风险最小的。

6. 决标

在国际招标与投标中，中标人必须由业主来确定。业主选择中标人的依据主要是评审小组所编写的评标报告。如果业主是公司，往往由公司董事会讨论裁决中标人。如果是政府招标项目，则通常是由政府主管部门负责人根据政府授予他的权力，在经过有关人员讨论、研究之后做出授标决定。如果是国际金融组织贷款项目，则由借款国有关机构作出投标决定，但要征询提供贷款的该国际金融组织的意见。提供贷款的国际金融组织如果认为借款国有关机构所作的授标决定是不合理或不公正的，可能要求其重新审议；如果借款国与国际金融组织之间有严重分歧而不能协调，则可能导致重新招标，或取消该项贷款。

作出授标决定后，业主将向中标的投标人发出授标意向信。授标意向信比较简明扼要，通常只写明请该投标人应在某时、某地商签合同。如果投标价格是不容再磋商的，则可写上授标的价格。授标意向书是有约束力的契约，业主对由此产生的财务后果负有责任。因此意向书必须准确地表达其意图。

决标后需要对未中标人进行处理。决标后，对未中标的投标人，业主也应当发出其未能中标的通知书。这种通知书的内容要简明扼要，主要是告知该投标人未能中标，而不必说明任何理由。作为一种礼节，应在通知书中对该投标人的合作表示感谢。

在向未中标人发出通知书的时间应恰当安排。通常的做法是对某些明显不合理或毫无中标希望的标书，可以在投标决定作出后立即将结果通知这些投标人；而对于仍有可能中选的投标人，则可以稍晚些发出通知，因为如果业主同原中标人不能签订合同，仍有可能找第二、第三名备选者议标。未中标通知书应当注明，对于所提交的投标保函，该投标人可以办理相应手续取回，或由招标机构直接退给开具该投标保函的银行。

如果在投标有效期内仍不能作出授标的决定，招标机构通常可以通知有希望中标的几名投标人，请他们延长投标保函的有效期。这时，投标人则可保留因延期决标而调整合同价格的权利，如果有投标人不愿延长投标保函有效期，那么，其投标书就被视为自动失效。

6.3 国际工程投标

国际工程投标，包括投标前的准备和投标实施工作。

6.3.1 国际工程投标准备

1. 投标前的基本情况调查

投标前的准备十分重要，它直接影响投标的中标率大小。凡具有国际投标竞争能力的企业都特别重视准备工作的实施。参加国际投标往往要耗费大量的金钱和时间，而这些代价均由投标人来承担。投标前，首先要作好可行性研究。

1) 了解工程所在国的政治、经济、地理和法律等基本国情

政治方面，首先要了解的是工程所在国政局的稳定性，应当清楚工程所在国的政治制度、政党组织及其对政权的影响，特别应分析近期内执政党更换、政权更替、政变、内乱

以至发生内战或暴乱的可能性，评价政局对工程实施的影响。还要了解该国与邻国的关系，如是否可能由于与邻国关系恶化而发生边境冲突和战争。如果工程所在地区靠近该国的边境地区，应当分析工程实施可能遇到的困难。

经济方面，首先应当了解工程所在国的国家经济现状和实施情况，尤其对涉及金额非常大、工程时间非常长的项目应该要特别注意。如果投标的是政府工程，还要了解政府近年来财政收支是否有赤字，其外债支付情况、外汇收支状况、外汇储备水平等。还可以通过其他国际承包商，了解他们过去在该国承包工程时是否顺利获得工程款项。若国际工程涉及金融领域较多，还要详细了解该国的金融情况，包括换汇限制、官方和市场汇率、主要银行及其存款和信贷利率、管理制度等。

地理情况方面，应当了解施工现场及其附近的地形、地貌和土壤地质情况；施工现场的水文情况，如江河、湖泊、地下水的深度与水质等；施工现场及其附近的气象情况，如年最高最低气温、冻土层深度、主导风向、风速、年降雨量及雪量；施工现场及其附近的自然灾害情况和地层灾害情况；施工现场的交通运输状况及附近的地理条件对于物资运输及施工的可能影响，如当地公路情况、桥梁情况以及港口、码头装卸货物条件等。对于内陆国家，往往要依靠邻近国家的海港转运物资，对工程物资的运输往往有较多麻烦。

法律方面，主要了解该国与投标工程相关的法律法规和执法立法情况是否完善等。一个国家的法律往往是十分庞杂的，承包商不可能也没有必要掌握其全部的法律和条例内容。可以通过当地律师或建筑业的同行了解与承包工程有关的法律和条例即可。例如，投标法、经济合同法、公司法、劳动法、移民法、社会保障法、税收法、投资法、金融法、外汇管制条例等，其中有些直接与承包工程有关，应着重了解相关内容。

另外，还要了解建筑行业情况，如当地建筑工程公司的能力、水平以及近期经营状况等；当地生活用品的供应情况及市场价格水平；当地有关施工用料的供应情况及价格水平；实施工程所需的设备、材料，临时工程用料的供应来源、可能性、材质、价格水平和供应量；当地的砂石料等建筑材料的货源情况，有无可能自行开采，开采时的特许使用费征收情况；当地运输情况，车辆租赁情况，运费水平，汽车零配件的供应情况，燃料供应情况及价格水平；工地附近港口和铁路的装卸设施及能力，价格水平，空运条件及价格水平；水、陆联运情况及价格水平，当地劳动力技术水平、劳动状况及雇佣价格水平等。

2）了解工程业主的资金来源和支付的可靠性

如果工程项目是政府工程项目，应了解其资金供应是否已列入国家已批准的预算计划，如是吸收外资或国际金融组织贷款，应了解外汇贷款比重及国内配套使用的资金是否已落实。如果工程项目是私营工程项目，对业主的支付能力更应进行详细调查，还应对其信誉和资金来源背景进行了解。如果工程项目用于合营性质，无论是公私合营或全部私营股份公司合资，则应对合营各方的资信进行了解。只有把资金的来源及落实情况调查清楚，承包公司才能结合本身的具体情况作出选择。

3）了解潜在竞争对手的基本情况

首先，通过招标人了解可能参加投标的公司名称、国别及其与当地合作的公司名称。然后，了解拟参加投标竞争公司的能力，过去几年他们承包工程的业绩，他们在本国、外国和当地已完成和正在施工的项目状况。如果获得投标资格并拟参加投标的公司甚多，则可选择几家过去中标率较高的公司进行重点调查和分析，应当了解其突出的优势和明显的弱点。如果某些公司在当地已有工程处于施工阶段，那么他们可能利用现有设备和其他设施为新投标的工程服务，从而有可能降低投标报价。但是，任何一家承包商总会有其弱点。例如，管理费用可能偏高，招聘熟练工人可能要付出高昂的代价等。承包商如果要在竞争中做到知己知彼，应当尽可能制订合适的投标策略，发挥自己的优势而取胜。

4）了解工程项目的具体技术要求

要详细了解该工程的性质、规模、工程现场条件、工期、准备期，特别是技术和设备的先进程度，承包公司本身的技术力量能否胜任承包项目的技术要求等。一定要在承包公司自身技术力量能胜任的范围以内，如果有适合的伙伴，采取联合投标、联合承包的方式，则对某些超出自身技术能力的复杂项目才可以考虑。还要注意以下几点：采用哪国的施工验收规范；特殊的施工要求，某些特殊要求可能对施工方案、机具设备和工时定额有较大影响；特殊材料的技术要求，有关选择材料设备代用的规定；摘出每种须进行国外询价的材料设备，编出细目表，说明规格、型号、技术数据、技术标准，并估算出需要量，以便及时向外询价等。总的来说，需要通过多种因素的权衡分析，结合自身的优势和劣势，结合工程项目的要求综合分析各种有利条件和不利条件，再作出全面充分的判断。

2. 投标前的基本准备工作

投标人正式参加投标竞争之前，需要进行一系列的准备工作。投标准备工作主要包括在招标人所在国注册、选聘代理人、筹措资金和雇用外籍人员。

1）在招标人所在国注册

承包人到国外承包工程项目，必须按照工程所在国规定办理注册手续，并取得合法地位。有些国家规定，履行注册手续是取得投标资格的前提条件，那就应及早办好有关注册手续并取得投标资格，而有的国家则可以先投标，中标后注册。有的国家和地区实行分类、分等注册，外国承包商应按照自己的专业特长和能力向当地政府申请某一类、某一等级注册。例如，香港将工程分为地盘开拓、房屋建筑、道路渠务、海事和水务五类，每类又分A、B、C三级。A级最低，只能承包单项合同额在200万元以下的工程；B级则可以承包1 000万元以下的工程；C级为最高级别，不限金额。外国承包商向招标工程项目所在国政府主管部门申请注册，必须提交各种规定的文件。各国对这些文件的规定不尽相同，主要有以下几种。

(1) 公司章程。公司章程能够对一家公司的基本情况包括体制和组建方式作出充分的说明，其主要内容包括公司性质、宗旨、注册资本、营业范围、组织机构、经营管理、总管理机构所在地等。

(2) 营业证书(执照)。在国际招标与投标中，投标人一般直接向工程所在国的有关政府主管部门提交营业执照，办理申请注册手续。

(3) 公司主要成员(董事会)名单。名单须列出董事长、副董事长、常务董事、董事名单及个人概况。

(4) 分公司证明。招标国一般要求投标人提供在该国设立分公司的证明文件，文件须由总公司开出，说明该分公司章程，并经过公证后生效。

(5) 公司总管理处负责人签署的委任状。公司总管理处负责人为总公司的总经理或董事长，他们要签署对分公司或办事处经理的委任状，并经公证后生效。

(6) 办事处人员名单和任职证书。该名单和证书由办事处经确定并签署。

(7) 合约代表授权书。通常情况下，公司对外正式谈判和签订合同应由法人代表出面，但必要时也可由法人代表委托他人进行上述活动，此时须由法人代表签署授权书，并经公证机关公证。

(8) 招标工程项目业主与申请注册公司签订承包工程合同、协议或有关证明文件。

(9) 互惠证明书。有的国家要求投标人提交由投标人所在国政府主管部门出具的互惠证明书，其主要内容包括投标人所在国的公司在招标人所在国可享受一定优惠条件，招标人所在国的公司在投标人所在国享受同等优惠条件。

另外，某些阿拉伯国家还要求申请注册的投标人提交抵制以色列的证明。当然，随着世界经济的一体化进程，这种抵制正在逐步减弱，如 1993 年 6 月，科威特宣布对与以色列有业务往来的公司不再实施二级抵制，而对上述与以色列开展业务的公司实施三级抵制。同时，科威特还采取步骤，修改法律文件，从中去掉直接表示抵制以色列产品的内容。

在注册登记后，应按照工程所在国有关规定履行一定的义务，如缴纳有关税款和提交承包年度报告等。

2) 选聘代理人

代理人是能够代表承包公司利益开展某些工作的人。在国际工程承包中，代理人实际上是为外国承包公司提供综合性服务的咨询机构或个人。有些国家(如埃及)规定，投标的外国公司必须使用东道国的代理人，否则不让投标。当然，不同的国家有不同的规定，如有的国家(如阿尔及利亚)明确规定不准使用代理人，有的国家建议使用代理人，还有的国家没有对代理人方面作任何规定。但若不从国家规定角度看，仅从项目实施角度看，承包人能在工程项目所在地物色一个能力强、经验丰富、资信好、信息灵通、有背景、社会关系广，甚至有强大政治经济背景的人，替自己办理各种有关事务也是十分必要的。在国际贸易中，有 80% 以上的承包项目都是通过代理人或中间人来完成的，国际工程承包也不例外。在国际工程承包项目中，承包商代理人的工作，直接影响其项目的成败 。

(1) 代理人的作用。国际贸易中通常要使用代理人，其根本原因在于外国公司对代理人所在国的社会、法律、经济、商务、金融等情况掌握不够，特别是一些人事关系一时很难建立。而代理人往往熟知当地社会，信息较多，渠道畅通。因此，物色到一个合适的当地代理人，往往可以起到事半功倍的效果。在国际工招标与投标中，代理人可以起到以下作用：向委托人传递招标信息，协助其参加资格预审和获取招标文件；协助委托人办理出入境签证、劳动许可、居留证、驾驶执照等证件手续；提供当地法律、规章制度和风俗习惯等方面的咨询服务；提供一般商业活动信息如物资、劳动力市场行情；提供当地商业活动的知识和经验，如当地的投资信息、价格因素等；协助委托人办理机械、设备和材料的进出口许可证和海关手续；协助委托人租用当地土地、房屋和机械设备，建立电传、电话、邮政信箱户头等通信手段；沟通委托人和业主及有关方面的联系，促进委托人和当地以及商界的友好关系。

(2) 代理人的选择。代理人有两类，即法人和自然人。选择哪一类代理人首先要符合有关国家的规定。通常一个好的代理人应当具备以下基本条件。

首先要求代理人信誉良好。代理人的信誉不仅影响承包商可否取得其所期望的工程项目，而且直接牵涉承包商在当地公众中的形象。可以说，代理人的信誉在一定程度上也代表着承包商的信誉和形象。

其次是代理人关系广泛。代理人的社会联系是十分重要的，有广泛关系网络的代理人可以介绍承包商认识许多当地的重要人物和朋友。由于对代理人的共同信赖，这些人会给承包商许多帮助和照顾，对于一个刚进入陌生地区的国际承包商来说，广交朋友是事业获得成功的关键钥匙，他们会帮助承包商摆脱孤立无援的困境，给其许多有益的指导。

再次还要求代理人熟悉业务。由于国际承包工程是一项履约时间很长且技术复杂的项目，它需要代理人付出相当长的时间和精力做许多具体的后期服务工作。因此，还应该适当从业务角度来选择代理人。有些经纪人或上层人士，也许能帮助你获得某项工程，但他们并不熟悉承包业务，其后期服务较差，不宜作为长期的代理人。有些国家有专门的工程代理公司，如承包商服务公司、承包咨询公司和工程代理公司等，也有的本身就是建筑师、设计咨询公司或建筑承包商，他们了解市场情况和各类工程承包业务，熟悉当地办事渠道，并拥有一批办理各种事务的雇员，这样的代理人往往能够提供许多有效的实际帮助。

最后要注意代理人地位的合法性。这一点非常重要。有些国家对于代理人或经纪人有严格的规定，要有合法注册手续，并经批准核发经纪代理人营业许可证。在这些国家是不允许随便找代理人的，否则，可能会招致政府追究的麻烦。

(3) 代理协议和费用。为了明确代理人的责任、义务和报酬等问题，委托人在同代理人谈判后，应当签订一份正式的代理协议，作为法律上的依据。代理协议的内容包括代理活动的业务范围和活动地区、有效期限、代理费用及支付条件、有关特别酬金的条款等。代理人一般只有协助承包商达到中标目的后才能得到代理费。代理费一般为合同总价的1%～5%，视工程项目大小和代理业务繁简程度而定。代理费应分期支付，或等合同期满一次性支付，付款期限可定在雇主第一次收到工程款时开始支付。代理人有较大贡献时，可付特别酬金，但固定佣金不宜过高。

3) 筹措资金

国际工程承包除在技术、质量和价格基础上的竞争之外，逐渐扩展到了资金筹措能力方面的竞争。承包商的资金筹措能力已成为国际市场竞争的关键点。据有关专家初步估算，带资承包项目约占国际工程承包市场的65%，2003年国际带资承包工程的规模约为7 800亿美元，而在大型国际工程项目招标时，工程业主往往把承包人的财务状况、固定资产和流动资金情况列为资格预审的重点内容。因此，没有足够资金力量的投标申请人是不可能通过大型招标项目的投标资格预审的。再进一步说，投标人即使中标，获得了一项大型工程合同，但如果缺乏筹措足够资金的实际能力，也往往会因资金拮据、周转困难而难以履行合同。而且，国际工程竞争的日益加剧和工程付款条件的日益苛刻的情况，使得国际工程市场中的资金问题显得更为突出和严重。

承包商的资金筹措能力既关系到市场占有率，又直接影响企业的经济效益水平。从启动项目的流动资金，到垫付工程款，直至项目融资，带资承包已从不同程度上显示出国际市场对承包商的资金筹措能力不断提出的更新更高的要求。

一般来说，项目资金的筹资渠道主要有自有资金、银行贷款、利用材料设备的出口信贷、借助有较强经济实力的外国公司合作承包、银行联合贷款等几种方式。

(1) 自有资金。承包人的自有资金包括现金和其他速动资产，以及可以在近期内收回的各种应收款等。只要预计所承包的工程利润较高，利润率大大高于银行存款率，就可以根据自己的能力适时投入自有资金。

(2) 银行贷款。银行贷款是资金筹措的主要途径，可以说，任何一个承包人要想得到发展，是离不开银行的。一般来说，要想从银行获得贷款或开具保函等，甚至提议各种优惠和便利，银行会从各个方面对承包人进行调查：第一，承包人的信誉，承包人完成工程的情况，是否按期完成，工程的质量如何，工程业绩等。第二，承包人的财务实力。银行要考察承包人的财务实力情况，包括承包人资产负债表、近期的损益表、速动资产、流动负债等。第三，承包人拟承包工程的情况。银行要了解工程业主的资金来源、工程的复杂程度和风险以及投标情况、承包人的标价及利润等。第四，承包人的能力及经验。承包人的能力和经验是否适应目前承包的工程项目。第五，承包人的诚实可靠性。银行要了解承包人是否隐瞒在建工程、潜在工程，应收款是否在近期内能收回，同工程业主是否存在争议等。当然，承包人在接受银行的调查和考核时，除如实地向银行提供各种资料外，也要对与之合作的银行结合自身资金情况和工程项目特点进行调查和选择。

(3) 利用材料设备的出口信贷。这种信贷的使用有两种办法，即卖方信贷和买方信贷。卖方信贷是由材料设备的制造厂商或出口商从该制造国的银行取得出口信贷，并将利息计入到材料和设备的总报价中，与承包人签订延期付款的销售协议，也可以双方商定由购买材料设备的承包商支付材料和设备分期款额外，另支付买方信贷利息，两者分别计算。买方信贷，是由卖方的银行通过买方的担保银行向买方(承包人)进行贷款，这笔贷款仅用于向卖方支付材料和设备款，利息由买方直接通过其银行支付。这两种信贷都要求买方开出银行保函，买方除了支付利息外，还要支付银行保函的手续费以及保函抵押金。

(4) 借助有较强经济实力的外国公司合作承包。承包人如果确实筹款有困难，就可以寻找一家或几家有较强经济实力的公司联合承包，这样可以分散或转移资金压力。承包人可以组织这个联合集团的成员发挥各自的优势，由各成员分别承担筹集各自需要的资金，必要时承包人为找到合作伙伴要相应地让出一部分利益。

(5) 银团联合贷款。许多国际承包人同某些大的国际银行有着良好和密切的关系，他们经常互通信息，一旦碰到大型建设项目，承包人带资承包或接受延期付款感到有困难时，就可以与银行相互合作，承包人负责组织咨询公司进行可行性研究和设计，而银行则可组织众多银行参加共同贷款，通过这样反复磋商最终做成较大的承包工程。但利用这种贷款时，必须选择好首席银行，一般选择富有经验而且与承包人有着密切合作历史的银行担任，他往往能向承包人提供许多良好的建议并向其他银行宣传介绍承包人。

4) 雇用外籍人员

投标期和承包工程期间雇用外籍人员，可获得良好的经营效益，但也要根据实际需要考虑。有的国家规定必须雇用当地外籍人员，一般通过合同雇用和聘任。在合同中对其职责、工作方式、计酬方式、工资福利条件、雇主的一般要求、特殊要求、被雇聘人员应满足的条件等要有明确规定，从而避免争执，减少损失，提高效益。须雇聘的外籍人员有以下几类。

(1) 代理人。代理人或熟悉工程市场，在承包和投标业务中有所专长，或可为有关业务疏通渠道，提供重要信息。

(2) 估算师。估算师也称为工料测量师、工料估算师。他们具有丰富的土建工程、经营管理方面的专业知识和经验，对于土建工程的成本、价格、财务、合同及有关法律法规都很熟悉，可为承包商、业主或政府部门提供工程概算咨询及工程管理咨询。

(3) 工程技术人员。有的国家规定必须雇用当地工程技术人员。由于他们熟悉当地工程市场商情、当地工程惯例、有关法律法令、投标中的基本单价和劳务市场情况，若使用得当，可起到本国技术人员难以承担的作用。

(4) 法律顾问。各国法律、法令条文繁杂，非当地律师难以掌握。承包商应根据当地形势聘请法律顾问兼职，以免无意触犯当地法律法规，并在出现纠纷时协助承包商解决问题。

6.3.2 国际工程投标程序

投标实施过程与招标实施过程实质上是一个过程的两个方面，它们的具体程序和步骤通常是互相衔接和对应的。投标实施的主要步骤包括：申请投标资格、参加标前会议和现场考察、办理投标保函、确定投标报价、编制和投递投标文件。

1. 申请投标资格

1) 资格预审申请书

有意参加国际投标的承包商，在获取有关资格预审的信息后，应及时向招标机构购买资格预审文件。在了解预审文件基本内容后，可着手填写资格预审申请书。按照惯例，资格预审申请书格式由招标机构拟定，并作为资格预审文件的组成部分提供给投标申请人。

2) 资格预审的有关表格格式

如前所述，招标人对投标申请人要从技术(设备、经验等)、财务、人事等方面进行资格预审。为此要有一系列表格，通常这些表格也由招标机构设计，并作为资格预审文件的组成部分提供给投标申请人，投标申请人则应如实填写。

3) 银行资信证明书

按照国际招标与投标的惯例，招标机构在其投标资格预审文件中一般都作出规定，要求投标申请人附上由银行出具的银行资信证明书，以证明银行在近期内能给投标申请人提供贷款的额度和投标申请人的实力。开具银行资信证明书的银行可以是招标人所在国的银行，另外开具银行资信证明书须支付手续费。

4) 联合体的资格预审申请

联合体，也称为联营体，是指由两个以上公司联合组成的投标人。在国际招标与投标，特别是国际工程招标与投标中，联合体是通常被采用的投标组织形式，它可以起到筹措资金、增强投标实力的作用。按照国际惯例，联合体申请资格预审必须符合以下要求。

(1) 参加联合体的所有成员都应分别填写完整的资格预审表格。

(2) 资格预审申请表中须指明首席主办公司，招标人与联合体之间的任何联系将通过首席主办公司进行。

(3) 申请书必须确认，如果资格预审合格后联合体可以参加投标，则标书及今后可能被授予的合同都将由所有合伙人签署，以便使法律对全体合伙人共同并分别具有约束力。

(4) 申请书必须说明拟议中每个合伙人的参与情况及其责任。

(5) 除以上特殊条件外，其他方面与前述单独申请资格预审的要求基本一致。

5) 资格预审申请书的递交

按照惯例，在国际招标与投标中，投标资格预审申请书的递交通常有以下要求。

(1) 申请书必须在招标人规定的截止时间以前递交给招标人指定的地点，超过截止时间递交的申请书将不被接受，并由招标人原封退回给申请人。

(2) 申请书一般应递交一份原件和三份副本(通常在资格预审文件中已作规定)，并分别用信封密封，信封上写明“某某号合同投标资格预审申请书”，还应写明申请人的名称和地址，以便今后联系。

(3) 所递交的申请表必须使用由招标人指定的语言。世界银行规定可使用英文、法文和西班牙文；有些国家则作特殊规定，但英文是普遍适用的。不符合本条款者，其申请将被认为是不合格的。

(4) 表格中的所有问题都必须做出回答，如有必要，申请人可增加附页详细回答。

(5) 所有表格均由申请人签字，或由申请人授权的代表人签字，同时附上正式的书面授权证书。

(6) 申请人递交的全部资格预审文件将受到保密，但评审后不再退还给申请人。

(7) 招标机构应将资格预审结果通知所有的投标申请人。

2. 参加标前会议和现场考察

1) 参加标前会议

投标申请人接到招标人的资格预审合格通知后即可按招标人规定的时间向招标机构购买招标文件。由于国际工程项目一般金额高、工艺复杂，其标书也就篇幅巨大且内容广泛，承包人要全面消化标书内容，除了需要组织得力的设计、施工、作价专业人员对招标文件进行全面分析解读外，还要将标书中碰到的各类问题整理为书面文件并寄到招标文件中指定的地址，要求招标方在标前会议上予以解释或澄清。在标前会议之前，需要仔细研究下面几个方面。

(1) 合同条件。合同条件包括开工日期、动员准备及施工期限，拖期罚款的规定，维修期和维修期间的担保金额，对保函的要求，对保险、税收、货币的要求，付款条件，劳务国籍的限制，不可抗拒因素造成损害的补偿办法，提前竣工的奖励、争议、仲裁、诉诸法律的规定等。

(2) 对材料、设备和施工技术要求。此项内容包括采用哪国的施工验收规范，特殊的施工要求，特殊材料的技术要求，有关选择材料设备代用的规定，须进行国外询价的材料设备的规格、型号、技术标准、需要量等。

(3) 工程范围和报价的要求。此项内容包括明确合同种类是属于总价合同、单价合同或成本加酬金合同，或是“交钥匙”、“统包”合同；招标项目可能对不同的工程内容采用不同的计价方法；国际文件中的工程量表的编制体系和方法；对永久性工程之外的项目的报价要求；非土建类的工程是否必须由工程业主指定承包商进行分包；对材料、设备和工资在施工期限内涨价及当地货币贬值有无补偿的规定等。

(4) 承包人可能获得补偿的权利要明确有关补偿的权利，使承包人正确估计执行合同时的风险。

标前会议是工程业主对承包人提供的一次答疑的机会，应当认真准备并积极参加。对一些不清楚的问题应及时提出，但也要讲究策略和技巧。例如，对工程内容范围不清的问题，应当提请说明；对招标文件中图样和技术说明存在相互矛盾之处，也应提请说明；对含混不清的合同条件，应请求解释。标前会议上提出的问题和解答的概要情况，应记录并作为招标文件的组成部分发给所有投标人。这些概要情况将作为招标文件的一部分并具有法律约束作用。

2）现场考察

对于工程招标与投标，招标人通常要组织所有投标人进行一次现场考察，其目的在于使投标人充分了解该招标项目的具体实施条件，以便投标人编制出合适的标价。投标人可以组织人员亲自进行现场考察，也可以委托当地代理人赴现场考察，或请求招标人提供有关场地地形、气象、地质等方面的具体资料。现场考察的主要内容包括以下几个方面。

(1) 现场的地理位置、地形、地貌、地质、水文、气候等自然条件。例如，距离附近城镇和主要城市的距离，距离交通干线和港口、码头、机场的距离；场地内的山坡、沟渠和现有构筑物或农作物情况；当地自然灾害发生的可能性及其对场地可能造成的影响；土壤状况，如膨胀土、沉陷性土壤、流沙、人工填土的分布，附近发生滑坡、泥石流、土石方崩塌等的可能性；地下水位等。

(2) 环境对施工的限制。例如，施工带来的振动、噪声是否会违背邻近公众利益而触犯法令；现场周围建筑物是否需要加以保护；在繁华市区施工时，材料的运输、堆放有何限制，对公众安全保护的要求等。

(3) 其他施工条件。例如，现场进场道路、供电、供排水条；附近供应砂、石、填方土壤和其他当地材料的可能性；附近有关服务设施情况；对购买器材和雇用当地工人有无限制条件；对外国承包商和本国承包商有无差别待遇等。

按照国际惯例，现场考察的费用由投标人负担，投标人应对现场条件考察结果自行负责。现场考察过后，业主将认为投标人已掌握了现场情况，明确了进入现场的条件及应采取的措施，掌握了对投标报价有关的风险条件。因此，投标人不得在承包施工后对现场条件提出异议或索赔。投标人及其任何工作人员和代理人，为了考察现场而要求进入业主产业及土地，将会得到业主的同意，但业主不对上述人员的伤亡、财产丢失或损坏以及其他损失(无论是什么原因)负责。

参加现场考察的投标人及其工作人员或代理人通常在业主、工程师的陪同下，按预先确定的日程和路线考察现场。在考察过程中，投标人代表可以口头向业主或工程师提出各种与投标有关的问题，业主或工程师可以相应做出口头解答，但一般这种口头解答并不具有法律约束力。因此，投标人代表在现场考察后还需以书面形式提出各种问题，业主或工程师须做出书面答复，这种答复则是具有法律约束力的。

3. 办理投标保函

1）国际投标中的保函种类

保函是现代经济贸易中的一种重要的信用保证形式，是国际上公认的正常保障措施。在国际招标与投标中，作为一种惯例，招标人通常要求投标人提供可靠的担保，以避免因投标人违约而使招标人遭受损失。其形式很多，其中常见的有以下几项。

(1) 银行保函。在招标与投标中，银行保函又有多种形式，其中主要有投标保函、履约保函、预付款保函、保留金保函、维修保函等。以上这些保函中，投标保函须在投标人投标时向招标人递交，其他保函则由中标者向招标人递交。开具保函的银行应当是签约双方认可的银行，该银行应经当地中央银行或相应的管理部门确认具有出具这类保函的资格。

(2) 保险公司(或担保公司)的担保书。担保书与银行保函的条件基本相同，但其承保金额应在有关部门对该保险公司规定的限额内。

(3) 不可撤销信用证。所谓不可撤销，是指开具信用证的银行对已开出的信用证，在有效期内，非经各有关当事人同意，不得修改或撤销。只要受益人(招标人或业主)提供与信用证条款相符的资料，开具信用证的银行就必须履行付款业务。

(4) 第三者的保证书。所谓第三者，是指独立于签约双方的另一法人。第三者应当是公认有权威地位或有经济实力、并能被签约双方共同接受的。

(5) 财产的物权担保。在以上担保形式中，美国和加拿大等北美国家一般通行由担保公司提供担保书的办法。例如，在美国，投标人要获得一项政府招标项目的合同，就必须安排一家担保公司来保证合同的全面履行。按规定，担保公司要无条件地担保整个合同的忠实履行。如果承包人违约，担保公司必须按照原合同的条款和条件完成合同的履行(但在要求担保公司按照担保书承担责任之前，必须证实投标人或承包人确已违约)。北美以外的国家，则通行银行保函的担保形式。

2) 银行保函及其作用

银行保函是银行受申请人的请求，向受益人开具的用来担保申请人正常履行合同义务的独立的书面保证文件。它是一种备用性的银行信用。如果保函申请人正常履行其义务，银行就不需向受益方履行经济赔偿责任；如果保函申请人未能履行某项义务，银行则承担向受益人进行经济赔偿的责任。由此可见，银行保函实际上就是一种保证金，是一种以银行的承诺文件形式出现的抵押金。保函申请人(投标人以及承包人)向受益人(业主)递交银行保函，实质上就是交给受益人一笔在特定条件下可向银行索取的备用抵押金。

在国际经济贸易以及国际招标承包中，虽然合同当事人双方在合同中已订有某些经济赔偿条款，但如果一方不能履行义务，而又无力赔偿或借故推脱，另一方就不得不提起诉讼以求得到赔偿。这种办法费时费力；如果一方破产了，另一方往往得不到理想的补偿。为此，受益人常要求对于一些重要的经济责任要加上银行信用担保，这种担保形式可以对受益人起到可靠的保障作用。

如前所述，银行保函包括投标保函、履约保函、预付款保函、维修保函等形式，在投标阶段，投标人必须向招标人提交的只是投标保函，其他形式的保函则是中标人在与业主签订合同时需要递交的。下面先介绍投标保函。

3) 投标保函的担保责任和内容

按照招标与投标的国际惯例，投标人在向招标人递交投标书时，应同时提交由银行开立的投标保函或投标押金。许多国家的有关法律也都明确规定，没有随标书提交投标保函或投标押金的，该标书将不被接受；提交投标担保的形式(即提交投标保函还是提交投标押金)，可由投标人选择。在大多数情况下，投标人都是委托银行开具投标保函作担保。投标保函主要担保的责任如下。

(1) 投标人在投标有效期内不得撤回标书以及投标保函本身。

(2) 投标人被通知中标后必须按通知书规定的时间前往招标人所在国签约。

(3) 在签约后的一定时间内，投标人必须提供履约保函。

如果投标人违反上述任何一条规定，受益人(招标人)就有权没收投标保函，并向银行索赔其担保金额。如果投标人没有违背上述规定，或者没有中标，招标人就应及时将投标保函退给投标人，并相应解除银行的担保责任。如果招标人拒不退还投标保函，投标人可通过出具保函的银行向招标人宣布该保函自通知之日起无效。实际上投标保函一般都规定了有效期，若有效期满，则该保函将自然失效。

银行保函作为一种在特定条件下可支付的银行承诺文件，其内容必须完整、严谨、公正和明确。其主要内容如下。

(1) 担保人。担保人是指银行，应写明银行全名、地址等。

(2) 被担保人(申请人)。被担保人是指投标人，应写明投标人的全名和地址，其名称应与标书中的名称一致；还应写明本保函是应投标人的请求而开具的。

(3) 受益人。受益人是指业主，也应写明受益人的全称及地址。

(4) 担保原因。担保原因是指被担保人申请开具投标保函的原因。

(5) 担保金额。投标保函的担保金额一般在标书中规定，银行担保金额通常为投标者投标报价总金额的0.5%～3%，项目越大，比例越低；也可以规定固定担保金额。

(6) 担保货币。担保货币一般也在标书中规定，通常以招标人所在国的货币或可自由兑换货币作为担保货币，或者规定以两种货币为担保货币而列出这两种货币的比例。

(7) 担保责任。这是投标保函的核心内容。担保责任要根据具体情况确定，文字表达必须准确、清楚，以免在受益人提出索赔时发生争执。应当写明担保人只在被担保人违约条件下才有保函规定限额内的偿付责任。

(8) 索偿条件。索偿条件指受益人应凭何种证明文件向银行索赔。这也是一个至关重要的问题。应当写明，如果受益人没有向银行提供应规定的投标人违约证明文件，这种索赔就不能成立，银行不予以兑付。

(9) 有效期限。保函何时生效，担保责任何时终止都必须在保函条款中明确规定。投标保函的有效期一般与投标有效期是一致的，通常在投标人须知中有规定。超过保函规定的有效期，该保函将自动失效；如果在有效期内招标人因各种原因宣布本次招标作废，投标保函也自然失效。应当写明，有效期满后，投标人应将投标保函退还银行注销。

4) 投标保函的办理

办理投标保函的基本程序如下。

(1) 向银行提交标书中有关商务方面的资料，包括投标人须知，关于保函的条款、格式、法律条款等。

(2) 填写要求开具保函的申请书和承包、设备工程概算表，按银行提供的格式一式三份。

(3) 提交一份详细的说明材料，主要内容包括工程量、工期等。

4. 确定投标报价

1) 工程量核算和计算

招标人一般情况下都是提供工程量的，但由于工程承包合同或设计程度的不同，其精度往往不高，不仔细核算工程量就进行投标报价将使投标人承受巨大风险。还有少数情况下，由于工程紧急或其他原因，招标人仅提供招标图样而不提供工程量，这种情况下投标人需要按照当地惯例或国际通用惯例来计算工程量并进行报价。根据不同的承包合同形式，对于工程量核算或计算的要求也存在差异。

(1) 固定总价合同。固定总价合同按单项工程价格承包，多数报价表中只列出单项工程名称，而不规定计价所用的各工程的工程量，因此投标人必须自己详细计算工程量。有的固定总价合同标书列出了单项工程的分部分项工程量，但只为业主审标参考之用。即使是这种情况，由于单项工程总价是固定的，投标人也须自己计算工程量，以免标书工程量不准确而造成经济损失。

(2) 固定单价合同。固定单价合同报价表中都列出工程量，但工程款将按实际工程量支付。报价表中的工程量只供计算总标价及业主审查总标价之用，因此该工程量只须相对准确即可，工程量的计算者并不刻意追求其精确度。对于单价合同，投标人不必全面复核工程量。不过为了采用不平衡报价，仍须重点复核一些重要项目的工程量。

(3) 劳务承包合同。对于以承包工程量结算的劳务承包合同，承包者应详细计算工程量。发包人以虚假的工程量行骗的现象曾经发生过，承包人应有所警惕。

(4) 特殊情况。少数标书中设计内容不全。在这种情况下或者投标人自己进行初步设计并计算工程量，或者连同招标文件中各种技术要求及有关图样一起交给相关专业公司进行分包报价。在对招标人提供的工程量清单的校核中，如果发现有项目遗漏或计算差错，授标人不能在招标文件中直接修改，以免影响招标人评标的统一标准。投标人仍应按招标文件的要求填报自己的报价，而另在投标致函中适当予以说明。如有必要，也可以另附一份工程量改正后的相应报价的清单。通常工程量核算(无论是招标人提供还是投标人自己计算)都应按照《建筑工程量计算原则(国际通用)》和《建筑工程量标准计算方法》(英国)这两个内容基本上一致的文件进行。

2) 制订施工方案

施工方案与工程成本和投标报价是密切相关的，在国际工程招标中，招标人往往要求业主在投标报价的同时就要报送施工方案和进度计划，并根据这些资料评价投标人是否已经采取了充分和合理的措施，保证按期完成工程施工任务。

弄清分项工程的内容和工程量，考虑制订工程进度计划的各项要求，即可研究和拟定合理的施工方案，确定施工方法。但是也要注意投标时拟定的施工方案一定要合理和现实，不能只为降低标价争取中标，而造成在实施中很难实现甚至不能实现的局面，由此引起不得不加大成本或采用新的施工方案，从而常使施工陷于被动。因此，编制施工方案时要比较细致地研究技术规范要求，并在现场考察时对施工条件进行充分了解。制订施工方案要从工期要求、技术可能性、保证质量、降低成本等方面进行综合考虑。

(1) 根据分类汇总的工程数量和工程进度计划中该类工程的施工周期，合同技术规范要求以及施工条件和其他情况，选择和确定每项工程的施工方法，对各种不同施工方法应当从保证完成计划目标、保证工程质量、节约设备费用、降低劳动成本等多方面进行综合比较，选定最适用的、经济的施工方案。

(2) 根据上述各类工程的施工方法，选择相应的机具设备，并计算所需数量和使用周期；研究确定是采购新设备，还是调进现有设备，或在当地租赁设备。

(3) 研究确定哪些工程由自己组织施工，哪些需要分包，并提出寻求分包的条件设想，以便询价。

(4) 用概略指标估算直接生产劳务数量，考虑其来源及进场时间安排。如果当地有限制外籍劳务的规定，则应提出当地劳务的工种分配。另外，从所需直接劳务的数量，可参照自己的经验，估算所需间接劳务和管理人员的数量，并可估算生活性临时设施的数量和标准等。

(5) 用概略指标估算主要和大宗的建筑材料的需用量，考虑其来源和分批进场的时间安排，从而可以估算现场用于存储、加工的临时设施(如仓库、露天堆放场、加工场地或工棚等)。

(6) 根据现场设备、高峰人数和一切生产和生活方面的需要，估算现场用水、用电量，确定临时供电和供排水设施。

(7) 考虑外部和内部材料供应的运输方式，估计运输和交通车辆的需要和来源。

(8) 考虑其他临时工程的需要和建设方案。例如，进厂道路、预制件场地、停车场地等。

(9) 提出某些特殊条件下保证正常施工的措施，如排除或降低地下水以保证地面以下工程施工的措施，冬季、雨季施工措施等。

(10) 其他必需的临时设施安排。例如，现场保卫设施，包括临时围墙或围篱、警卫设施、夜间照明等，现场临时通信联络设施等。

3) 询价

投标人通过询价，了解并确定承包工程所需的相关价格，以核算成本。询价是报价的基础，正确的报价是建立在全面而精确的询价基础之上的，而询价中的丝毫误差都可能导致报价的失败或使自己蒙受损失。

国际工程投标的询价指投标人为购买某种商品或服务，向提供人发出有关交易价格的询问。在以承包工程为目的的投标中，投标人要考虑施工所需原材料和设备价格、运输价格、保险价格以及分包价格。在由他人提供的前提下，询价成为必然。对外投标的询价主要集中在交货价、运价、保险费用和分包价等方面。询价工作可分为以下几个步骤进行。

(1) 对交货价的询价。在国际工程投标时，常用的价格术语有四种，即工地交货价、FOB、CIF和CFR，其中工地交货价采用得最多，因为卖方负责运输过程中的一切责任、风险、费用，而买方只需在原地接货，所以此询价对买家十分方便。如果使用此价格对外询价，投标人就不必对运价和保险价再度询问。采用FOB、CIF和CFR询价时，投标人要考虑自身运输能力、运输费用的承受能力、保险费用的高低等。FOB是一种卖方按照合同规定的装运港负责将货物装到买方指定的船上，并负担货物越过船舷前的一切费用和风险的方式，这意味着买方必须从货物越过船舷起承担一切费用以及货物灭失或损坏的一切风险。CIF是一种卖方负责租船订舱，按照合同规定将货物运至指定的目的港，办理保险手续，支付运费和保险费，并凭装运单据收取货款的方式。CFR是一种由卖方负责运输与保险，支付运费与保险费的交货方式，货物的价格构成包括货物的成本价、运费和保险费三项，其中，FOB是进口方负责运输与保险，CIF是出口方负责运输与保险，CFR是出口方负责运输，进口方负责保险。投标人可根据自身特点选择合适的方式。如果投标人预计所需物资在施工当地供应充足，也可使用国内交货价格、加工厂交货价(EXW)询价。买方运用自己的运输能力，到材料或设备的产地接货，价格比其他交货条件便宜。

(2) 对运费的询价。运输是国际承包中物资供应的重要一环。在国际承包工程中，总的运输费用约占供应材料费的10%～15%，有些单项运输费与材料费的比例还要高，如砖的运输费约占材料费的30%～35%，砂石运费约占70%～90%。做好运输的询价工作可以极大地节约投标的成本。运输费用根据运输方式、运输批量、运费的计算标准和方法的不同而有所不同。所以，运输费用的询价须首先明确以上问题，以上因素确定后，再向不同运输公司询价，即可得到按各运输公司不同的运输计收标准和方法计算的运费标准。

(3) 对保险费用的询价。在国际承包工程中，保险也是一项重要的业务内容，报价成本中必然包括保险的费用。不同的保险公司有不同的保险费收取的标准，因此，若要降低投标成本，应选择条件优惠的保险公司办理保险。询价的任务就是了解不同的保险公司的保险费率。需要注意的是，有些招标国对保险有限制规定。例如，凡申请在本国注册的公司，无论从国内国外采购物资，均应在本国保险公司办理保险。否则，不但照收保费，还要处以罚款。

(4) 对分包价的询价。一项国际承包工程由多项小的专业性工程组成。有些业主允许承包人将这些专业性工程以分包的形式交由其他专业承包商完成。原承包人成为总包人，并与分包人签订合同。此时，分包价格构成总报价的一部分，其报价高低直接影响总投标价。对此，总包人应在报价前进行分包询价。分包询价时，要求分包人报工程项目的单价，以便核算。在以后的分包协议达成时，在总包人和分包人之间，还须就分包的方式、管理费的负担、利润的分摊、施工的投资与贷款利息等条件进行商议。

在询价过程中需要注意的事项主要有以下几个方面：首先要认真选择询价对象。投标人询价一方面为了确定投标报价，另一方面，也为寻找最为有利的物资。这样，询价也就成为买主货比三家的手段。但是，询价单不能盲目乱发。否则，供应商会认为询价人没有交易的诚意，而不予配合，有经验的买主在发出询价时，都要事先看准几个可靠的询价目标，然后发出询价单，取得满意的效果。其次询价要明确、详细。投标人通过询价单详细说明所需货物的质量、性能、规格。询价单不明确，对方发回的报价就不真实。甚至，有些卖方会利用询价人的疏忽，在报价单上做手脚，最后还要慎重对待低价。询价发出后，卖主发回报价，对其中的低报价，投标人不能一概接受。有些报价虽然表现为较低的价格金额，但卖主可能在该批供货的其他交易条件上进行了弥补，或者在供货质量方面降低了标准。因此，接到卖方报价后，投标人要对其进行各项条件的全面审查，只有价格低，同时其他交易条件也优惠的报价才可接受。总的来说，投标人在询价时，要尽可能地将有关询价物资的细节和要求明确在询价单中。同时，对于发回的定义不清、条件含混的报价，一定要进行鉴别和分析，对于不符合要求的报价，应要求对方解释或重新报价。

4) 报价项目单价表的编制

在国际工程承揽过程中，投标报价与工程承接的成败休戚相关，而单位成本的分析和计算又是其中决定性的环节。在《建筑工程量计算原则(国际通用)》的“总则”部分中明确规定，除非另有规定，工程单价中应包括人工及其有关费用、材料货物及其一切有关费用、机械设备的提供、临时工程、开办费、管理费及利润。

由上述原则和国外工程的实践可见，国际工程单位工程成本的计算和国内通常的计算方法是有很多不同之处的。由于国际上是根据工程量完成的多少来支付工程款的，实际上是一种完全单价法的计价方式(也称为完全综合单价)，而没有我国传统定额计价模式中的直接费、间接费、取费标准等概念，也与我国现在推行的工程量清单计价模式的综合单价(是一种不完全单价，没有包括措施项目费和其他措施项目费)不同。因此在国际工程单价的分析和计算中，不能简单沿用国内报价的一般做法，而必须采用合适的定额，充分考虑到国内外围绕项目所发生的一切费用，尽可能把单位工程成本分析得合情合理，有根有据，才能通过全面准确的计算汇总成合理的报价，达到一举中标并从项目的实施中获取利润的最终目的。按照有关国际惯例，编制报价项目单价表的基本步骤为以下几步。

(1) 划分报价项目和分摊费用项目。报价项目是指工程量清单中所列项目，它随招标工程内容及招标文件规定的计算方法而异，须按文件要求划分。通常包括平整场地、土方工程、混凝土工程、钢筋工程等。分摊费用作为报价项目的价格组成因素已包含在每项单价之内，而不在工程量清单上出现。分摊费用的内容很多，如投标费用、保函手续费、保险费、税金、当地法律顾问以及会计师或审计师聘用费、管理人员费、行政办公费、生活设施费、交通车辆使用费、劳动保护用品费、办公人员差旅费、广告宣传和交际费、贷款利息、临时设施费、机械和工具使用费、其他杂项费用以及计划利润等。有些国际招标项目的报价单中列有开办费，对此，应从招标文件的说明中搞清楚列入这一项目的具体内容，然后逐项报价。

(2) 计算基础单价。基础单价是计算投标报价的重要因素，通常只要以基础单价乘以工程中各项目的需要量就可以得出该项目的价格。例如，工资＝单位工程的用工量(以工日计算)×工资单价。计算基础单价主要有以下几项。

① 工日基价。工日基价是指每个工作日的平均工资，应按投标方本国工人和当地雇佣工人分别确定。根据我国《国营对外承包企业财务管理试行办法》的成本项目划分，出国人员费用包括的内容和当前在国外实际发生的费用中可以看到，出国工人出国期间的费用项目划分相当烦琐，其组成内容一般有国内工资水平、服装费、差旅费、国外零用费、人身保险费、伙食费、奖金、加班工资、职工福利费、卧具费、探亲及出国前后调遣工资等。对于工期较长的投标工程，还应考虑工资上涨因素，一般每年的上涨幅度可按5%～10%估计。对于国外雇用工人工资单价的确定，根据上述我国《国营对外承包企业财务管理试行办法》中关于成本项目划分的规定，在工程所在国雇用工人的工资，应包括基本工资、加班费、各种津贴(通常有房租津贴、交通津贴等)以及招募、解雇等费用，应按当地劳动部门的有关规定结合本企业的具体情况而定。工期在一年以上时，也须考虑工资上涨的因素，并适当预计上涨率。此外，如招标文件或当地法令规定，雇主须支付个人所得税、社会安全税等个人应纳税金，则也应计入工资单价之内。

② 材料、半成品和设备基价。这部分基价应按当地采购、国内供应和第三国采购分别计算。当地采购是指在工程所在国就地采购的器材，其预算价格应为施工现场交货价格。通常按下式计算：预算价格＝市场批发价＋运杂费。国内供应是指国内供应的器材，其预算价格应为到岸价格及在卸货口岸、施工现场仓库运杂费之和，具体内容包括器材原价、物资供应部门管理费、国内运杂费(即器材由供货人仓库运抵出口港上船所发生的包装、运输、装卸、仓储和装船的全部费用)、海运及保险费(即货物从出口港启运，到达卸货口岸的海运费用和保险费，应根据远洋运输公司和中国人民保险公司的有关规定计算)、当地运杂费(即器材从卸货口岸运抵施工现场仓库所发生的运输、装卸及其他杂项费用，应根据当地运价和运距及有关规定计算)等。从第三国采购的器材，其预算价格应为到岸价格与当地运杂费及关税(如果有关税)之和。如果同一种器材来自不同的供应来源，则应按各自所占比重计算加权平均价格，作为预算价格。

③ 对施工机械使用费基价的询价。施工机械使用费由基本折旧费、运杂费、安装拆卸费、燃料动力费、机上人工费、维修保养费以及保险费等组成。在国际承包工程投标报价中，施工机械使用费有三种表现形式，即在“开办费”项下列入一笔机械费总数，或在每一单位(或单项)工程的报价单内列出一笔机械费，或在分部分项工程单价内包括机械费，但在报价单中不单独出现。至于具体如何处理，则应视招标文件对报价项目的要求而有所不同。

(3) 国际工程投标报价中各项待摊费用的构成。承包国外工程所发生的各项费用，除了投标文件允许明列的少量项目(如临建、施工机械使用费等)之外，一般应包括在折算单价内，不单独列项，这是国际上的习惯做法。在编制内部报价时，应将所有费用逐项算出，作为工程项目的第二部分汇总。现将各项待摊费的内容和计算方法分述如下。

① 投标费用。投标费用指在投标期间开支的费用，一般包括购置招标文件费、投标期间国内外差旅费、编制标书费、礼品费等四项。其费用一般占工程费的1%～3%。

② 保险费。承包工程可按财产保险、人身保险、责任保险和保证保险四类划分。按照标书对保险的要求，以及投保的内容、险级、费率标准、保险额度，允许投保公司计算其费用。在财产保险中可保工程险、施工机械险、设备缺陷索赔险；人身保险中一般只保人身意外险，必要时可保疾病险；责任保险可保第三者责任险；至于保证保险，按招标文件的规定，承包商可以通过银行向业主出具保函来解决。

③ 税金。税金的计算必须在投标作价阶段，认真调查研究，按照标书规定，搞清纳税范围、内容、税率和计算基础，据以计算标价。在国际工程中可能发生的税金项目包括合同税、所得税、销售营业税、产业税、社会福利税、社会安全税、养路及车辆牌照税、地方政府开征的特种税、印花税及其他税等。尚有其他几种税，宜列入其他项目内容较好，如关税、转口税、过境税等可列入设备及器材价格内。所得税一项，凡属于工资的所得部分，当地工人已包括在工资内，可不再另外计算。

④ 保函手续费。在国际承包工程中，规定出具保函的银行必须是业主指定的银行。这样就需要由中国银行先向业主指定银行出具保函，然后由业主指定的银行按中国银行出具的保函金额，向业主出具保函，达到招标文件要求。

⑤ 业务费。业务费主要包括业主工程师费、代理人佣金、国内营业费、法律顾问金、业主人员培训费。

⑥ 工程辅助设施费。工程辅助设施费主要包括工程移交前维护修理费、竣工整理费、试运转费等，其中试运转费是指工程在移交业主以前，按设计规定的工程质量标准，进行整个车间，全厂性联动的无负荷和有负荷试车的费用。试运转费内容包括原料、燃料、油料的动力消耗的费用，低值易耗品及其他物品的费用开支。

⑦ 临时设施工程费。临时设施工程费应单独列项，一般国外工程的临时设施工程费约占总造价的1%～2%，临建的报价应按施工组织设计和施工总平面布置图中的面积进行计算。

⑧ 施工机械费。这里的施工机械是指招标书中允许为完成承包工程必须购置的新的施工机械。对施工完毕残值回收，可采用转让方式或运回国内，要视具体情况而定。

⑨ 贷款利息。在国外承包工程中，通常签订合同后即可拿到一笔预付款，一般约为总造价的10%～15%，往往是造价越大，预付款的比例就越小。这笔款项通常用于采购施

工机械、备料和现场准备。施工期间所需的周转资金，往往要靠银行贷款来解决，因为在国际上贷款利率是很高的(10%～20%)，所以，利息支出是经营管理费中不可忽略的因素。世界银行对第三世界贷款比较优惠，利率有的仅为3%～5%。

⑩ 其他间接费。对国外工程间接费究竟取多少，目前并无经验可循，在计算间接费时，应考虑以下几个问题：首先是由于国外工程造价要比国内高1.5～2倍，所以间接费的总值虽比国内大，但百分比应比国内小。再者就是机械化程度越高，管理费用就越降；反之管理费就会随之增高。还可以通过分析国外的资料，得出间接费标准。一般情况下，建筑安装一起承包施工，其间接费可按照建筑安装工程费的8%～10%考虑，承包土建工程则间接费可提高至10%～12%。间接费，应根据本工程实际情况进行计算，不应以百分比计算。报价书中应附有详细计算书，按摊销办法摊销到单项工程中去。

⑪ 意外风险费。国外的意外风险费即预备费和风险费。在报价中列多少意外风险费用比较合适，也是投标策略问题。在投标过程中可以估计意外风险费，但往往是原来预计可能发生的事情没有发生，而没有预计的事情却发生了。有些承包商之所以破产，主要是由对意外风险事件考虑不周所致。一般可根据报价深度、准确程度来考虑。意外费不应在报价中体现出来，应把这部分费用按上述原则确定的百分比，计算在单项工程费中。这点同国内概算估算方法有着本质区别，否则承包商是拿不到这笔费用的，由业主统管掌握。所以在国外投标报价中，意外费不单独列出，统统根据报价深度，计算在单项工程费中。

⑫ 勘察设计费。勘察设计费作为一项独立费用单独列入投标书，特别在交钥匙或总承包工程时，但对外收费要注意因地、因事制宜，以适应国外市场竞争的需求。一般来说，国际勘察设计费一般约为工程造价的8%～10%。我国对外承包工程的勘察设计费可按4%～6%考虑，一般都按4%计算。

⑬ 物价上涨调整费。如果标书规定要求按固定价格报价时，就必须考虑由于物价上涨而需增加的费用。如果标书规定允许按实际情况调整或按政府公布指数调整，则此费用可以不列。物价上涨调整费的大小，应该根据承包地区历年的价格指数，或按政府公布指数，结合国际市场动态和承包工程期限的长短，分类做出预测估算。

⑭ 利润。由于国际承包工程竞争市场越来越激烈，利润率变化较大，20世纪60～70年代达到10%～20%；20世纪70～80年代为10%～15%；80年代中后期以后至90年代一般利润率大体在5%～10%的范围内。为了使标价有一定的竞争能力，特别是对一些尚未参加过施工的工程地区，考虑到先有立足之地，应采用保本原则，逐步开辟市场。对一些施工复杂、风险度较大的项目或者投标者很少，大家都不愿意承担的项目，则利润可以稍高。因此，需要谨慎考虑利润多少。打入国际市场，应本着薄利保本原则，这样才会有一定的竞争能力，根据以往经验，利润率以合同价的5%～10%为宜。注意，如果当地政府规定利润必须缴纳所得税，则应在计算利润时加入。

在单价确定的基础上，可进一步编制工料分析表和单价汇总表，并最终确定投标报价。

5. 编制和投递投标文件

1) 编制标书

投标人在作出投标报价决策之后，就应按照招标文件的要求正确编制标书，即投标人须知规定的投标人必须提交的全部文件。

(1) 标书的内容包括：投标书及其附件，标有价格的工程量表以及投标保函，原招标文件中的技术说明、图样和合同条件，业主要求的其他文件，有关投标资格及资格情况材料。

① 投标书及其附件。投标书实际上就是投标人的正式报价信。其内容包括：表明投标人完全愿意按招标文件中的规定承担工程施工、建成移交和维修等任务，并写明自己的总报价金额；表明投标人接受的开工日期和整个施工期限；表明本投标如被接受，愿意提供履约保证金(或履约保函)，其金额将符合招标文件规定；说明投标报价的有效期；表明本投标书连同业主的书面接受通知具有约束力；表明对业主接受其他投标的理解。投标书后面通常有附件，附件主要有两种：一种是说明些重要数据，如履约担保金额、第三方保险最低金额、开工期限、竣工时间等；另一种是投标报价汇总表、工程计划进度表、要求支付不同货币的比例及汇率等。招标文件一般都有规定的投标书格式以及有关附件格式，投标人只须填写必要的数据和签字即可。除以上附件，有的可能还要求附上标价分析表。

② 标有价格的工程量表以及投标保函。通常要求投标人在招标文件所附的工程量表原件上填上单价和总价，每页均有小计，最后有汇总价。必须按规定格式填写，认真校核，并签字确认。

③ 原招标文件中的技术说明、图样和合同条件。投标人须在这些文件上签字以表示投标人已阅读过，并表明承认这些文件，然后一并交回。

④ 业主要求的其他文件。业主可能要求递交的文件有施工方案、特殊材料的样本等。

⑤ 有关投标资格及资格情况材料。有些招标项目在投标前并未进行资格预审，这时招标人通常要求投标人在递交投标文件时，递交投标和承包的资格审查文件。这些文件的范围和内容按招标文件的规定排列。

除了上述规定的投标书外，投标人还可以写一封更为详细的致函，对自己的投标报价作必要的说明。写好这份另外增加的投标致函是十分重要的，一般除了重复上述规定格式中的内容外，还可以说明以下问题。

① 降价的决定。说明编完报价单后，考虑到同业主友好和长远合作的诚意，决定按报价单的汇总价格无条件地降低多少金额，即总价降到多少金额(应用大写和阿拉伯数字两种写法)，并愿意以这一降低后的价格签订合同。

② 说明由于作了上述价格上的降低，与投标书同时递交的银行保函有效金额相应降低多少，并写明有效金额数。

③ 如果发现招标文件中有某些错误，又不便在原标书上修改的，可以说明如何调整修改及其对报价的影响。

④ 宣传自己的优势，说明自己的能力和经验，使业主感到满意。如果打算提供给业主某些优惠的利益，如支付条件、贷款等优惠，可以专门列出。

⑤ 表明愿意在评标时，同业主或咨询公司进行充分讨论，使报价更为合理。

总之，这份额外的投标致函应当有力地吸引业主咨询公司和评标委员会对投标人的兴趣和信赖。

除上述基本保证外，标书还包括商务和技术两部分内容。

(2) 编制投标书注意事项。标书编制应该注意以下几个方面的事项。

首先是投标文件的每一个空白填写处都必须填写，否则被视为放弃意见，如重要的数字栏不填写就有可能作为废标处理。填报投标文件的数字应当反复校对，要求正确无误，无论单价、总价、合计、分部合计、大写数字、外文均应仔细核实，否则，按照错误数字结算的工程款或利润会使承包人蒙受不应有的损失。投标文件要注意密封好，不要遗漏加盖公章和印章，避免字迹涂改或模糊不清等。还应注意附上投标保证书(保证金)，并使得保证书的保证时间要与规定的相符。一般来说，不得改变标书格式，如原有格式不能表达投标意图或有附加条件时，可另附补充说明。递交的全部文件每页均须签字。

其次是注意投标文件应保持整洁，纸张统一、字迹清楚，装帧美观大方。发现标书所列工程量核对有误时，不能任意涂改，也不得按自己核实的工程量计算报价，应将核实情况另附说明或在投标文件中另附的专用纸上进行补充更正。

最后要将有关报价的全部计算、分析资料汇编归档，妥善保存。

总之，编制投标文件要仔细认真，不要因为细节的疏忽和技术上的缺陷而使投标书失效。

(3) 投标书的投递。首先是投标书的密封与标志。投标人应将投标书正本和每份副本分别密封在内层包封和外层包封中，并在包封上正确标明“正本”或“副本”。在内层和外层信封上部应标明负责开标的机构地址、招标编号、招标工程名称，并标明在投标截止日期之前不得开标。其次应注意如外层未按规定密封并加写标志，应作为废标退回投标人。另外，投标人应在投标截止日期前，将标书递交给业主。对于迟到的投标书，业主在投标截止日期以后收到的任何标书都将原封退回投标人。投标人在投标后可以在投标截止日期前，以书面形式通知业主关于修改或撤回投标书的要求。修改或撤回标书按标书密封和标志要求发送。

本章小结

国际工程起源于政府采购，其目的是使政府采购公开透明，提高效率。随着这一方式的发展，其采购范围逐步扩展到货物、工程和服务领域，其方式也结合国家和地区的差异而形成多种惯例，其中，世界银行对于工程招标投标的国际惯例在国际工程领域得到较为广泛的运用，因此，本章介绍的国际工程招标投标做法主要以世界银行为依据。在国际工程招标部分，依次从招标种类、招标准备、招标程序方面分别作了介绍，其中较为详细地介绍了招标文件的编制和评标这两个环节。在国际工程投标部分，介绍了投标准备和投标程序，其中较为详细地介绍了投标前的基本准备工作和投标报价的确定。

习　题

一、名词解释

国际工程招标　国际工程投标　公开招标　限制性招标　两段招标　固定总价合同

固定单价合同

二、单项选择题

1. 世界银行最为推行的招标方式是( )。

A. 国际竞争性招标　　B. 国际有限招标方式

C. 直接购买　　D. 国内竞争性招标

2. 初审的内容不包括( )。

A. 标书的完整性　　B. 标书的有效性

C. 报价计算的正确性　　D. 施工方案的可靠性

3. 投标人代表在现场考察后还需以书面形式提出各种问题，业主或工程师则做出书面答复。这种答复具有( )。

A. 参考性　　B. 可信度

C. 法律约束力

三、多项选择题

1. 国际工程招标准备阶段的主要工作有( )。

A. 成立招标机构　　B. 编制招标文件

C. 确定标底　　D. 发布招标公告

2. 国际工程招标的开标方式为( )。

A. 两轮开标　　B. 公开开标

C. 秘密开标

3. 招标实施的主要包括以下几个具体步骤( )。

A. 发布招标公告　　B. 投标资格预审

C. 发售招标文件　　D. 开标、评标、决标

4. 需雇聘的外籍业务人员有( )。

A. 代理人　　B. 估算师

C. 工程技术人员　　D. 法律顾问

四、填空题

1. 国际工程招投标具有________、________、________和多目标择优的特点。

2. 国际工程招标惯例主要有________、________、________、独联体和东欧地区的招标方式四种。

3. 评标程序分为________、________、________、举行招标澄清会、编写评标报告五个步骤。

4. 国际工程项目资金的筹资渠道主要有自有资金、________、________、合作承包、联合贷款等方式。

5. 限制性招标是一种有限竞争性招标，包括________和________两种。

6. 法语地区的招标有两种区别较大的方式，即________和________。

7. 国际工程招标的公告时间一般不少于________天。

8. 制订施工方案要服从________、________、________、________等方面的综合考虑。

五、简答题

1. 国际工程招标和投标的基本程序是什么？

2. 国际工程招标和投标的特点是什么？

3. 目前国际上的工程招标国际惯例有哪几种？

4. 国际工程招标文件主要包含哪些内容？

5. 国际工程投标报价如何确定？

参考答案

第1章

导入案例参考答案

引大工程招标给我们的启示是：

(1) 中国当时的施工技术落后，需要加快引进新技术的步伐；

(2) 通过工程招标引进外国施工队伍和技术，是一种多快好省的学习道路；

(3) 实现建设社会主义现代化，必须对外开放，学习借鉴世界各国的先进技术和管理经验；

(4) 主动参与国际竞争是走向国际化的必由之路和明智之举。

习题答案

一、名称解释

略

二、单项选择题

1. C　2. B　3. D　4. A　5. B

三、多项选择题

1. ABCD　2. ABC　3. ABCD　4. ABC　5. ABCD　6. AC

四、填空题

1. 《建设工程招标投标暂行规定》

2. 公开程序和内容公开评标标准和评标方法

3. 湖北制革厂

4. 汉阳铁厂

5. 招标

6. 2007

7. 自行招标

8. 委托招标

9. 代理招标

10. 一

五、问答题

1. 招标投标制度的起源因素如下：第一，较大规模的商品生产和交换；第二，社会化大生产的发展；第三，市场转型的需要；第四，招标方式的自身优势。

2. 招标师应当具如下能力：

(1) 熟悉招标采购方面的法律、法规、规章和行业管理规定，具有较丰富的招标采购专业技术工作经验；

(2) 编制、审查招标采购工作计划、招标采购文件、招标采购合同文本、资格预审文件和招标采购公告，组织进行项目招标采购活动；

(3) 组织进行投标资格审查、开标和评标活动；

(4) 主持招标采购合同、中标合同的谈判，参与签订招标采购相应合同；

(5) 开展询价采购工作，组织进行现场勘察、招标采购合同的结算和验收工作；

(6) 妥善解决招标活动、合同履行等工作中的争议纠纷。

3. 我国招标投标的形成和发展，从时间跨度上可以分为四个阶段，即建国前的工程招标投标活动、建国初期的包工包料制、指挥部管理时期、现代招标投标健康发展阶段。

4. 工程招标投标具有以下特征：竞争的激烈性、组织的严密性、信息的公开性、报价的一次性、价格的合理性、管理的法治性、过程的公正性、程序的规范性。

5. 工程招标投标管理具有如下职能：预测与决策职能、计划与规划职能、组织与协调职能、核算与分析职能、监督与控制职能、疏通与服务职能。

6. 推行招标投标具有如下意义和作用：优化社会资源配置，提高固定资产投资效益；合理确定工程价格，降低工程建设成本；创造公平竞争的市场环境，促进企业间的平等竞争；克服不正当竞争，防止和杜绝腐败行为；提升管理水平，提高工程建设质量；改进生产工艺，促进企业技术进步；保护国家利益、社会公共利益和招标投标活动当事人的合法权益；推进国际合作，促进经济发展。

7. 完善工程招标投标需要的环境和条件是：开明的政治环境、开放的经济环境、配套的政策环境、规范的法制环境、友好的国际环境。

8. 凡中华人民共和国公民，遵守国家法律、法规，恪守职业道德，并符合下列条件之一的，可申请参加招标师职业水平考试：

(1) 取得经济学、工学、法学或管理学类专业大学专科学历，工作满六年，其中从事招标采购专业工作满四年；

(2) 取得经济学、工学、法学或管理学类专业大学本科学历，工作满四年，其中从事招标采购专业工作满三年；

(3) 取得含经济学、工学、法学或管理学类专业在内的双学士学位或者研究生班毕业，工作满三年，其中从事招标采购专业工作满两年；

(4) 取得经济学、工学、法学或管理学类专业硕士学位，工作满两年，其中从事招标采购专业工作满一年；

(5) 取得经济学、工学、法学或管理学类专业博士学位，从事招标采购专业工作满一年；

(6) 取得其他学科门类上述学历或者学位的，其从事招标采购专业工作的年限相应增加两年。

第2章

导入案例参考答案

因为业主(发包人)未领取施工规划许可证而擅自招标，导致工程还没开工就承担了缔约过失的风险损失，法院经审理认为建设单位应承担缔约过失责任，赔偿承包商因此造成的一切损失。

习题答案

一、名词解释

略

二、填空题

1. 招标准备阶段招标投标阶段 决标成交阶段

2. 公开招标 邀请招标

3. 招标通知 招标广告

4. 专门的招标工作机构

5. 勘察招标投标 设计招标投标 施工招标投标 建设监理招标投标 工程设备、材料招标投标

三、单项选择题

1. D 2. D 3. A 4. C 5. A

四、多项选择题

1. BDE 2. ABDE 3. BCDE 4. ABCD 5. ABC

五、问答题

1. (1) 投标人应具备以下条件：①招标人(业主)是法人或依法成立的其他组织；②有与招标工程相适应的经济、技术、管理人员；③有组织编写招标文件的能力；④有审查投标人(承包商)资质的能力；⑤有组织开标、评标、定标的能力；⑥招标专业人员最近三年有与招标项目规模和复杂程度相当的招标经验。

(2) 若招标人(业主)不具备相关条件，可以委托具有相应资质的咨询、监理等单位代理工程项目的招标事宜。

2. 施工招标中，编制标底的主要依据：

(1) 招标文件；

(2) 工程施工图样、工程量计算规则；

(3) 施工现场地质、水文、地上情况的有关资料；

(4) 施工方案或施工组织设计；

(5) 现行工程预算定额、工期定额、工程项目计价类别及取费标准、国家或地方有关价格调整文件规定等；

(6) 招标时建筑安装材料及设备的市场价格。

3. 在建筑工程施工公开招标中，资格预审的程序：

(1) 刊登资格预审公告；

(2) 出售资格预审文件；

(3) 对资格预审文件的答疑；

(4) 报送资格预审文件；

(5) 评审资格预审文件；

(6) 通知评审结果。

4. 公开招标又分为“无限竞争性招标”。

国际竞争性招标就是公开地广泛地征集投标者，引起投标者之间的充分竞争，从而使

项目法人能以较低的价格和较高的质量获得设备或材料。

国内竞争性招标适合于合同金额小、工程地点分散且施工时间拖得很长、劳动密集型生产或国内获得货物的价格低于国际市场价格，行政与财务上不适于采用国际竞争性招标等情况。国内竞争性招标也要求具有充分的竞争性，程序公开，对所有的投标人一视同仁，并且根据事先公布的评选标准，授予最符合标准且标价低的投标人。

5. 建设监理招标一般实行公开招标或邀请招标两种方式。招标人采用公开招标方式的，应在当地建设工程发包承包交易中心或指定的报刊上发布招标公告。招标人采用邀请招标方式的，应当向三个以上具备资质条件的特定监理单位发出邀标通知书。

招标公告和邀标通知书应当载明招标人的名称和地址、招标项目的性质和数量、实施地点和时间以及获取招标文件的办法等事项。

六、案例分析

(1) ①建设单位工程项目报建；②审查招标人(业主)资格；③编制招标文件与送审；④招标申请报批；⑤投标资格审查；⑥召开招标会议；⑦接受招标文件；⑧开标；⑨评标；⑩定标；⑪签订合同。

(2) ①招标人在开标前开启招标文件，并将投标情况告知其他投标人，或者协助投标人撤换投标文件，更改报价；②招标人向投标人泄露标底；③招标人与投标人商定，投标时压低或抬高标价，中标后再给投标人或招标人额外补偿；④招标人预先内定中标人；⑤其他串通投标行为。

(3) 依法必须进行招标的项目，招标人违反本法规定，与投标人就投标价格、投标方案等实质性内容进行谈判的，给予警告，对单位直接负责的主管人员和其他直接责任人员依法给予处分。以上行为影响中标结果的，中标无效。

第3章

导入案例参考答案

需要详细了解投标程序，认真研读招标文件，科学编制投标文件，采取适合本公司特点的投标策略和技巧，并按规定递交投标文件。

一、名词解释

略

二、单项选择题

1. D　2. C　3. A　4. B

三、多项选择题

1. ABD　2. ABCD　3. ABCDE　4. AB　5. BCD　6. ABCDE　7. ABD　8. BCD

四、填空题

1. 前

2. 从业资格

3. 突出重点

4. 分部分项工程

5. 拟采用的施工方案和进度计划

6. 投标书附件及合同条款

7. 直接费，间接费

8. 商务标

9. 业主同意的银行开出

10. 前

五、问答题

略。

第4章

导入案例参考答案

(1) 该承包商运用了三种报价技巧：多方案报价、增加建议方案和突然降价法。

(2) 多方案报价运用不当，因为运用该技巧时，必须对原方案报价后再对新方案报价，而该承包商没有对原方案报价；增加建议方案运用得当，通过对两个结构体系方案的技术经济进行分析和比较，论证了建议方案的技术可行性和经济合理性，对业主有很强的说服力；突然降价法也运用得当，原投标文件的递交时间比规定的投标截止时间仅提前1天多，这既符合常理，起到了迷惑对手的作用(如提前时间太多，会引起竞争对手的怀疑)，又为竞争对手调整、确定最终报价留有一定的时间。在开标前1小时突然递交一份补充文件，这时竞争对手已不可能再调整报价了。

习题答案

一、名词解释

略

二、单项选择题

1. D　2. A　3. A　4. D　5. C

三、多项选择题

1. CDE　2. ABC　3. BC　4. ABCDE　5. ABC

四、填空题

1. 投标与否

2. 风险标　保险标

3. 技术方面的实力　经济方面的实力　管理方面的实力　信誉方面的实力

4. 八项指标判断法

5. 决策点　方案分枝　自然状态点　概率分枝　损益值

6. 指导思想　系统部署　方式和手段

7. 缩短施工工期

8. 可适当提高单价　可适当降低单价

五、问答题

1. 影响投标决策的主观因素包括技术方面的实力、经济方面的实力、管理方面的实力、信誉方面的实力。

2. 八项标准包括以下内容：①工人的技术水平；②企业的机械设备能力；③企业的设计能力；④工程的交工条件；⑤企业对拟投标项目的熟悉程度；⑥ 企业以往对此类项目的经验；⑦承包该项目对今后得到新的投标机会的影响；⑧拟投标项目竞争的激烈程度。

3. 决策树的分析步骤如下：

(1) 绘制决策树图；

(2) 计算各自然状态点的期望值；

(3) 进行剪枝决策。

4. 投标策略的内容：以信取胜，以快取胜，以廉取胜，靠改进设计取胜，采取以退为进的策略，采用长远发展的策略。

5. 常用的报价技巧主要有以下几种：根据招标项目的不同特点采用不同报价，不平衡报价法，计日工单价的报价，可供选择的项目的报价，暂定工程量的报价，多方案报价法，增加建议方案，突然降价法，分包商报价的采用，无利润算标。

六、案例分析

1. (1)绘制决策树图，如图 1 所示。

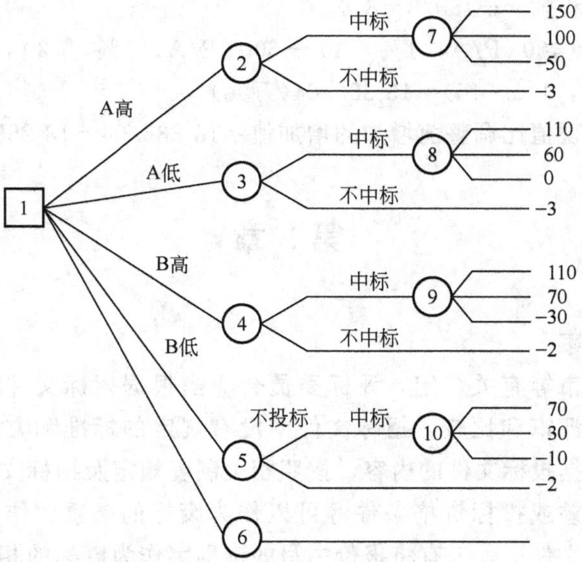

图 1 决策图

(2) 计算各自然状态点的期望值。

点 7：150×0.3+100×0.5+(−50)×0.2=85

点 8：110×0.2+60×0.7+0×0.1=64

点 9：110×0.4+70×0.5+(−30)×0.1=76

点 10：70×0.2+30×0.5+(−10)×0.3=26

点 2：85×0.3+(−3)×0.7=23.4

点 3：64×0.6+(−3)×0.4=37.2

点 4：76×0.4+(−2)×0.6=29.2

点5：26×0.7+(−2)×0.3=17.6

点6：0

(3) 剪枝决策。因为点3的期望值最大，故应选择A工程，按低价投标。

2.(1) 恰当。因为该承包商是将属于前期工程的基础工程和主体结构工程的单价调高，而将属于后期工程的装饰工程的单价调低，可以在施工的早期阶段收到较多的工程款，从而可以提高承包商所得工程款的现值；而且，这三类工程单价的调整幅度均在±10%以内，属于合理范围。

(2) 计算调整前工程款的现值。

基础工程每月工程款=1 480/4=370

主体工程每月工程款=6 600/12=550

装饰工程每月工程款=7 200/8=900

故工程款现值=370(P/A，1%，4)+550(P/A，1%，12)(P/F，1%，4)+900(P/A，1%，8)(P/F，1%，16)=13 265.45(万元)

计算调整后工程款的现值。

基础工程每月工程款=1 600/4=400

主体工程每月工程款=7 200/12=600

装饰工程每月工程款=6 480/8=810

故工程款现值=400(P/A，1%，4)+600(P/A，1%，12)(P/F，1%，4)+810(P/A，1%，8)(P/F，1%，16)=13 336.04(万元)

调整后工程款的现值比调整前增加的增加值=13 336.04−13 265.45=70.59(万元)

第5章

导入案例参考答案

根据国家、省、市等有关规定，评标委员会应当根据招标文件规定的评标标准和方法，对投标文件进行评审和比较，招标文件中没有规定的标准和方法不得作为评标的依据。评标委员会应根据投标文件的内容，按照相关制度规定及招标文件提出的实质性响应要求和条件、重大偏差或投标资格条件等可以作为废标的条款，作出是否作为废标的决定。在该项目的招标文件中，未有将报价书写的错别字作为废标的相关情形，而刘瑞武等五名专家组成的评标委员会，以“佰”字为错别字为理由，作出废标的决定，其行为是严重违反有关评标规定的。同时，根据2007年8月6日绍兴市语言文字工作委员会的专家出具的论证意见，“佰”字是规范的。

在该项目二次评标过程中，有关监管部门多次向评标委员会提出要严格按照规定进行评审，而评标委员会仍然作出错误的评标意见，并且因此造成了多起投诉事件的发生，产生了较为严重的不良影响。

为严肃招标投标管理，加强评标工作纪律，根据绍市招管办［2004］6号《绍兴市招投标评标专家管理暂行办法》第二十三条第(二)项规定，经研究决定，对刘瑞武等五名专家作出以下处理：

(1) 取消刘瑞武、方尚明、孟建昌三人评标专家资格；
(2) 对孔丽英、何岚进行批评教育。

习题答案

一、名词解释

略

二、单项选择题

1. D　2. C　3. B　4. C　5. B　6. A

三、多项选择题

1. BC　2. AB　3. ACD

四、填空题

1. 即时　同一　2. 招标人　3. 资格后审　4. 5　2/3　5. 重大　6. 单价　7. 低　8. 15　30　9. 签订合同

五、简答题

略

第6章

习题答案

一、名词解释

略

二、单项选择题

1. A　2. D　3. C

三、多项选择题

1. ABC　2. BC　3. ABCD　4. ABCD

四、填空题

1. 组织性　公平公开公正　一次性报价
2. 世界银行　英联邦地区　法语地区
3. 初步评审　技术评审　商务评审
4. 银行贷款　出口信贷
5. 一般限制性招标　邀请招标
6. 拍卖式　询价式
7. 90
8. 工期要求　技术可能性　保证质量　降低成本

五、问答题

略

参 考 文 献

[1] 中华人民共和国招标投标法起草小组. 中华人民共和国招标投标法全书 [M]. 北京：中国检察出版社，1999.

[2] 徐大图. 建筑师技术经济与管理读本 [M]. 北京：中国建筑工业出版社，1996.

[3] 徐文通. 工程招标投标管理概论 [M]. 北京：中国人民大学出版社，1994.

[4] 何伯森. 工程招标承包与监理 [M]. 北京：人民交通出版社，1993.

[5] 中国机械工业教育协会组. 建设工程招标投标与合同管理 [M]. 北京：机械工业出版社，2001.

[6] 刘维庆，雷书华. 土木工程施工招标与投标 [M]. 北京：人民交通出版社，2002.

[7] 宁素莹. 建设工程招标投标与管理 [M]. 北京：中国建材工业出版社，2003.

[8] 卢谦. 建设工程招标投标与合同管理 [M]. 北京：中国水利水电出版社，2001.

[9] 雷胜强. 简明建设工程招标承包工作手册 [M]. 北京：中国建筑工业出版社，1997.

[10] 周承伦. 国际建设工程招标投标与概算 [M]. 北京：机械工业出版社，2002.

[11] 何佰森. 工程招标承包与监理 [M]. 北京：人民交通出版社，1999.

[12] 中国建设监理协会. 建设工程合同管理（全国监理工程师培训教材）[M]. 北京：知识产权出版社，2005.

[13] 李启明. 建设工程合同管理 [M]. 北京：中国建筑工业出版社，2004.

[14] 关柯. 建筑工程经济与企业管理 [M]. 2 版. 北京：中国建筑工业出版社，1999.

[15] 叶东文. 招标投标法律务实 [M]. 北京：中国建筑工业出版社，2003.

[16] 何红锋. 工程建设中的合同法与招标投标法 [M]. 北京：中国计划出版社，2002.

[17] 姚长辉. 国际工程招标与投标 [M]. 北京：企业管理出版社，1993.

[18] 陈守愚. 当代中国经济理论文库：招标投标理论研究与实务 [M]. 北京：中国经济出版社，1998.

[19] 舒福荣. 招标投标国际惯例 [M]. 贵阳：贵州人民出版社，1994.

[20] 金祖钧. 国际承包与租赁 [M]. 南昌：江西高校出版社，1995.

[21] 郎荣燊. 国际工程承包与招标投标 [M]. 北京：中国人民大学出版社，1995.

[22] 张守健，台双良. 国际工程招标与投标 [M]. 北京：科学出版社，2011.

[23] 中华人民共和国住房和城乡建设部. 建设工程工程量清单计价规范 GB 50500—2008 [S] 北京：中国计划出版社，2008.

北京大学出版社土木建筑系列教材(已出版)

序号	书名	主编	定价	序号	书名	主编	定价
1	*房屋建筑学(第 3 版)	聂洪达	56.00	53	特殊土地基处理	刘起霞	50.00
2	房屋建筑学	宿晓萍 隋艳娥	43.00	54	地基处理	刘起霞	45.00
3	房屋建筑学(上:民用建筑)(第2版)	钱 坤	40.00	55	*工程地质(第 3 版)	倪宏革 周建波	40.00
4	房屋建筑学(下:工业建筑)(第2版)	钱 坤	36.00	56	工程地质(第 2 版)	何培玲 张 婷	26.00
5	土木工程制图(第 2 版)	张会平	45.00	57	土木工程地质	陈文昭	32.00
6	土木工程制图习题集(第 2 版)	张会平	28.00	58	*土力学(第 2 版)	高向阳	45.00
7	土建工程制图(第 2 版)	张黎骅	38.00	59	土力学(第 2 版)	肖仁成 俞 晓	25.00
8	土建工程制图习题集(第 2 版)	张黎骅	34.00	60	土力学	曹卫平	34.00
9	*建筑材料	胡新萍	49.00	61	土力学	杨雪强	40.00
10	土木工程材料	赵志曼	38.00	62	土力学教程(第 2 版)	孟祥波	34.00
11	土木工程材料(第 2 版)	王春阳	50.00	63	土力学	贾彩虹	38.00
12	土木工程材料(第 2 版)	柯国军	45.00	64	土力学(中英双语)	郎煜华	38.00
13	*建筑设备(第 3 版)	刘源全 张国军	52.00	65	土质学与土力学	刘红军	36.00
14	土木工程测量(第 2 版)	陈久强 刘文生	40.00	66	土力学试验	孟云梅	32.00
15	土木工程专业英语	霍俊芳 姜丽云	35.00	67	土工试验原理与操作	高向阳	25.00
16	土木工程专业英语	宿晓萍 赵庆明	40.00	68	砌体结构(第 2 版)	何培玲 尹维新	26.00
17	土木工程基础英语教程	陈 平 王凤池	32.00	69	混凝土结构设计原理(第 2 版)	邵永健	52.00
18	工程管理专业英语	王竹芳	24.00	70	混凝土结构设计原理习题集	邵永健	32.00
19	建筑工程管理专业英语	杨云会	36.00	71	结构抗震设计(第 2 版)	祝英杰	37.00
20	*建设工程监理概论(第 4 版)	巩天真 张泽平	48.00	72	建筑抗震与高层结构设计	周锡武 朴福顺	36.00
21	工程项目管理(第 2 版)	仲景冰 王红兵	45.00	73	荷载与结构设计方法(第 2 版)	许成祥 何培玲	30.00
22	工程项目管理	董良峰 张瑞敏	43.00	74	建筑结构优化及应用	朱杰江	30.00
23	工程项目管理	王 华	42.00	75	钢结构设计原理	胡习兵	30.00
24	工程项目管理	邓铁军 杨亚频	48.00	76	钢结构设计	胡习兵 张再华	42.00
25	土木工程项目管理	郑文新	41.00	77	特种结构	孙 克	30.00
26	工程项目投资控制	曲 娜 陈顺良	32.00	78	建筑结构	苏明会 赵 亮	50.00
27	建设项目评估	黄明知 尚华艳	38.00	79	*工程结构	金恩平	49.00
28	建设项目评估(第 2 版)	王 华	46.00	80	土木工程结构试验	叶成杰	39.00
29	工程经济学(第 2 版)	冯为民 付晓灵	42.00	81	土木工程试验	王吉民	34.00
30	工程经济学	都沁军	42.00	82	*土木工程系列实验综合教程	周瑞荣	56.00
31	工程经济与项目管理	都沁军	45.00	83	土木工程 CAD	王玉岚	42.00
32	工程合同管理	方 俊 胡向真	23.00	84	土木建筑 CAD 实用教程	王文达	30.00
33	建设工程合同管理	余群舟	36.00	85	建筑结构 CAD 教程	崔钦淑	36.00
34	*建设法规(第 3 版)	潘安平 肖 铭	40.00	86	工程设计软件应用	孙香红	39.00
35	建设法规	刘红霞 柳立生	36.00	87	土木工程计算机绘图	袁 果 张渝生	28.00
36	工程招标投标管理(第 2 版)	刘昌明	30.00	88	有限单元法(第 2 版)	丁 科 殷水平	30.00
37	建设工程招投标与合同管理实务(第 2 版)	崔东红	49.00	89	*BIM 应用：Revit 建筑案例教程	林标锋	58.00
38	工程招投标与合同管理(第 2 版)	吴 芳 冯 宁	43.00	90	*BIM 建模与应用教程	曾浩	39.00
39	土木工程施工	石海均 马 哲	40.00	91	工程事故分析与工程安全(第 2 版)	谢征勋 罗 章	38.00
40	土木工程施工	邓寿昌 李晓目	42.00	92	建设工程质量检验与评定	杨建明	40.00
41	土木工程施工	陈泽世 凌平平	58.00	93	建筑工程安全管理与技术	高向阳	40.00
42	建筑工程施工	叶 良	55.00	94	大跨桥梁	王解军 周先雁	30.00
43	*土木工程施工与管理	李华锋 徐 芸	65.00	95	桥梁工程(第 2 版)	周先雁 王解军	37.00
44	高层建筑施工	张厚先 陈德方	32.00	96	交通工程基础	王富	24.00
45	高层与大跨建筑结构施工	王绍君	45.00	97	道路勘测与设计	凌平平 余婵娟	42.00
46	地下工程施工	江学良 杨 慧	54.00	98	道路勘测设计	刘文生	43.00
47	建筑工程施工组织与管理(第 2 版)	余群舟 宋会莲	31.00	99	建筑节能概论	余晓平	34.00
48	工程施工组织	周国恩	28.00	100	建筑电气	李 云	45.00
49	高层建筑结构设计	张仲先 王海波	23.00	101	空调工程	战乃岩 王建辉	45.00
50	基础工程	王协群 章宝华	32.00	102	*建筑公共安全技术与设计	陈继斌	45.00
51	基础工程	曹 云	43.00	103	水分析化学	宋吉娜	42.00
52	土木工程概论	邓友生	34.00	104	水泵与水泵站	张 伟 周书葵	35.00

序号	书名	主编	定价	序号	书名	主编	定价
105	工程管理概论	郑文新　李献涛	26.00	130	*安装工程计量与计价	冯　钢	58.00
106	理论力学(第 2 版)	张俊彦　赵荣国	40.00	131	室内装饰工程预算	陈祖建	30.00
107	理论力学	欧阳辉	48.00	132	*工程造价控制与管理(第 2 版)	胡新萍　王　芳	42.00
108	材料力学	章宝华	36.00	133	建筑学导论	裘　鞠　常　悦	32.00
109	结构力学	何春保	45.00	134	建筑美学	邓友生	36.00
110	结构力学	边亚东	42.00	135	建筑美术教程	陈希平	45.00
111	结构力学实用教程	常伏德	47.00	136	色彩景观基础教程	阮正仪	42.00
112	工程力学(第 2 版)	罗迎社　喻小明	39.00	137	建筑表现技法	冯　柯	42.00
113	工程力学	杨云芳	42.00	138	建筑概论	钱　坤	28.00
114	工程力学	王明斌　庞永平	37.00	139	建筑构造	宿晓萍　隋艳娥	36.00
115	房地产开发	石海均　王　宏	34.00	140	建筑构造原理与设计(上册)	陈玲玲	34.00
116	房地产开发与管理	刘　薇	38.00	141	建筑构造原理与设计(下册)	梁晓慧　陈玲玲	38.00
117	房地产策划	王直民	42.00	142	城市与区域规划实用模型	郭志恭	45.00
118	房地产估价	沈良峰	45.00	143	城市详细规划原理与设计方法	姜　云	36.00
119	房地产法规	潘安平	36.00	144	中外城市规划与建设史	李合群	58.00
120	房地产测量	魏德宏	28.00	145	中外建筑史	吴　薇	36.00
121	工程财务管理	张学英	38.00	146	外国建筑简史	吴　薇	38.00
122	工程造价管理	周国恩	42.00	147	城市与区域认知实习教程	邹　君	30.00
123	建筑工程施工组织与概预算	钟吉湘	52.00	148	城市生态与城市环境保护	梁彦兰　阎　利	36.00
124	建筑工程造价	郑文新	39.00	149	幼儿园建筑设计	龚兆先	37.00
125	工程造价管理	车春鹂　杜春艳	24.00	150	园林与环境景观设计	董　智　曾　伟	46.00
126	土木工程计量与计价	王翠琴　李春燕	35.00	151	室内设计原理	冯　柯	28.00
127	建筑工程计量与计价	张叶田	50.00	152	景观设计	陈玲玲	49.00
128	市政工程计量与计价	赵志曼　张建平	38.00	153	中国传统建筑构造	李合群	35.00
129	园林工程计量与计价	温日琨　舒美英	45.00	154	中国文物建筑保护及修复工程学	郭志恭	45.00

标*号为高等院校土建类专业“互联网+”创新规划教材。

如您需要更多教学资源如电子课件、电子样章、习题答案等，请登录北京大学出版社第六事业部官网 www.pup6.cn 搜索下载。

如您需要浏览更多专业教材，请扫下面的二维码，关注北京大学出版社第六事业部官方微信（微信号：pup6book），随时查询专业教材、浏览教材目录、内容简介等信息，并可在线申请纸质样书用于教学。

感谢您使用我们的教材，欢迎您随时与我们联系，我们将及时做好全方位的服务。联系方式：010-62750667，donglu2004@163.com，pup_6@163.com，lihu80@163.com，欢迎来电来信。客户服务 QQ 号：1292552107，欢迎随时咨询。